本著作获得江苏第二师范学院出版基金资助

非帕斯卡概率逻辑的哲学基础与应用研究

沈振东 著

中国社会科学出版社

图书在版编目(CIP)数据

非帕斯卡概率逻辑的哲学基础与应用研究 / 沈振东著 . —北京:
中国社会科学出版社,2015.10
ISBN 978-7-5161-5460-1

Ⅰ.①非… Ⅱ.①沈… Ⅲ.①概率逻辑—研究 Ⅳ.①O211

中国版本图书馆 CIP 数据核字(2014)第 308484 号

出 版 人	赵剑英	
责任编辑	冯春凤	
责任校对	张爱华	
责任印制	张雪娇	

出 版	中国社会科学出版社	
社 址	北京鼓楼西大街甲 158 号	
邮 编	100720	
网 址	http://www.csspw.cn	
发 行 部	010 - 84083685	
门 市 部	010 - 84029450	
经 销	新华书店及其他书店	

印 刷	北京君升印刷有限公司
装 订	廊坊市广阳区广增装订厂
版 次	2015 年 10 月第 1 版
印 次	2015 年 10 月第 1 次印刷

开 本	710 × 1000 1/16
印 张	15
插 页	2
字 数	246 千字
定 价	56.00 元

凡购买中国社会科学出版社图书,如有质量问题请与本社营销中心联系调换
电话:010 - 84083683
版权所有 侵权必究

《逻辑与科学方法论研究》(第一辑)丛书
序言

　　知识一直是人类追求的目标，而获得新知识的方法无非是两个：第一，从已有的知识通过有效推理得到新的知识；第二，从观察与实验所得到的数据中合理地归纳得出新的知识。前者是逻辑推理；后者是科学探究。对逻辑推理的有效性的研究构成逻辑（学），而对科学探究的规则或方法的研究构成科学方法论。

　　逻辑被认为是研究推理规则有效性的学术。逻辑学是古老但又是充满生机的一个学科。它是基础性、工具性和人文性的学科。逻辑学对人类文明的重要意义无需本人这里赘言。目前，不同学科如哲学、数学及计算机科学都关心并研究逻辑学，之所以如此，是因为逻辑学对这些学科的发展有重要的促进作用。当然，不同领域的学者研究逻辑学重心与研究目标存在差异。

　　科学方法论的研究对象是科学方法。科学方法是科学家研究现象以获得新知识或修正先前知识的方法或规则总体。近代科学之所以获得了如此巨大的成功，一个重要因素在于科学方法的巨大效力。科学方法使得科学不同于其他人类传统，科学方法的主要特征是：经验证据在对人们对自然的探究中起到中心作用。科学研究者构建假说或理论以说明现象，用实验检验这些假说所推导出的预言。当一个假说的预言得到证据的证实，该理论得到支持；而当其预言被证据证明为假，该假说便遭遇挑战。观察与实验是获得证据的手段。这个检验的过程是可重复的。

　　科学方法论是对科学活动中的方法与规则的研究。这样的研究既包括对科学家所应当遵循的一般性行动规则的研究，也包括对某一个或一些学科实际使用的方法、规则及假定的系统性分析与研究。前者是规范性的——给出科学家所应当遵循的一般性的方法论规则；后者是描述性的——研究实际科学是如何运行的，包括科学家如何提出假说、如何辩护自己的假说、反驳他人的，等等。科学方法论在给实际中的科学家以行动指引；同时理解科学以及理解人类本身。

我们推出的《逻辑与科学方法论》丛书，旨在推动中国的逻辑与科学方法论的学术研究，以与国际接轨。这里的逻辑是指广义的逻辑，而不仅仅是狭义的数理逻辑；这里的科学方法论也是广义的，既包括关于自然科学的方法论又包括社会科学的方法论。这些研究可能粗浅，本人希望这些研究能够起到抛砖引玉的作；这些研究中错误在所难免，敬请同行批评指正。

潘天群
2013 年 4 月于南京

目 录

第一章　绪论 ……………………………………………………（ 1 ）

　　第一节　非帕斯卡概率逻辑的研究起源 …………………（ 1 ）

　　第二节　国内外研究历史与现状 …………………………（ 7 ）

　　第三节　研究方法和论文创新 ……………………………（ 12 ）

第二章　可能存在着非帕斯卡概率逻辑吗？

　　　　　——概率逻辑解释的多元化 …………………………（ 14 ）

　　第一节　归纳推理与归纳概率理论的基本概念 …………（ 14 ）

　　第二节　概率理论的"一元论"与"多元论"问题 ……………（ 30 ）

　　第三节　概率

　　　　　——证明等级的划分标度 …………………………（ 44 ）

第三章　非帕斯卡概率逻辑的哲学渊源 ………………………（ 56 ）

　　第一节　完全性问题与帕斯卡归纳概率理论的困境 ……（ 56 ）

　　第二节　培根型归纳逻辑与非帕斯卡概率逻辑的姻缘 …（ 65 ）

　　第三节　非帕斯卡概率的主观解释

　　　　　——沙克尔的潜在惊奇理论 ………………………（ 82 ）

第四章　非—P 概率逻辑的实验解释

　　　　　——柯恩的非帕斯卡概率系统研究 …………………（ 98 ）

　　第一节　归纳逻辑的基础

　　　　　——语 义 理 论 ……………………………………（ 99 ）

　　第二节　相关变量的逻辑句法 ……………………………（ 111 ）

　　第三节　归纳概率分级与逻辑句法 ………………………（ 124 ）

　　第四节　柯恩—归纳概率的形式系统 ……………………（ 140 ）

　　第五节　对非帕斯卡归纳概率逻辑的评价 ………………（ 153 ）

第五章　柯恩的非帕斯卡归纳概率逻辑的应用研究 …………（166）

　第一节　密尔"五法"的相关变量法解读 ……………（166）

　第二节　"拉卡托斯的'问题转换'"之"柯恩的'相关

　　　　　变量法'解读" ……………………………（180）

　第三节　确证悖论的相关变量法解决方案 ……………（187）

　第四节　彩票悖论的培根型解悖方案探析 ……………（193）

　第五节　对英美法律推理中的帕斯卡的应用的困难消解 ………（201）

第六章　结束语：非帕斯卡概率逻辑的方法论功能展望 …………（222）

参考文献 ………………………………………………（230）

后　记 …………………………………………………（236）

第一章　绪　　论

　　帕斯卡概率与归纳逻辑的结合（即帕斯卡概率逻辑）是现代归纳逻辑发展的一个必然结果，但是帕斯卡概率逻辑有完全性预设假定：认知主体知道认知域的所有可能的态势，然而这种强假定并非是现实的科学认知主体的真实反映。根据科学史可知，但凡被接受的科学知识、科学定律多有被证伪的危险，所以莫绍葵先生将科学知识称为"现论"，这说明完全性假定只是极端情况，相反认知主体的认知能力的非完全性才是主体能力所表现出的常态。因此，关于非完全性所表现出的非帕斯卡概率逻辑的特征就成为不少学者研究和关注的焦点，其中，美国逻辑学家乔纳森·柯恩（L. Jonathan Cohen）在这方面的工作尤为突出。

第一节　非帕斯卡概率逻辑的研究起源

　　非帕斯卡概率逻辑系统的建立既有其现实的必要性，又有着理论上的可能性。现实的需要催生非帕斯卡概率逻辑诞生。

　　首先，帕斯卡概率逻辑的各种解释（古典归纳概率逻辑、逻辑主义归纳概率逻辑、私人主义归纳概率逻辑以及频率主义归纳概率逻辑等）都预设了认知主体事先能够知道他所关注的实验的所有可能的结果（即逻辑全能者假定）；同时，帕斯卡概率的所有概率解释必须假定认知主体能够唯一地确定所有可能结果所组成的集合（Ω）中的每个成员的概率值，但是各种帕斯卡概率解释又都不能证明其所赋予的初始概率值的恰当性，从而使得概率的初始赋值表现一定的先验性（即概率全知者假定）。然而，现实的认知主体有可能事先构造某一不确定实验的所有可能的结果集（Ω）吗？现实的认知主体能够在 Ω 和 [0 1] 之间建立一个恰当的一一映射吗？就现实的认知主体而言，这里的逻辑全能和概率全能假定显然是过强了；相反，对认知领域的不完全性的认识才是常态。因此，可以说，不完全系统中的不确定性的分析需要一种有别于帕斯卡概率逻辑的、新的逻辑分析工具。

其次，在现实的英美法律体系中，至少存在两种证据标准：在民法诉讼中，原告要想胜诉，一般来讲要有"占有优势的证据"，这里的优势是指证据的说明力的优势；在刑法诉讼中，起诉人要想胜诉，他必须使其证据达到"毋庸置疑"的概率水平。这里的优势或概率一词如果被理解为帕斯卡概率的话，那么将会出现悖论性的结论：因为当某个诉讼案件由几个独立的证据支持并且每个证据都是优势证据或者其概率都是毋庸置疑时，按照帕斯卡概率的乘法原则，这些证据的合取将会降低论证的力度，这样的结果常常使得原告处于不利的境地，而实际上，法官的判决并非如此。因此，这里的概率一词应该是一种有别于帕斯卡概率那种解释的。

第三，实际上，真正建立非帕斯卡概率逻辑的更强有力的动因来自于认知心理学对不确定判断中认知偏向（cognitive biases）的实验以及其分析。这些实验的结果揭示了大量的偏离帕斯卡概率的认知现象。例如，典型性（representativeness）原则在不确定判断中的作用的实验。[①] 实验：设由工程师和律师组成 100 人的总体，从中随机抽取若干个体，并对被试简要描述他们的个性。在两种不同的实验条件下要求被试回答同一个问题：每一种描述属于工程师而不属于律师的概率是多少？在第一种条件下，被试被告知总体由 30 个律师和 70 个工程师组成。在第二种条件下，被试被告知总体由 30 个工程师和 70 个律师组成。由于在第一种条件下，这些描述属于工程师的先验概率大于后一种条件，因此，根据贝叶斯公式，在第一种条件下被试对每种描述属于工程师而不属于律师的概率的估计应大于在第二种条件下的估计。但是，实验结果表明在两种情况下被试的概率估计是相同的。该实验的结果表明，被试是根据个性描述同工程师和律师的典型特征吻合程度来估计有关概率的，几乎不关心个性描述的先验概率。

---

① 所谓典型性原则是说：如果某一个事件的描述同某一类事件的典型性质描述相似程度越高，该事件属于这类事件的可能性越大。上述两个例子转引自鞠实儿的《非帕斯卡归纳概率逻辑研究》（浙江人民出版社 1990 年），第 34—35 页。

因此，如果在当事人使用的典型性原则是合理的情况下，那么此时帕斯卡概率推理是不适合的。

从上面的论述可以看出，应该存在有别于帕斯卡概率逻辑的、新型的关于不确定推理的分析工具的逻辑，即非帕斯卡概率逻辑。可以说，在一定意义上，正是基于上述这些现实需要，美国逻辑学家乔纳森·柯恩（L. Jonathan Cohen）建立了他的局部归纳法概率逻辑——即非帕斯卡概率逻辑，从而使得现代归纳逻辑呈现出一个重要的研究领域，同时也填补了因帕斯卡概率逻辑不适用的领域而导致的理论空白。而且柯恩所构造的非帕斯卡概率逻辑系统的建立不仅具有现实的必要性，同时还有其理论源泉。

第一，凯恩斯的"权重"理论。关于"权重"，凯恩斯论述道："如果一个论证基于较大量的证据，它就比另一个论证的权重大……如果论证所具有的顺差（balance）大于我们与之比较的那个论证的顺差，那么它就比另一个论证的概率高。"[1] 很显然，在顺差的基础上，只要证据 E 支持 H，则可以称 H 的可靠性等级的支持度是正的，我们可以采用类似于 P 概率中的记法表示为：$P(H,E) > 0$。这里既然是用支持 H 与 ¬ H 的证据之差来对 H 的可靠性等级加以定义的，则自然可得：当 $P(H,E) > 0$ 时，则 $P(\neg H,E) = 0$。根据顺差，还有：如果证据 E 既不支持 H，也不支持 ¬ H，则此时可记为：$P(H,E) = P(\neg H,E) = 0$。例如，在一个认知主体无知的世界中，我们对某个假说 H，既不能给出支持 H 的证据，也不能给出证据支持 ¬ H，也就是说，此时的 H 并非属于认知主体的知识集。这与帕斯卡概率有着根本的区别：在帕斯卡概率那里，因为帕斯卡概率有"完全性"的预设，根据背景知识集 E，我们可以构造假说的完全集：如果 $P(H,E) = 0$，则一定有 $P(\neg H,E) = 1$。$P(H,E) = 0$ 表示当证据 E 反驳假说 H 时，则 E 一定是支持 ¬ H 的。凯恩斯的"权重"理论与帕斯卡概率关于" $P(H,E) = 0$ "的解释的区别是：前者既可以表示在顺差的基础上，没有证据支持假说 H，也可以表示对假说 H 的"无知"；而后者表示证据 E 与假说 H 是矛盾的，从而 E 是支持 ¬ H 的。

① Keynes J. M. *A Treatise on Probabolity*. New York：Macmillan. 1921. p. 71.

第二，柯恩的非帕斯卡概率逻辑的直接基础是沙克尔（G. Shackle）的潜在惊奇理论。[①] 沙克尔认为，在人文系统中，尤其是在人们的决策行为的不确定实验中，一般来讲不可能事先构造样本空间 Ω，而且对于这样的不确定性假说不满足概率演算中的加法规则。

沙克尔将"不确定性"区分为分布式不确定和非分布式不确定。分布式不确定是指，根据认知者的知识背景，能够构造出所有可能的假说。对于某次实验而言，究竟这个假说集中的哪个假说成为实验的结果将是不确定的，但实验的结果一定是出现这个假说集中。这种不确定性表现在假说集完全条件下的结果不确定性，对于这种不确定结果可以用帕斯卡概率工具加以刻画。非分布式不确定性意为根据认知者已有的知识无法构造假说的完全集，即使所构造的假说集是完全的，认知主体对之也是无知的。这种情形在决策行为中是普遍的，这是因为人们在进行决策时，总是从自己已经获得的背景知识出发，而不同的决策主体可能具有不同的背景知识。因此，背景知识对于决策行为路径的选择是至关重要的。由于决策过程是指在 t 时刻，决策主体将作出 t + 1 时刻的世界状态描述，实际上，这是一种归纳过程。如果从我们的背景知识集不能保证所推出的假说集是完全的话，那么随着时间的推移会不断有新的假说来扩充已有的假说集。在直觉上，新假说的加入不应该影响我们对已有的假说可靠性的测量。鉴于此，沙克尔提出了一种刻画不完全集中可靠性的新型概率逻辑——潜在惊奇理论。

该种测量方法不是测量假说的确信度，而是对假说的不确信度的测量。例如，在时刻 t 时，根据认知主体的背景知识只能构造假说集 $H = \{h_1, h_2, \cdots, h_n\}$，而在 t + 1 时刻随着认知主体的知识集的变化，导致 t 时刻时还未进入假说集 H 中的 h_{n+1} 可能变成新的假说而加入进来，为了在加入新的假说时不影响对之前的假说的测量，沙克尔采用了否定赋值 $P_S(\cdots)$ 法则，即不仅赋予 H 中的每个假说 h_i（$1 \leq i \leq n$）的怀疑度均为 0，而且可以赋予 H 的任意个假说的析取或合取的怀疑度也为 0；对于在 t 时刻还不能成为认知主体的知识，但在将来的 t + 1 时刻可能成为知识的假说 h_{i+1} 其发生的惊奇度可以赋值大于 0 且小于 1；而对于逻辑矛盾 $h_i \wedge$

① Shackle. G, *Expectation in Economics*, Cambridge University Press, 1949.

¬ h_i，因为其发生将永远不可能的，其发生具有极大的潜在惊奇度，可以赋值为 1，这里的 ¬ h_i 表示 h_i 在 H 中余集。以抛硬币为例：根据实验者通常的知识集可以构造某次抛掷硬币的可能结果集为 {正面向上，反面向上}，然而，究竟是正面向上还是反面向上其发生均是可能的，因而均可赋予它们的潜在惊奇度为 0；而对于"落地时既非正面向上，也非反面向上，而是落地时粉碎了"这样的结果可以赋予潜在惊奇度大于 0 且小于 1。因为，根据我们的常识，一般来讲硬币落地时粉碎的结果几乎是不可能发生的，但是，随着我们对该硬币的材料的进一步了解可能会发现它质地上存在瑕疵，那么上述的情况就不是不可能发生的；而对于结果"既正面向上，又反面向上"则是逻辑不可能事件，因而可赋予极大的潜在惊奇度 1。沙克尔的潜在惊奇理论的赋值具有非帕斯卡概率的特点：（1）所赋的测度仅仅表示一种等级大小的衡量，而并非像帕斯卡概率中的概率值是通过数学计算而得的；（2）非帕斯卡概率的否定律——若 $P_s(h_i) > 0$，则 $P_s(¬ h_i) = 0$，这是因为，我们的假说集中肯定存在完全可能发生的假说；（3）非帕斯卡概率逻辑析取律—— $P_s(h_i \lor h_j) = Min\{P_s(h_i), P_s(h_j)\}$，这个法则意为两个假说的析取的发生的可能性取决于潜在惊奇度较小的那个假说，这非常符合人们的直觉的；（4）非帕斯卡概率逻辑合取律—— $P_s(h_i \land h_j) = Max\{P_s(h_i), P_s(h_j)\}$，这个法则意为假说的合取取决于潜在惊奇度较大的那个假说，这也具有直觉上的合理性。这里沙克尔是采用假说发生的潜在惊奇的测度来对假说的可靠性等级进行刻画的，该种测度尽管在某些方面还不完善，但实际上，他开创了非帕斯卡概率逻辑的先河，从而颠覆了帕斯卡概率逻辑一统天下的局面，为柯恩研究自然法则逻辑提供了现实可行的借鉴。

第三，培根对排除归纳法的辩护是柯恩非帕斯卡概率逻辑的哲学基础。关于枚举归纳法和排除归纳法在探究自然法则中的作用，培根论述道："在建立公理时，我们必须规划一个迄今为止所用的、另一形式的归纳法，其应用不应仅在证明和发现一些所谓第一性原理，也应用于证明和发现较低的原理、中级的原理。实在说就是一切的原理。那种以简单的枚举来进行的归纳法是幼稚的，其结论是不稳定的，大有从相反事例遭到攻击的危险：其论断一般是建立在为数过少的结论。只根据特殊的列数，而没有相反的例证以资反证，则所有推论，将不成其为推论，只是一种猜想罢了。"① 在关于用排除归纳法所建立的结论的可靠性时，培根认为，关于自然法则的发现是一个梯度，科学家走的越远，所赋予的确定性越大，在金字塔的顶端将是绝对真理。但是，是否已经到达顶端人们是无法知道的。这样，关于自然法则的探究过程，培根的哲学不仅强调了排除归纳法比枚举归纳法更基本，同时也承认了主体的认知所具有的"不完全性"。所以，就排除归纳法而言，不仅要列举出那些能够确证假说的实例，更重要的是要列举出可能潜在证伪假说的实例，根据所列举的各种可能的潜在证伪假说的实例构造所有可能的相关环境，将这些相关环境按照潜在证伪能力从大到小的顺序组成假说的相关检验环境，可以依据假说所抗拒相关环境的证伪的能力来对假说的可靠性等级进行刻画。从"不完全性"角度而言，由于认知主体的背景知识本身所固有的"不完全性"，哪些环境被认为是假说的相关环境以及相关环境是否是完全的问题无法在逻辑上得到保证。所以，相关变量集的不完全特性应该是假说检验环境的一个基本特征，显然，这里不满足帕斯卡概率特征，即不能根据假说抗拒所构造的假说集的测度来定义该假说的证伪度。况且，即使相关变量集是完全的，该相关变量集中的每个假说的潜在证伪能力是不一样的，相关变量之间不满足加法特征。因此，不能根据假说抗拒相关变量的数量与相关变量的总数的比值来定义该假说的被证伪的度。在这里，培根用假说所抗拒相关变量的数量来表征假说的可靠性充其量只是一种对假说的可靠性等级的划分，而并非——若假说的确证度是 P，则假说的证伪度是 1—P。

第四，可能世界语义学和模态逻辑是柯恩非帕斯卡概率理论的逻辑基础。从上段论述可知，无论是自然规律还是因果关系都要求是在任意条件下起作用的，但是我们并不知道所有的相关条件，也无法判断我们已有的相关条件是否是完全的。唯一可做的只能是在一定的条件下进行检验，所进行检验的不同条件就构成了相关环境序列。考虑的相关条件越多，进行检验就越彻底，那么抗拒证伪的假说就将越接近自然规律。这就在实验的相关环境序列与似规律性之间存在着一种对应关系：即相关变量环境设计的越复杂，抗拒该环境证伪的假说的似规律性就越高。如果将相关检验环境看成是一个可能世界的话，那么假说的似规律性就可以用假说在所有可

---

① 培根：《新工具》第一卷，沈因明译，上海辛垦书店 1934 年版，第 105 章。

能世界中的真值来刻画。这样，可能世界语义学理论就自然地成为刻画自然规律的逻辑句法的工具。实际上，柯恩的非帕斯卡概率逻辑正是刘易斯—巴坎（Lewis - Barcan）模态逻辑 S4 系统的推广。在已建立的模态逻辑 S4 系统中，只有一个初始模态算子（□）以及一些模态逻辑常量。"□"表示逻辑必然，"¬ □"（◇）表示并非必然（即可能的）。但是，在经典模态系统中无法进一步地在"可能模态"中作出模态等级区别。因此，有必要对该系统进行推广，在这推广的系统中，不仅要能够表示逻辑必然模态、物理必然模态，而且也要能够区别任何非 - 外延上不同的等级模态。该推广系统可以在必然算子（□）的右上角加上不同的数标来表示。例如，对应于 S4 系统中的 4 公理模式——□A → □□A，柯恩非帕斯卡概率的形式逻辑系统中相应地有——$□^n A →^d □^n □^n A$，这里的 $B →^d E$ 表示 $□^d ¬ (B ∧ ¬ E)$，d 表示某个已被指派的正整数，$□^d$ 表示最高等级的模态算子；对应于 S4 系统中 D 公理模式——□A → ◇A，柯恩的形式逻辑系统中相应有——$□^n A →^d □^m A$（$d ≥ n = (m + 1)$）。

第二节　国内外研究历史与现状

从归纳逻辑的历史发展可以看到，归纳法的职能已发生很大的变化：20 世纪，尽管人们并不拒斥归纳逻辑是科学定律或科学理论发现的逻辑，但更多的是将归纳逻辑看成是对假说的检验结果作出评价的逻辑，即证成逻辑。[①] 归纳评价和演绎评价不同：在演绎法中，前提和结论之间存在着逻辑蕴涵或推导关系。前提真，结论不可能假。结论被证明就是说结论的真具有确定性，是不可怀疑的。逻辑蕴涵的性质是很清楚的，对此没有多大的争论，自弗雷格以后，我们已经有了举世公认的一阶逻辑。而在归纳法中，检验结果或者证据不管是怎样的，也不管经过多少次反复检验，都不能证实假说是真的。假说只能从证据获得一定程度的支持，前提（证据）和假说之间只存在证据支持关系。至于什么是证据支持，却有各种不同的解释。根据背景知识和证据，对假说进行归纳评价

---

① 证成逻辑研究已有的经验证据对某个给定的归纳假说的支持关系。在现代归纳逻辑中，常常用概率论和数理统计来研究这种关系。

有着许多不同的方式，重要的，如概率、似然、相关测度、置信水平、潜在惊奇、归纳支持、证认、逼真性等，几乎每种归纳逻辑或者规范方法论都提出自己独特的评价方式。其中，尤其是沙克尔的潜在惊奇理论和柯恩的相关变量法的归纳支持理论具有鲜明的非帕斯卡特性，以及具有广泛的适用性。

20世纪中期，沙克尔在分析决策过程中的不确定性时指出[①]：决策行为中的不确定性根据其决策的可供选择的结果来看，可以分为分布式不确定性和非分布式不确定性，前者的所有可能结果是可以穷竭的，而后者或者本身是不可穷竭的，或者由于决策者的无知而不能穷竭的。他指出，前者可以用帕斯卡概率演算进行决策，而后者则不行。为此，他建立了所谓的潜在惊奇理论，这里惊奇的含义按照沙克尔的理解即是，决策中的不确定性是产生于决策者的主观想象，而想象伴随着情感，情感有强弱之分。与可能性相关的情感就是惊奇，由于这种惊奇是在想象实施某一行动得到某一结果时产生的，故称为潜在惊奇。当我们想象某一被认为不可能发生的事件居然发生时，可以感受到极大的惊奇；反之，当我们想象某一被认为完全可能发生的事件发生时，可以感受到毫不惊奇。因此，不可能事件的主观不确定性可以定义为极大惊奇；相应地，完全可能事件的主观不确定性可以定义为毫不惊奇。这样可以用 [0 1] 区间上的实数来标记从完全可能事件到不可能事件的这个后果集中成员的不确定性。由于决策者本人所具有的背景知识以及自身想象力具有的局限性，无法保证所想象的后果集是完全的或者是穷竭的。因此，帕斯卡概率中的必然事件，即一定为真的事件，在此是不存在的，后果集中的成员至多完全可能为真；另一方面，对于后果集中的任意一个成员 h_i，有 $h_i \wedge \neg h_i$ 是逻辑矛盾，表示不可能事件，因此，帕斯卡概率中的不可能事件在此依然存在，所以非分布式的不确定性只能在完全可能为真和必然假之间进行度量。这里，实际上，若将背景知识考虑在内，上述定义只是排除了这样的一种情况，即逻辑上是可能的，而事实上是不可能的情况。而且也规定了后果集中至少包

---

① 参见 Shackle 的有关著作—— *Expectation in Economics*, Cambridge University Press, 1949; *Decision, Order and Time*, Cambridge Unversity Press, 1961; *Imagination and the Nature of Choice*, Edinburgh University Press, 1979.

含了一个完全可能的结果，这样，当后果集中的某个成员并非完全可能时，那么，它的否定必然是完全可能的。即当 $p(h_i) > 0$ 时，则 $p(\neg h_i)$ $=0$。他把潜在惊奇的度也称作不相信度；而莱维（I. Levi）将之称为拒斥置信度。在沙克尔看来，相信 h 到一定程度就是不相信它的否定到一定程度。根据潜在惊奇测度可以导出接受置信度测度，该置信度测度明显具有了非帕斯卡概率的性质。因此不能将以潜在惊奇的接受理论为基础的相信度和以帕斯卡概率框架下的主观置信度的概念（即主观概率）相混淆，企图用后者概率来代替前者是错误的。例如，当我们对于克林顿将再次当选为美国总统的假说持不可知论时，这个假说的置信度和不置信度都是零，即 b（h）和 b（¬ h）都等于零。尽管这个测度不符合概率演算，却是对归纳推理是非常有用的。沙克尔认为，决策行为的特征（尤其是投资行为选择的特征），能够通过潜在惊奇测度的"聚焦值"① 的方法逻辑合理地表达，并且某些决策方案在引起决策者的关注时，并非是通过将该决策方案的各种假说结果的某种参数（如概率）进行相乘或相加的。这与正统理论（如 Von Neumann – Morgenstern 的效用理论）有着本质的区别。沙克尔抛弃了正统决策行为选择理论，而钟情于他的"聚焦值法"是基于以下两个理由：首先，他认为，在某个特定的历史时期，一个特定的地点进行某个具体的决策行为将是一个"独一无二"的实验，该实验条件几乎不可能在其他时间或地点加以重复进行，并且决策者在构造结果假说时，很难保证真正的发生结果已经包括在已经构造的假说集。所以在这样情形下，用数学概率表示各个可能的结果是不可能的，也是不必要的，无论这些概率是基于逻辑上的先验计算得出，还是经验上的统计得出。其次，是一种从更加经济的角度考虑的。决策者在进行决策时，往往需要一种简单易行的选择标准。相比较而言，"聚焦值"比"加权法"更容易执行，因为这种方法避免许多繁琐的概率计算，假如这些结果的概率是真正存在的。可以说，在决策论中，沙克尔提出的潜在惊奇概念对非分布式不确定性进行了解释和度量，开创了非帕斯卡概率理论的先河。

---

① 沙克尔的所谓"聚焦值"理论，粗略地讲即决策者在时刻 t 时，依据背景知识 B 以及他的想象能力所构造的假说集中，一般来讲一定存在这样的两个假说：它们最容易引起决策者的兴趣，这是因为它们中一个具有最大的正优势，另一个具有最大的负优势。

也正因为沙克尔的工作具有初创性，所以他的理论难免还具有一些不足或不完善性，因此，自该理论一出炉即不断遭到质疑。例如，G. 戈德（Gerald Gould）反驳道："沙克尔的理论不是关于决策论问题，而仅仅是关于出现在企业家面前的特殊问题；在通常情况下，他的理论是无效的，并且要求对之进行修改，以使该理论不仅能够指导决策者要考虑相互排斥的简单假说，还要能够指导决策者考虑由简单假说组成的复合假说，但是如果这样修改的话，那将会破坏理论的简单性。"① 在谈到沙克尔理论的非加和特征时，G. 戈德反驳道："众所周知，动物行为理论研究表明，在相似的情形下反复出现相同的结果是动物建立条件反射的充分条件：如果在一种情形下，B 和 C 都能够导致 A 发生；在另一情形下，B，C 和 D 都能够导致 A 发生，那么在后一种情形下所建立的条件反射的坚固性更强。就人类的心理过程来讲，尽管复杂些，但所形成条件反射的过程应该是相似的。因此，经济人在进行决策行为选择时，更多地是遵循加和原则的。"② 实际上，G. 戈德对沙克尔理论的反驳代表了绝大部分非沙克尔派的观点。同时我们也应该看到，G. 戈德的质疑仅仅停留于直觉的层面。我们知道，衡量一个理论的标准并不是看它是否违反直觉。科学史表明，一个新的理论范式出现之初，往往多是有悖直觉的。相反，衡量一个理论最重要的标准之一就是该理论是否是自恰的。针对理论的恰当性方面，我国学者鞠实儿提出了这样的评价③：（1）由于潜在惊奇理论是在不穷竭假说或行动后果集概念的基础上建立起来的，因此，它不可能满足帕斯卡概率定义。然而，为了构造潜在惊奇公理系统，沙克尔引入了剩余假说概念，使不穷竭集扩充为穷竭集；但在穷竭集上可定义帕斯卡概率。因此，潜在惊奇公理系统不能避免不一致性。（2）沙克尔没有明确地提出测量潜在惊奇度的方法，他建议同时使用逻辑分析和心理分析的方法度量潜在惊奇度，因此，潜在惊奇理论的度量方法不能避免不一致性。（3）潜在惊奇理论在缺少度量假说不确定性的方法的同时，缺少度量假说愿望度的方法，以潜在惊奇理论建立起来的决策论只是一个建立在心理分析基础上

---

① Gerald Gould, *Odds, Possibility and Plousibility in Shackle's Theory of Decision.* The Economic Journal, Vol 67, No. 268. （Dec. , 1957）, pp. 659—664.

② 同上。

③ 鞠实儿：《非帕斯卡归纳逻辑研究》，浙江人民出版社 1990 年版，第 105—108 页。

的逻辑虚构。因此，潜在惊奇理论作为非帕斯卡概率逻辑的一种形式是不完善的。但是，这并不是说，这个理论没有价值，而是说这个理论还处于发展阶段需要完善。鞠实儿针对这些方面的不一致性，提出了他的非帕斯卡概率的逻辑解释。[1]

目前关于非帕斯卡概率研究比较完善的理论是柯恩的 CIL 理论（即相关变量法的归纳支持理论）。新古典归纳哲学认为，归纳逻辑是研究科学假说评价的标准。并且归纳逻辑有两个关键的思想：一个与归纳证据的性质有关，另一个与这个证据究竟证明什么有关。第一个思想在古典归纳哲学那里，如培根的有无表中、密尔的求同—差异法中、威歇尔（Whewell）的一致性原理以及在赫歇尔（Herschel）自然哲学中都有所表现。而在柯恩的理论中，则是用"相关变量（relevant variable）法"来表示的。可以说，柯恩的相关变量法与古典归纳哲学在关于归纳证据的性质这方面是一脉相承的。第二个思想是关于归纳可靠性的等级是登上必然真理（或至少是关于某一定律的陈述）的一些阶梯的阐述。威歇尔在《归纳科学的哲学》中暗示过这个思想，但是没有进一步发展。而柯恩在阐述这个思想的时候是立足于这样的依据：确定关于归纳可靠性分级的陈述的逻辑句法，类似于刘易斯—巴坎德演算 S4 标准解释中关于必然性陈述的逻辑句法，这既是对凯恩斯关于归纳概率是论证的可靠性的度量的思想的发展，又是拉卡托斯的关于"一个科学纲领可以在'反常的海洋'中进步"的思想具体体现，同时还避免陷入类似于波普尔的境况之中（即"证认"概念给任何被证伪的理论分配零级的证认）。就像沙克尔的潜在惊奇理论所表现出的不足那样，柯恩的归纳概率逻辑同样招致许多评价，所有的评价大多集中在以下几个方面：（1）可应用性方面；（2）理论本身的恰当性方面；（3）理论的一致性方面；（4）理论的独立性方面。

本书沿着柯恩的理论脉络，着重探讨该理论的哲学基础与应用，同时也将对该理论本身的逻辑恰当性以及其他后继学者所进一步发展的理论进行简要地评价。

---

[1] 鞠实儿：《非帕斯卡概率的逻辑解释与决策分析》，载《自然辩证法通讯》NO.1，1991（b）。

第三节　研究方法和论文创新

一　本书的研究方法

从历时性角度讲，柯恩的非帕斯卡概率理论系统并非是一蹴而就的，而是既有着深远的哲学渊源，即培根归纳逻辑思想，又具有现实的技术基础，即模态逻辑和可能世界语义学理论，因此，本书的主要研究方法之一是逻辑与历史相结合的方法。

从横向的角度讲，首先，柯恩的非帕斯卡概率逻辑理论是一种新型的有别于帕斯卡概率逻辑的；其次，非帕斯卡概率逻辑建立的基础是基于实验的，从而放弃了形而上学的假定，这与卡尔纳普所建立的归纳逻辑系统有着本质的区别；第三，非帕斯卡概率的解题功能是从帕斯卡概率逻辑不能解释的问题中凸显出的。因此，比较研究法是本书的第二个主要研究方法。

另外，归谬法、综合和分析法也是本书所采用的重要的研究方法。因为，本书涉及到的技术性问题比较多，例如，在讨论非帕斯卡概率逻辑和帕斯卡概率之间的不可通约性时，就是采用的数学分析的工具用归谬法加以论证的。

二　主要研究成果

本书对柯恩的非帕斯卡概率系统的研究存在着两个重心：理论系统的哲学基础方面与理论的应用方面。这就决定了本书的研究成果有别于其他学者关于柯恩非帕斯卡概率逻辑的研究成果，例如，中山大学鞠实儿先生注重的是柯恩非帕斯卡概率系统本身的逻辑一致性方面的研究；南开大学任晓明先生注重的是非帕斯卡概率的语义恰当性的解读。而本书的研究既对上面两位学者的研究成果进行了一定的整合，同时又力求从新的研究视角，即历史的视角和应用的视角来加以研究，从而使得本书获得了下面的一些研究结论：

第一，论证了非帕斯卡概率与帕斯卡概率都是概率逻辑的一种形式，在将"概率看成是证明等级的测度"上，二者具有统一的的语义学基础。孤立地谈论非帕斯卡概率与帕斯卡概率孰优孰劣这样的问题是不恰当的，而要看具体的论域是完全的还是非完全的。

第二，为非帕斯卡概率理论的合理性提供了历史的辩护。一般而言，某种理论系统的出现，一般都遵循这样的发展模式——成形于现在，但思想却起源前辈。柯恩的非帕斯卡概率逻辑也应该如此。所以，非帕斯卡概率逻辑的哲学思想应该在归纳逻辑的先哲那里孕育着该思想的萌芽。本书顺着这种惯性思维模式来追寻非帕斯卡的"形而上"思想，从而为非帕斯卡概率逻辑的合理性提供了历史的辩护。

第三，本书研究了非帕斯卡概率逻辑的应用。笔者发现，柯恩的非帕斯卡概率理论的应用所涉及的领域是广泛的——古典归纳逻辑领域（密尔"五法"新解读），现代归纳逻辑领域（"确证悖论"以及"彩票悖论"的相关变量法消解），法律领域（成功地消解帕斯卡概率解释的困难），科学哲学领域（用于解读"拉卡托斯的问题转换"方面，能够成功地为"精致证伪主义"的科学分界标准进行逻辑上的辩护），等等。

第四，本书引入缺省逻辑来研究柯恩的默认规则。由于柯恩的非帕斯卡概率逻辑假说遭遇证伪的处理是采取了默认的规则，来提高假说抗拒证据证伪的能力，这实际上是将非单调性问题纳入到单调性逻辑框架内处理的，所以这种处理方式，完全可以用缺省逻辑来进行刻画。

第五，本书试图对任何"现论"中的任何可检验概括句，给出柯恩的非帕斯卡概率逻辑归纳支持度的程序化的解的一般模式。

第二章 可能存在着非帕斯卡概率逻辑吗?
——概率逻辑解释的多元化

第一节 归纳推理与归纳概率理论的基本概念

尽管不同的逻辑学家会从不同的视角对逻辑一词作出不同的阐释,但是,却有一个基本的共识:逻辑的中心问题就是推理,特别是推理的有效性问题。

一 归纳论证与演绎论证

逻辑学奠基人亚里士多德曾经指出:人是有理性的动物。在这里,亚氏强调:人具有推理能力,即具有从已经获得的命题过渡到新的命题的能力。所谓推理,粗略地讲,是由若干个命题组成的命题系列,其中一个命题的断定得自于其他命题的断定。推理不仅是一个心理过程,同时也是使用语言的过程,所以推理的研究既不能忽视它的心理方面也不能忽视它的逻辑方面。推理一词概括为以下几点[1]:

第一,当且仅当一个人在命题中说出自己的信念,他才接受那个命题。如果由于我们已经接受一个或者几个其他的命题,才促使我们接受这个命题,那么我们就说该命题是由那些别的命题推论出来的。

第二,促使我们接受另一个命题的那些命题叫做这个推理的前提,而依靠前提的力量才被接受的这个命题就叫做推理的结论。

第三,推理是这样的一个心理过程,即我们依靠以或多或少的置信度来接受的前提达到对结论的接受;这结论是我们以前未曾接受的,或者是

---

① 部分定义参见江天骥《归纳逻辑导论》,湖南人民出版社 1987 年,第 1—2 页。

我们不曾如此置信地接受的。对结论的置信度并不高于对前提接受的置信度。

这个推理定义包括下述两种情况：我们由所接受的前提导致的结论是一个新信念，即我们以前未曾接受过的信念；但结论也可以是以前未通过推理而接受的，推理仅仅使我们接受结论的置信度有所增加。从主观方面来看，我们可以把推理分为两大类：（1）主观地充分置信的推理。在这种推理中，我们对接受前提所具有的充分置信被转移到对结论的接受中去。（2）主观地不充分置信的推理。在这种推理中，我们对接受前提所具有的充分置信只是部分地转移于对结论的接受中，换句话说，我们以小于前提的置信度来接受。

由此可以看出，一个主观地充分置信的推理具有这样特征：

（1）接受前提的置信度被充分地转移到结论的接受中去。

（2）前提的真保证结论的真，由前提得出结论，亦即由前提到结论有后承关系（consequence relation）。这是最大的支持关系。

（3）由前提的真逻辑地得出结论的真：这是推理的形式正确性。之所以要求这种推理形式的正确性，是为了要保证可以检测在某一具体推理中是否存在着推断关系。有时候，我们虽然对结论的真或假毫无所知，却总是能够证明：或者结论是由前提逻辑地得出的，或者它并不由前提逻辑地得出。这就是为什么一个主观地充分置信的推理如果要正确，我们不仅要求它的结论由前提得出，而且要求结论由前提逻辑地得出。

第四，当且仅当一个推理的前提给其结论提供充分理由，即结论是其前提的推断，这个推理才是正确的（演绎地正确的）。

第五，当且仅当一个推理的结论由前提逻辑地得出，这个推理才是形式正确的。

我们称具有（1）—（3）这三个特征的主观充分置信的推理就是演绎推理，也叫做演绎论证。

而主观地不充分置信的推理则是这样的推理：我们依靠以一定置信度被接受的前提，达到比前提的置信度较小的置信度去接受结论。例如，当我们由对前提的无条件接受出发，考虑到虽然前提真，结论也可能被表明是假的；这样，我们并非无条件地接受了结论，这就是主观地不充分置信的推理。如果对前提的充分置信的接受是合理的，并且根据这一点，我们对结论的置信度较小的接受也是合理的，这种推理就是正确的。但是与演绎正确性不同，主观地不充分置信的推理的正确性有程度上的差异：前提对结论的关系并不是或者支持或者不支持，而是给予较强的或者较弱的支持。在这种推理中，不谈推理是否正确，而是评价这种推理的归纳强度的高低。因此，在这种推理中，归纳强度的概念比正确性概念更适用。如果依靠对前提的充分置信的接受，我们有权同样地以充分置信去接受结论，就是说错误的可能性被排除了，那么在前提和结论之间必定有推断关系；这一关系排除了前提真而结论假的可能性。但是如果我们只要求有权利以并不充分的置信度去接受结论，也就是说，我们承认，即使我们完全置信地接受前提，结论的接受也可能是错误的，那么在前提和结论之间就不需要有像推断关系那样严格的联系。它们之间只要有比推断关系较弱的联系就足够了。这种较弱的关系就是前提给予结论以一定程度的证据支持。演绎的推断关系是最大的证据支持；与之相对照，我们可以把那种稍逊的支持关系叫做归纳支持关系，同时把这种主观不充分性的推理叫做归纳论证。

　　演绎正确性和归纳强度是评价前提和结论之间的证据联系的两种不同的标准。对应于演绎正确性的演绎逻辑的任务在于研究如何检验演绎正确性（决定一个推理是否演绎地正确的规则）和构造正确的演绎推理的规则；对应于归纳强度的归纳逻辑的任务在于研究测定不充分性置信的推理的归纳概率，从而决定它的归纳强度的规则，并且研究构造归纳强度高的推理的规则。

　　然而，在人们的实际推理过程中，尤其是在科学推理中，往往更多的是根据一些已知的前提集推出某些概然的结论，也就是说，更多地表现归纳推理论证形式。因为，无论从本体论还是认识论的角度说，人类作为整体，要获得对于这个无边无际的宇宙的知识，归纳几乎是人必须采取也只能采取的认知策略。在这个意义上，归纳对于人类来说具有实践的必要性。

二　归纳问题和归纳概率逻辑

　　由于归纳推理是一种非确定性的推理，它的结论所断定的超出了前提所断定的范围，因而得出的结论具有一定的不确定性。这种研究不确定性推理的逻辑，我们称为归纳逻辑。根据人们对归纳逻辑的态度不同可以将归纳推理分为古典归纳逻辑和现代归纳逻辑，这种区别的分野是休谟提出的著名的"归纳问题"。

古典归纳逻辑理论产生于17世纪，其代表人物为培根、洛克、密尔、赫歇尔等人。他们把通过事实发现理论和用事实证明理论视为归纳的两个孪生问题。他们将归纳看成是发现和证明普遍性命题的方法，而自然规律，特别是因果律就是最重要的普遍性命题；坚信用归纳法最终可以得到确实可靠的结论。例如，密尔就把归纳定义为"发现和证明普遍命题的活动"①。尽管赫歇尔第一次试图对发现和证明作出区别；但是，在发现和证明这两个方面，赫歇尔更强调发现，而不是归纳过程的证明。

然而，英国哲学家休谟对归纳推理的合理性——既具有保真性又能扩大知识的推理——提出了怀疑主义的论证。休谟从其经验论立场出发，对因果关系的客观性提出了根本质疑，其中隐藏着对归纳推理合理性的根本性质疑。他把人类理智的对象分为两种：观念的联系和实际的事情，相应地，人类的知识或推理也分为两类：关于观念间联系的知识或推理，以及关于实际的事情的知识或推理。前一类知识或推理并不依赖于宇宙间实际存在的事物或实际发生的事情，只凭直观或证明就能发现其确实性如何。而关于事实的知识或推理的确实性却不能凭直观或证明来发现，因为设想事实以及关于事实的命题的反面都是可能的，并不包含矛盾，例如设想"太阳过去一直从东方升起"与"太阳明天从西方升起"并不包含矛盾。那么，关于事实的知识或推理的根据何在？休谟指出："一切关于事实的推理，看来都是建立在因果关系上面的。只要依照这种关系来推理，我们便能超出我们的记忆和感觉的见证以外。"②他继续分析说，凭借理性的论证不能获得关于因果关系的知识："理性在原因中发现的任何东西都不能使我们推断出结果，假如这样的推断真的可能，也不过是建立在观念的比较基础上的一个论证。可是，从原因到结果的推断并不等于一个论证。对此有如下明显的证据：心灵永远可以构想由任何原因而来的任何结果，甚至永远可以构想一个事件为任何事件所跟随；凡是我们构想的都是可能

---

① 密尔：《逻辑学体系》，严复译，商务印书馆1981年版，第172页。
② 休谟：《人类理解研究》，吕大吉译，商务印书馆1982年版，第27页。

的，至少在形而上学的意义上是可能的；凡是在使用论证的时候，其反面是不可能的，它意味着一个矛盾。因此，用于证明原因和结果的任何联结的论证，是不存在的。这是哲学家们普遍同意的一个原则。"于是，休谟得出结论说："一切因果推理都是建立在经验上的，一切经验的推理都是建立在自然的进程将一成不变地进行下去的假定上的。我们的结论是：相似的原因，在相似的条件下，将永远产生相似的结果。"但休谟继续质疑说，关于自然齐一律的假定不可能获得逻辑的证明："显然，亚当以其全部知识也不能论证出自然的进程必定一成不变地继续进行下去，将来必定与过去一致。凡是可能的事情不可能被证明是假的。既然我们可以构想自然进程的变化，自然进程发生变化就是可能的。不仅如此，我愿意更深入一步，并且断言，他甚至不能凭借于任何或然论证来证明将来必定与过去相一致。因为一切或然论证都是建立在将来与过去有这种一致性的假设之上的，所以或然性论证不可能证明这种一致性。这种一致性是一个事实，如果一定要对它证明，它只是假定在将来和过去之间有一种相似。因此，这一点是根本不允许证明的，我们不需要证明而认为它是理所当然的。"①由此，休谟提出了他本人所主张的关于因果关系来源的观点："这种从原因到结果的转移不是借助于理性，而完全来自于习惯和经验。在看见两个现象（如热和火焰，重与坚硬）恒常相伴出现后，我们可能仅仅出于习惯而由其中一个现象的出现期待另一个现象的出现。因此，习惯是人生的伟大的指南。惟有这一原则可能使经验对我们有用，使我们期待将来出现的一系列事件与过去出现的事件相类似。"②而休谟所理解的"习惯"，乃是一种非理性的心理作用，是一种本能的或机械的倾向，于是他就把因果关系以及基于因果关系之上的归纳推理置于一种非理性、非逻辑的基础之上。

　　休谟的论证"揭示了人类理性或能力的弱点或狭隘范围"。应该指出的是，休谟对归纳合理性的质疑并不是针对某一种归纳形式的，尽管他的论证主要是针对因果关系的，但其中包含一个对归纳推理合理性的怀疑主

---

　　①　转引自周晓亮《休谟及其人性哲学》附律一，社会科学文献出版社1996年版，第348—349页。

　　②　休谟：《人类理解研究》，吕大吉译，商务印书馆1982年版，第39—55页。

义论证，是针对一切归纳推理和归纳方法的；并且，休谟的质疑不仅仅与逻辑学有关，在同等程度上也与认识论有关，它实际上涉及"普遍必然的经验知识是否可能及如何可能"的问题，涉及人类的认识能力及其程度的根本性问题。因此，休谟的诘难是深刻的和根本的，得到了哲学家和逻辑学家的高度重视。休谟提出的问题在逻辑史上被称为"归纳问题"或"休谟问题"，这是哲学史上一个著名的难题。由于休谟质疑的冲击以及随着人们对知识的表示和模拟人类推理的需要，人们发现用那种"绝对正确的推理"来描述对立世界[①]存在着明显不足。因此，各种各样的非经典逻辑应用而生，如直觉主义逻辑、多值逻辑、模态逻辑、时态逻辑等。而在多值逻辑中，也出现了许多不同的分支，例如，J. 拉卡斯维茨（J. Lukasiewics）于 1920 年在《论三值逻辑》一文中拓展了二值逻辑的真值域 $\{0, 1\}$，提出了不分明状态 u 的拉卡斯维茨的三值逻辑，以后又出现了包含不可知状态的克利宁（Kleene）强三值逻辑和计算三值逻辑。语言值模糊逻辑则把命题的真值域定义在 {真，极真，非常真，很真，相当真，比较真，有点真，不真不假，有点假，比较假，相当假，很假，非常假，极假，假} 上，是 15 值逻辑。而在连续域 [0，1] 上，人们将数学中的概率论和数理统计工具引入去研究归纳前提与归纳结论之间的支持关系。在他们看来，尽管归纳在逻辑和经验上都是得不到证明的，它的前提真时，归纳结论不一定真，但他们认为，作为归纳前提的经验证据对作为归纳结论的一般命题有一定的支持关系，并由此提出了"归纳概率"概念，发展了归纳概率逻辑。[②] 由于作为数学分支的概率论与数理统计的日益成熟与发展以及古典归纳逻辑自身寻求摆脱困境的迫切要求所使然，归纳概率逻辑成为了现代归纳逻辑的主流。

17 世纪中叶古典概率论产生并发展起来了。古典概率论最初的研究与赌博活动有关，但是在发展过程中逐渐在人口学、保险业、自然科学等众多领域中得到愈来愈广泛的应用。于是很自然地产生一种想法：用概率论来研究归纳推理。

---

① 所谓对立世界，即二值世界，在这个世界中，一个命题要么为真，要么为假，二者必居其一；一个元素要么属于这个集合，要么不属于这个集合，非此即彼；不容许亦此亦彼的中间过渡状态存在。

② 参阅何华灿《泛逻辑学原理》，科学出版社 2001 年版。

1921年英国著名的经济学家凯恩斯将概率理论与归纳逻辑相结合，建立了第一个概率逻辑系统，这标志着现代归纳逻辑的产生。我们知道，在最近几十年来，不确定性的管理在知识描述和推理中扮演着越来越重要的角色。为了处理不确定性，人们提出了各种不同的形式化和方法论，其中大部分是直接或间接地基于概率论的。如主观主义概率论、频率主义概率以及客观主义概率等。现代归纳逻辑尽管并不拒斥把归纳看成发现和证明普遍性命题（规律、定律）的活动，但更多的是把它看作检验和评价假说的活动。现代归纳逻辑认为，无限全称命题不能被彻底证明，只能得到一定程度的"确证"，因此，归纳法主要是通过检验来决定一个假说是否可以接受。可以从知识的表示和概率定义两个角度来解释概率逻辑产生的必然性。

（1）知识表示的角度

从知识的表示角度看。1933年柯尔莫戈洛夫在《概率论的基本概念》一书中，明确了概率的定义和概率论的基本概念，引进了代数学的工具，从而提出了公理化系统，使得概率论成为一门严谨的数学分支。在人工智能领域，以概率论为基础的不精确推理方法得到了广泛的应用。例如，MYCIN专家系统中，其确定性因子，就是以概率论为基础表示的，另一方面，逻辑作为思维的法则，是人类认识世界和改造世界的准绳，是研究知识表示和推理的基本工具。把概率在推理方面的巨大作用和逻辑在实质表示方面的优势结合起来，便出现了概率逻辑，即用概率的表示来进行概率演算。

（2）概率定义的角度

从概率定义的角度来看。第一个给概率下定义的是数学家、天文学家拉普拉斯（Laplace），这一定义可以用摸球模型作形象化的解释，因而也可以被称为古典概型。从此定义出发，许多概率的计算相当困难却又富有技巧。对于这个严重的缺陷，冯·米塞斯第一个提出用频率极限来定义概率，但此概率定义也不是完美的，其缺点是在统计定义的基础上无法对单称事件赋予一个概率。于是第三个概率定义开始登上科学历史舞台，那就是逻辑概率。

逻辑概率是由数学家莱布尼兹首创的，而系统地提出逻辑概率并为此建立起一个逻辑概率体系的，则首推凯恩斯，他把概率看作两组命题之间的逻辑关系的确定形式：如果预先知道观察实验材料或任何其它前提，则对于另一组假说归纳概括或任何似真的结论，可以赋予一定程度的概率。他的理论体系是比较粗糙的，但由于他的首创性，为逻辑概率树起了历史的丰碑。与凯恩斯持有同样观点的杰夫里斯（Jeffreys）旗帜鲜明地推行逻辑概率，他直截了当地指出：概率所谈的不是频率而是逻辑关系。他相信在大多数情况下，特别是在数理统计可以应用的场合，对概率是可以指定数值的。卡尔纳普继承了这两个人的思想，他认为，逻辑概率是一种逻辑关系，是有点类似于逻辑蕴涵的那种逻辑关系。① 卡尔纳普的观点一直广为流传，它揭示了概率与语义之间的关系，表现出概率逻辑的实质。简言之，概率逻辑就是研究观察或实验证据对相关假说的支持程度的，是对确证度的研究。

三　排除归纳法和枚举归纳法

为了对环境进行控制性操作，我们必须拥有某种因果连接的知识。例如，为了治疗某种疾病，医生必须知道它的原因；并且，他们应当了解他们所用药物的后果。因和果的关系其重要性非同一般，尽管"因果关系"一词有多种含义容易混淆，但是，"原因"一词的每一种用法，无论是在日常生活中还是在科学中，都与下述原则相关，或者预设了下述原则：原因和结果齐一性（uniformly）相连。这就是密尔在阐述其因果五法时提出的"自然界的进程是齐一的"的命题。就是说在自然界中，凡发生一次的事，在相似情形下不仅再次发生而且一直发生。然而，实际上情况果真如此吗？现象就像永恒的沙漏一样不断轮回或像唱片一样循环回复，仅仅构成了宇宙的一个方面。而在另一方面，根据热力学第二定律表明，永恒轮回的现象在时间性的本质上是不可重复的。同时，自然齐一性原理，普遍因果本身也是归纳法的例证，而且一般地，也并非人们最早得出的原初结论。特别是这种"齐一性原理"不能在逻辑的框架下加以解决，这点根据休谟的著名"归纳问题"得到充分地说明。然而，人类的目标就是试图在茫茫宇宙中建立一个普遍的因果关系。我们如何能够从我们经历的特定事例中，得到 C 的所有场合下都有 P 这样普遍的命题（C 引起 P）？

---

① 参阅王雨田、吴炳荣《归纳逻辑与人工智能》，中国纺织大学出版社 1990 年版。

枚举法和排除法在古典归纳法以及现代归纳逻辑中都被逻辑学家在试图探讨因果联系中加以讨论。归纳逻辑的古典类型主要包括枚举归纳法、排除归纳法（包括培根的"三表法"、密尔的"因果五法"）、假说方法（它可说是前二者的进一步综合）。其现代类型则主要包括卡尔纳普作出贡献的概率逻辑和由美国学者柯恩提出的模态逻辑。[①]

1. 枚举归纳法

粗略地讲，所谓枚举法有两种形式：（1）从枚举 S 类事物中一部分对象具有性质 P，推出 S 类的任意有穷数目的对象也具有性质 P；（2）从枚举 S 类事物中一部分对象具有性质 P，推出 S 类的所有对象具有性质 P。枚举事例的数量对归纳结论的可靠性有较大影响，但一遇到反例，归纳结论就被推翻或受到削弱。也就是说，在枚举归纳法中，人们只看到支持概括那种实例的数量，只看是否存在反例，人们试图确立的关系，不是一性质（一自然类）与另一性质（另一自然类）之间的关系，而是一类实例之间的关系。所以，在这里，要得到所求结果，就不是去逐一考察可能影响所说的各种性质（或自然类）之间关系的所有相关环境条件，而是逐一考察相关的所有个别实例。只有当所有实例被列举穷尽，假如都支持某概括，该概括就为真。当然，列举不全在逻辑上完全是可能的，而且这种情况十分普遍。枚举归纳法所作的评价作为一种经验的评价，它在经验上总是可以修改的，无论列作证据的那些实例是否构成了相关的完全类。就算人们在某种程度上有权利假定这种完全性，也不能断定作为结果的概括是能从已知推出未知的定律。因为枚举归纳推理模式的推导是依据对这样那样的个体的概括，而不根据对这样那样环境条件的观察。所以，这种不能确保从已知到未知的推论性的概括只能是偶然的真。在现代归纳逻辑中，卡尔纳普的概率逻辑，在一定意义上可以说是源于枚举归纳法这种思想，我们可以看到卡尔纳普是采用古典概率的无差别原则来先验地确定或分配概率的。这条原则说的是，如果我们没有任何理由使我们能够认为两个事件之一比另一更加可能发生，我们就认为这两个事件的概率是相等的。基于这一原则，卡尔纳普的帕斯卡概率系统不能区别对待不同性质的实例。不仅如此，卡尔纳普系统还有一条"正面实例相关原则"，按照这

---

① 参阅陈锋《科学归纳法若干处境之考察》，载《华东科技》1998 年第 9 期。

条原则，每增加一个正面实例，普遍归纳的限定实例（即有一定关系的下一个或几个实例）的确认度就提高一些。在这里，正如任晓明所言，"仅仅考虑实例的数量，根本没有考虑实例的不同种类或不同性质。这恰恰体现了枚举归纳法的基本特征"①。正因为枚举归纳法的这种特征，使得通过枚举法而建立起来的因果关系往往会冒有一定的风险。②之所以冒有风险，乃是因为：枚举法对提出的因果律的例外没有解释，而且不可能有解释。任何断言的因果律都会被一个反例所推翻，因为，任何一个反例表明，所谓的一个"规律"不是真正普遍的。例外否证了该规则。因为一个例外（或"反例"）或者是这样一个情况：人们发现了所断言的原因，而断言的结果并没有伴随；或者是这样的情况：结果发生了，但所断言的原因没有发生。但在简单枚举法论证中，这两个情况中的任何一个都是无效的；在这样论证中唯一合法的前提是断言的原因和断言的结果两者都出现的事例报告。如果我们限定我们归纳视野，我们将不去寻找甚至于不去注意那些可能发生的否定或者不确定的事例，这是简单枚举法的一个严重缺陷。再者，在枚举归纳法被应用的场合，概率函数的第一函项与第二函项换位时，它们的值是要变的。尽管"任何事物，如果它是 R，就是 S"等值于"任何事物，如它不是 S，就不是 R"，但是 $P_M[S, R]$ 并不必然地、无条件地等值于 $P_M[\neg R, \neg S]$，除非 $P_M[S, R] = 1$。③ 也正因为枚举归纳法的这种不能换位性，导致基于枚举归纳法的帕斯卡概率不能避免悖论。④ 鉴于枚举归纳这种缺陷，它尽管在因果律的建立过程中成果丰硕并且具有价值，但它不适合检验因果律，或者说，它充其量更适合于较初级的，对背景知识知之甚少的科研领域。然而，因果律的检验是至关重要的，为了进行这样的检验，我们必须依赖于其他类型的归纳论证。

2. 排除归纳法

粗略地讲，排除归纳法是指这样的操作：预先通过观察或者实验列出

① 任晓明：《当代归纳逻辑探赜——论柯恩归纳逻辑的恰当性》，成都科技大学出版社 1993 年版，第 25—26 页。
② 关于使用枚举归纳法具有冒险的一个著名历史事例，参见柯匹著《逻辑学导论》，张建军译，中国人民大学出版社 2008 年版，第 520 页。
③ 赖欣巴哈：《概率概念的逻辑基础》，洪谦译，商务印书馆 1989 年版。
④ 参见江天骥《归纳逻辑导论》，湖南人民出版社 1987 年版，第 151 页。

被研究现象的可能的原因，然后有选择地安排某些事例或实验，根据某些标准排除不相干假设，最后得到比较可靠的结论。具体包括培根先行提出、密尔后来系统总结的"求因果五法"——求同法、求异法、求同求异并用法、共变法和剩余法。这五法的有效性基于因果关系的一些假设：如时空上的接近，原因上的在先性，原因和结果恒常伴随，相同的原因永远产生相同的结果，相同的结果永远产生于相同的原因，等等。

古典归纳逻辑的创立者——培根，在他的巨著《新工具》中系统地论述了归纳逻辑思想。培根认为，古典哲学完全压抑了人认识自然、控制自然的愿望和能力，这种哲学鄙视经验认识，反对耐心地向"大自然的书"中去寻找关于事物的知识，将实践能力与理解能力离异，"以致使人类这个大家庭中一切事务陷入混乱"；科学成了哲学家们所控制的东西，而他们只追求逻辑上的一致，丝毫不关心其实用性如何；另一方面，从事实际工作的人则由于缺乏科学知识而收获甚微。① 他说："从希腊人所有的这些体系以及它们贯穿于各种科学中的支派，经过了这么多世纪，几乎就举不出一件旨在为人类生活除害兴利的实验，也没有一件可真正归功于哲学的理论及其思辩。"② 这样的哲学必须予以拒斥，现有的知识体系应该全面地加以改造，"必须给人类理智开辟一条与以往完全不同的道路，并给它提供一些帮助，以便使人的心灵能在事物的本性上行使其固有的权威。"③

培根认为，为要开辟这样的新道路，就必须致力于观察实验，认识自然以发现真理，为此就得借助逻辑的工具。在这方面，传统的、亚里士多德的逻辑理论是于事无济的。他说："正如现有的科学并不能帮助我们获得新的成果一样，现有的逻辑并不能帮助我们建立起新的科学。"④

这是因为，传统的逻辑所关心的，只是三段论这样的推理形式，而三段论只能用于对命题进行推演，不能用于从经验到的特殊的东西得出第一性原理：

---

① 培根：《新工具》卷一箴言 P.5，沈因明译，上海辛垦书店 1934 年版。
② 培根：《新工具》卷一箴言 P.73，沈因明译，上海辛垦书店出版 1934 年版。
③ 培根：《伟大的复兴》序，引自北京大学哲学系编译《十六——十八世纪西欧各国哲学》（三联，1958）第 1 页。
④ 培根：《新工具》卷一箴言 P.11，沈因明译，上海辛垦书店 1934 年版。

"三段论无助于发现科学的第一性,用它得出一些中间性的原理也是徒劳的,…它只能迫使人同意某一命题,并不能借助它以把握事物本身。"①

当然,亚里士多德也研究了归纳推理,但他仅仅粗略地研究了简单枚举法。培根认为,简单枚举法对于发现第一性的科学原理并没有多大的作用。他说:"那种根据简单枚举法进行的归纳是非常幼稚的,其结论很不确定,极易为反例所动摇,其论断往往只是根据了少量唾手可得的事例。"②

据此,培根提出了建立一种新的逻辑即归纳逻辑。培根的归纳逻辑理论概括地说即:

(1)根据"三表"(存在与具有表、差异表、程度表)所列出的事例消除与所考察对象——某种性质不相干的因素:在所考察性质出现的存在与具有表中没有一直出现的性质,在所考察性质不出现的差异表中出现了的性质,以及程度表中与所考察性质变化趋势不同的性质,都应当加以消除,不能作为所考察性质的"形式"(form),即与所考察性质间没有必然性的联系。

(2)由于任一个体都是由其种类有穷多的"简单性质"的不同组合而构成,并且对任一个体之给定性质都存在一个形式,故通过消除不相干因素,最终总能确定出所考察性质的形式。

(3)在实际应用中,由于消除难以进行得完全,故还需要根据三表所列事例,提出关于所考察性质的形式的假说以作为结论。

培根的三表法理论奠定了古典归纳逻辑产生的基础。

密尔是古典归纳逻辑的集大成者。他总结和发展了培根思想,并在此基础上建立了以寻求因果联系的五种方法为中心的归纳逻辑理论。在1843年出版的《逻辑学体系》(A System of Logic)一书中,他以绝大部分的篇幅从逻辑上系统地对运用这些方法以寻求一般的因果联系、复杂的因果联系、牵涉到机遇(chance)的因果联系等各种情形进行了论述。在密尔看来,人对外界的认识是从感觉经验开始的,感觉经验向我们提供外

---

① 培根:《新工具》卷一箴言 P.13,沈因明译,上海辛垦书店 1934 年版。
② 培根:《新工具》卷一箴言 P.105,沈因明译,上海辛垦书店 1934 年版。

界的现象。所谓知识即是关于现象的真理。要得到关于现象的真理，我们唯一能凭借的就是归纳法。在全部自然现象中存在着两种不同的关系：同时性与先后性关系。① 关于现象先后关系的真理是最重要的知识。"在所有关于现象的真理中，对于我们最有价值的是关于这些现象秩序的真理，我们关于未来事实的合理预测，我们为自己利益而对这些事实施加影响的力量都以这些真理为基础。而因果联系乃是现象间最基本最普遍的先后关系。"

因此，"归纳法的主要任务就是弄清自然界中所存在的因果律，确定每一个原因的结果，以及每一个结果的原因。而归纳逻辑的主要对象则是指出如何来完成这一任务。"②

密尔在论述如何寻求因果律时，总结了他的所谓的"五法"——求同法，求异法、求同求异法、剩余法以及共变法。③ 密尔对这些在寻求因果律过程中时时和处处使用的最基本的工具的分析是精辟的，尽管他错误地坚信，这些技术可以用作发现因果关系的工具以及用作证明因果连接的准则。④ 但是，这些方法在探究可能的因果关系方面确实可以避免简单枚举法所具有的不足。

现代归纳逻辑学家柯恩继承了密尔排除归纳法的合理内核，并在模态逻辑和可能世界语义学的框架内发展了他的相关变量法。柯恩强调说，"如果将通过枚举法所揭示的关于自然律的陈述看成是偶然真概括的话，那么从排除归纳推理模式得到的关于自然律的概括则包含了律则的（nomological）信念"。⑤ 柯恩论述到，"当人们发展和系统化培根的有无法或密尔的异同法作为证据支持和评价的标准时，人们将遭遇到相关变量法，相关变量法比培根或密尔的方法更具有一般

---

① 密尔：《逻辑学体系》，严复译，商务印书馆1981年版，第195页，所谓先后关系即时间上的先后关系。

② 密尔：《逻辑学体系》，严复译，商务印书馆1981年版，第214页。

③ 关于密尔五法的具体论述可以参见柯匹著《逻辑学导论》，张建军等译，中国人民大学出版社2007年版，第522—546页。

④ 柯匹：《逻辑学导论》，张建军等译，中国人民大学出版社2007年版，第547页。

⑤ 梅勒主编：《实用主义展望——纪念拉姆齐论文集》，剑桥大学出版社，第211—228页。

性"。① 换句话说，相关变量法是培根或密尔的方法的一般化，它不仅出现在关于因果等自然规律的客观归纳推理中，而且还出现在法律以及语言等社会科学的归纳推理中。在所有这些归纳推理系统中，相关变量法都具有一定的潜在的逻辑结构——即它们可以在某种全称模态逻辑中加以描述。

在归纳推理的领域中，如果全称概括句所得到的支持评价是通过越来越严格的实验进行等级划分——即通过相关变量的越来越复杂的结合的证据来抗拒证伪的话，那么这样的归纳推理的逻辑结构将不遵循概率的经典演算（即 Pascal 演算），而是另一种演算（可以称之为培根型概率演算），这种演算可以全称模态逻辑来加以描述，因为模态逻辑能控制证据支持的含义，如果证据是按照培根传统来划分等级的话。并且，在较早之前，该种方法，已经被赫歇尔的实验评述所简单地表达："根据实验所具有的性质（除了一种环境以外的其他所有环境中，它们都是恰当地一致），既然对于自然所提出的问题变得越明确的，并且它的回答越坚决的，那么实验就具有更大的价值，并且实验的结果将是更清楚的。"② 通过这种方法而得到的可靠性逐渐朝着必然性——即通常被看成是自然规律——逼近。例如，如果不能证伪一个概括句——比如说，蜜蜂识别颜色的能力——的相关因果变量的范围越宽，那么我们也许可以认为，这个概括句将更加接近自然律，或者至少是一个或者多个如此规律的一个逻辑后承。相应地，为了对如此等级的可信度进行逻辑形式化，我们不仅需要有一个初始二元算子——就像在通常的模态逻辑中的那样，而且还需要一组这样的算子——$\square^1$，$\square^2$，……$\square^d$，这里的 $\square^d$ 表示逻辑必然，$\square^{d-1}$ 表示自然律，$\square^1$，$\square^2$，……$\square^{d-2}$ 分别代表逐渐提高的可靠性——这些可靠性弱于自然律——的阈值。只有当 $i \geq d-1$ 时，$\square^i H \rightarrow H$ 才是可证的。任何等级的模态命题 $\square^i H$（或者这个模态命题的部分）都可以用函数含义表示为 $s[H] \geq i/(n+1)$ ③；类似的一个二元支持等级函数 $s[H,E] \geq i/(n+1)$ 可以解释成 $\square^{d-1}(E \rightarrow \square^i H)$。这样，我们就有公理模式 $\square^i A \rightarrow \square^i A(j$

①　参见柯恩和赫斯编《归纳逻辑的应用》，克拉兰登出版社 1980 年版，第 156 页。

②　William Herschel: *A preliminary discourse on the study of natural philosophy* (1833 ed.), London: Printed for Longman, Rees, Orme, Brown, and Green. p. 155.

③　关于这里 n 的解释见第三章关于归纳支持测度的定义。

$> i$)；$\square^{d-1} A \rightarrow A$；$\square^{i} A \rightarrow \square^{i}(x) A$；$\square^{i}(A \rightarrow B) \rightarrow (\square^{i} A \rightarrow \square^{i} B)$ 等等，总之是刘易斯—巴坎演算 S4 系统的一般化或普遍化。在排除归纳法中，或者说在柯恩的相关变量法中，强调的是证据支持概括的强度，注重的是检验的严格性，实验环境条件变化的多样性。这一思想具体表现就是实验可复制（可重复）的思想：即 $\exists x \square^{i} H \rightarrow \forall x \square^{i} H$。该定理的意思是说，只要对某一 x 假说 H 得到了第 i 级支持，那么对所有的 x，它就得到同等程度的支持。换句话说，在实验条件下，一百个相同的实例对假说的支持与一个实例对假说的支持并无区别。为此，就要力求避免重复旧证据，避免千篇一律，而要努力使证据更新，也就是说不断改变实验环境条件，增加检验的严格性。

由此可见，柯恩的培根型概率体现了排除归纳法的基本特征，是排除归纳法的系统化。而在注重量上估计的简单枚举法中，随着实验次数的增加，并且假说都抗拒了证伪，那么假说将得到更大的支持，无论这些实验条件是否发生变化，因为简单枚举法，只注重实例对假说的确证，而不太考虑证据的多样性。因此，在枚举归纳中，观察到 101 个天鹅是白色的，比观察到 100 个天鹅是白色的，对于假说"所有天鹅都是白色的"确证度更大。可以用贝叶斯定理表示为：$P_K(H \mid E_1 \wedge E_2) = P_K(H)/P_K(E_1 \wedge E_2)$ $> P_K(H \mid E_1) = P_K(H)/P_K(E_1)$，其中 $P_K(E_1 \wedge E_2)$ 表示证据 $E_1 \wedge E_2$ 发生的概率，$P_K(E_1)$ 表示证据 E_1 发生的概率，显然有 $P_K(E_1 \wedge E_2)$ $> P_K(E_1)$；$P_K(H \mid E_1 \wedge E_2)$，$P_K(H \mid E_1)$ 分别表示假说 H，在证据 $E_1 \wedge E_2$，E_1 下的后验概率，在命题的之间中可以理解为确证度。$P_K(H)$ 表示全称假说的先验概率。另外，相关变量法是依据实验环境条件的变化，来排除竞争性假说的：由于每一成功的试验结果都要至少排除一个这样的竞争者，因而那些相互竞争着的假说必是全称的。它们所陈述的是，任何事物，如果它是 R，那么它是 S，而不仅只是表达大多数或一定比例的事物有某种特性。而枚举归纳法在每次的试验成功不试图排除竞争假说，因为枚举法并不是作出的关于不同变量有无证伪力的因果或者准因果的判断，它所陈述不必然是全称假说，而至多是一定比例的事物有某特性。

3. 简单枚举法和排除归纳法在归纳推理中的关系

关于这两种归纳法在归纳推理中的作用，不同的逻辑学家从不同的角度出发，将得到不同的结论。

大卫·休谟说，"没有什么东西看上去如鸡蛋那样彼此一样的：然而没有人将会根据这表面的一样就期望所有鸡蛋具有相同的气味和味道。只有经过长期的各种情况下的一致性的检验，我们才能赋予某个结论的坚实的信念。那么从一个实例就推出某个结论的过程与从一百个完全相同的实例才推出某个结论的过程的区别究竟是什么？我认为——这个问题除了为获得一定的信息量以及为结论的得出制造特定的困难外；并不能够发现，也无法想象这里有任何的推理。"①

尽管休谟的论断使人会产生一定的误解，即否定了简单枚举法不是推理形式，而只能说它不是演绎推理，但却是归纳推理。实际上，休谟在其他的场合意识到这个问题——他将简单枚举法称为因果推理，关于事实推理，或者概率推理。② 如果我们暂时撇开简单枚举法的称谓的话，休谟在这里阐述的是——简单枚举法区别于演绎法的重要特征，即每一个实例都将影响结论的概率。

伯克斯（Arthur W. Burks）也认为，③ 既然归纳推理涉及到重复性，那么它就预设了可重复的因素以及重复性能够发生的构架。无时序的特征就是归纳可重复的因素，而时—空就是这些重复因素能够发生的构架。例如，"绿色"、"在磁场中"以及"溶解在王水中"等就表示无时序的特征；而"发生在今天"、"现在正在我的屋子里"等表达明显地包含着时—空的含义，表示构架。简单枚举归纳法的基本规则就是陈述——无时序的特征越是经常地以时—空的构架顺序连接在一起的话，那么很可能这些无时序的特征就总是以这样的时—空架构的方式相结合。伯克斯说，"如果休谟关于枚举归纳法作用的论述是正确的，并且重复性在归纳推理中确实起着关键性作用的话，那么排除归纳法应该是依赖于枚举归纳法的，即枚举归纳法比排除归纳法更基本。这首先因为，当一个假说被排除归纳法排除时，往往还有一些相互竞争的假说待检验，这时，枚举归纳法通常就给出了这些候选假说的相对概率信息；其次，不同的归纳规则在归纳推理中的使用是有着不同的顺序的，简单归纳法在寻找哪些变

---

① 休谟：《人类理解研究》，关文运译，商务印书馆 1957 年版，第 36 页。

② 这里休谟的通常语言的误用是与他的怀疑主义归纳法相关的。

③ 关于无时序特征和时—空特征的进一步解释，参见 Arthur W. Burks ：*Chance, Cause, eason.* Chicago：University of Chicago Press ，1977，chs. 9. 2。

量是相关时，起着关键作用，而排除归纳法往往在归纳推理的比较高的阶段起作用，即在排除那些不相关的假说或错误的假说时起作用"①。所以从科学假说成熟程度的角度讲，伯克斯认为，简单归纳法比排除归纳法更基本。

在谈到枚举归纳法和排除归纳法的关系时，柯恩认为，② 它们之间是相互依存、相互作用的，如果没有对实验结果的重复性的充分认识，人们当然不能恰当地用相关变量法来测量支持度。既然不能重复的实验结果肯定是无效的结果，那么实验结果的成功的重复必定至少应该朝向它的合法性方向迈出了第一步。在这点上，柯恩认为伯克斯的观点是没有错的，即枚举归纳法看起来的确要比排除归纳法更加基本。但是，如果从某个既定的事态预测下一个将要发生的事态时，也许就是另一回事了：探究者也许能够勾勒出任意多的概括句——所有 A_1 都是 B_1，所有 A_2 都是 B_2，等等。这些概括句都可以是用简单枚举法得到的。探究者究竟将用哪个概括句来预测将要发生的事态，这将依赖于既定的事态在相关性方面更加类似于哪个 A_i，从而根据这个类似的程度来决定实验哪个概括句。所以，在柯恩这里，从预测的视角而言，排除归纳法是更加基本的。

实际上，笔者认为，在关于"简单枚举法和排除归纳法孰轻孰重"的关系，伯克斯和柯恩的论述都是正确的，关键是我们从什么样的视角来看的问题。当然，在关于这两种归纳法之间的差异性更应该值得我们注意的问题是：对于注重证据多样性的排除归纳法而言，完全相同的例证的数量的重复并不能提高假说的被确证的度，而对于注重量的关系的简单枚举法而言，同样例证的每一次重复都提高了假说的确证度。

第二节　概率理论的"一元论"与"多元论"问题

数学家、统计学家和哲学家会从不同的角度来研究概率理论。数学家发展了概率理论的形式推演；统计学家对数学家的工具加以应用；而笼统

① L. Jonathan Cohen and Mary Hesse. *Application of Inductive Logic*. The Queen's College, Oxford, 21—24 August 1978. p. 176.

② L. Jonathan Cohen and Mary Hesse. *Application of Inductive Logic*. The Queen's College, Oxford, 21—24 August 1978. p. 190.

地讲，哲学家则是描述这个工具的应用包含了什么。数学家在发明符号工具，而不过分关注制造这个工具的目的是什么；统计学家在安然地使用这些工具；哲学家在讨论使用这些工具的合理性。每个人都可能工作得很好，如果他对另外两个人的工作有所了解的话。

　　在概率理论中，也许最使得哲学家感兴趣的是这样一些问题：概率的含义是什么？概率的思想是怎样被使用的？可以对概率有不同的语义解释吗？以及这些不同的语义解释之间的关系是怎样的？所有这些问题类似于问：有不同种类的生物吗？在某种意义上，只有两种不同的生物：动物和植物；在某个另外的意义上，有多少属生物，就有多少种生物；然而，还有在其他的意义上，只有一种生物，既然生物是不可分割的，并且甚至在动物和植物区别在某些环境下也会导致误解的话。关于概率理论的争论与之非常类似：从某些观点来讲，至少有五种概率理论，或者说有五种概率解释；而从另一种意义上，这些概率解释又可以统摄于统一形式的名下；再者，或许可以构造出另一种完全不同于我们所熟悉的概率形式。

一　概率的几种语义学解释

1. 古典主义解释

　　如果将一种理论看成是从使用语言就开始的话，那么概率论就有数千年的历史，因为，数千年前，语词——也许，可能，机会以及运气等——就已经被引进日常语言中了。大约在公元前 300 年，亚里士多德就曾经说过“可能的东西就是常常发生的东西”，公元前 60 年西塞罗（Cicero）就将概率描述成“生命的先导”，在一定意义上，他们已经建立了概率论和合理行动的原初态。[①] 但是，概率论真正作为一门科学只有几百年的历史，概率的数学思想可以溯源到 16 世纪的卡丹（Cardan）——一个资深的赌徒，他将一些简单的数学演算应用到赌徒身上，并将概率定义为“等可能事件的比值”；随后经过帕斯卡在 1654 年与费马（Fermat）的通信中解决了概率论中的一些基本问题才得以系统地建立；第一本关于概率论的书籍是由帕斯卡之后不久的亨爵斯（Huy-

---

① I. J. Good. "Kinds of Probability Science", 20 February 1959, Volume 129, Number 3347.

gens）出版的。

所有这些作者关注的是机会游戏，尽管他们是将概率定义为等可能事件的比值，但是他们的目的一定是在试图解释——为什么在机会游戏中，长期的特定的成功发生的比值是存在的。这些先驱没有作出清楚的解释，而这个问题被贝努里（James Bernouilli）清楚地阐释，他的大数定理声称——在 n 次试验中，并且每次成功的概率都是 p，那么成功的次数将大概就是 np，当 n 是非常大时。贝努里大数定理是基于这样的假定——每次试验成功的概率都是 p，无论前面试验的结果是什么。换句话说，试验必须是"因果独立的"。然而，在 n 以及 np 究竟应该多大，贝努里却没有清楚的阐释。例如，当你的彩票中奖的概率是 1/1000000 时，那么贝努里的定理是不适合的，除非你将进行好几百万次试验，然而到那时你也许太老了以致不关心了。我们知道，贝努里是以等可能的情形的比值来证明他的大数定理的，但是他却试图将他的定理推广到其他领域——如社会领域。然而，众所周知，在社会学领域中，等可能性——贝努里大数定理成立的条件——是明显不具备的，况且更糟糕的是，在社会领域中，概率 p 很可能是不固定的。这样，以贝努里大数定理为最高典范的古典概率型就表现出一定的局限性，其使用范围只能是在机会游戏，或者说只存在于数学世界中。在现实的生活中，要慎之又慎。

2. 主观概率

甚至在机会游戏中，古典概率定义也不是令人满意的，因为游戏也许不是真正公正的。所谓公正的游戏是这样的——即应该相等的概率真正是相等的。例如，我们考虑这样的游戏：在一组被充分洗匀的卡片中，从底部抽取到红色的卡片记为"成功"事件，既然卡片的一半是红色的，一半是黑色的，那么成功的概率将是 1/2，如果卡片的质料是一样的以及混合是均匀的。相反，如果我们知道红色卡片的表面粘有更多的黏性物质，那么我们宁愿对抽到是黑色的卡片进行打赌。但是，如果我们不知道这些，那么对于我们而言，这个概率仍然是 1/2。既然我们考虑到黏性表面的可能性，但是，很可能黑色卡片表明的黏性可能是更大的，也可能是更少的，除非我们有进一步的信息。对于我们而言，抽到红色卡片的概率仍然是 1/2。

假定我们的对手知道红色卡片的表面是更加黏性的,那么对他而言,抽到红色卡片的概率就不等于我们所认为的抽到红色的概率。这个例子表明个人的、主观的、逻辑的概率既依赖于既定的信息也依赖于所估计概率的那个事件本身。这就是形式 $P(E/F)$ 所表示的含义,即在 F 给定条件下,E 的概率。不失一般性,E 和 F 也可以解释成命题。

3. 物理概率

假定我们的对手对于上述的试验进行了一个长期的实验,并且发现成功的比例是 0.47,而不是 0.5。那么我们也许将这个概率叫做"真正概率"、"物理概率"或者"倾向性概率"等,并且认为该概率具有非私人的、公共的或者客观性。姑不论,物理概率是否真正与主观概率有区别,为了方便,我们最好还是将之加以区别地称呼。实际上,所谓的物理概率就是在既定的"实验装置"下事件成功的概率。所以,对于物理概率也应该具有形式 $P(E/F)$。另外,依据装置 F 是真实的,还可以在物理概率与真正概率之间作出区别。例如,我们可以取来一组真实的卡片,来讨论底部将是红色卡片的概率;也可以设想一个物理化学家,通过分析卡片表面的化学药品,然后根据量子理论进行计算而得到底部是红色卡片的概率。当然,不管 F 如何,这里的概率已经远非古典概率所能阐释的。

4. 逆概率

实际上,概率理论在应用于社会领域时更多地并不表现出古典概率的那种等同性。例如,当 n 个烟民被问卷调查,并有 r 个人拒绝填写调查表时,那么下一个烟民将拒绝填写调查表的概率 p 将是多少?所有烟民拒绝填写调查表的比例应该是多少?然而,贝努里的大数定理通常是从已知的每个烟民拒绝填写表格的概率来计算所有烟民拒绝填写表格的比例。而这里的过程好像与之正好是相反的。也就是说,在这里,首先要估计概率 p,然后根据 p 来计算烟民拒绝填写表格的人数。然而,如果在估计概率 p 时,所使用的样本是很少的话,那么由此估计的概率所计算出的结果将非常不准确。特别是当 r = 0 时,情况将更糟。(因为当一个事件的概率是 0 时,表明一个事件发生的可能性是无限小的,这样的断言表明过去经验中事件是 100% 的失败,但是,在所抽查的样本是很小的话,这将会冒着非常大的风险。)尽管,有时我们会将 r/n 看成是概率的定义,实际上这个定义显得有些幼稚。实际上，贝叶斯正是看到这个定义的不足，从而提出了贝叶斯定理来解决贝努里大数定理难以适用的问题。该定理声称：逆概率原则可以用验前概率、验后概率以及似然度来刻画。拉普拉斯在他的概率理论体系中对贝叶斯定理作了进一步地地阐述。该定理可称为贝叶斯—拉普拉斯定理，表述如下：

令 H = ｛H$_i$｝（i = 1，2，……k）表示假说集。其中有且只有一个假说是真的。E 表示试验或者观察结果。在实验之前，对所有的 i（= 1，2，……k），已知 P（H$_i$）表示不同假说的先验概率。又知 P（E｜H$_i$）（i = 1，2，……k），即在 H$_i$ 真时 E 被观察到的概率，这些是实验数据的似然性（Likelyhood）。P（H$_i$｜E）表示验后概率（或逆概率）。该定理可表示为：$P(H_i \mid E) = (P(E/H_i)P(H_i))/(\sum_{i=1}^{k} P(E/H_i)P(H_i))$（i = 1，2，……k）。该定理表示，可以通过试验来对原来知识状态予以更新。

尽管拉普拉斯的解释较贝叶斯清楚些，但是，拉普拉斯错误地认为先验概率总是相等的，而贝叶斯对此态度则谨慎些。例如，拉普拉斯认为，一个未知的物理初始概率 P 总是等可能地取 "0—1" 之间的任何值，即在每个区间（0，0.01），（0.01，0.02），……（0.09，1.00）的验前概率都是 0.01，在这个假设基础上，拉普拉斯又证明了他的后继定理（Law of succession）——在 n 次试验中，当有 r 次成功时，则下一个事件成功的概率 P 可以被估计为：（r + 1）／（n + 2）。然而，这个后继定理的合理性遭到了广泛的质疑。因为，根据该定理可导致一些不太合理的结论——即任何已经经历一个给定长的时间的事件将再次经历同样长的时间段的概率为 1/2。

除了这里所提到的关于统计推断的逆概率外，还存在其他的统计推断。例如，贝努里、高斯以及费歇尔（Fisher）经常使用的 "最大似然性"（Maximum）。在这种统计推断中，似然性最大的假说被选择，这里的似然性与上面意义一样。例如，对于一个简单的样本试验中，最大似然性的方法导致物理概率 P 的估计为 r/n。然而，这种对物理概率的估计也是显得幼稚的，在某种意义上还略逊拉普拉斯的后继原则，因为相比之下，"拉普拉斯导致较小的荒谬性，除非该方法固执地认为相互穷竭且独立的假说的验前概率是永远相等的。"①

　　在通常情况下，由于拉普拉斯的逆概率定理不能通过清晰明了的规则加以定义，并且他对物理概率的定义在某种程度上具有一定的随意性和武断性，而最大似然性原则尽管定义简洁明了，但是对于小样本试验而言，不可避免地又会导致荒谬的结论。对于这个逆概率的使用的反对还表现在，初始概率的确定的武断性和任意性。因而，这些统计推断在使用上具有极大的局限性。

　　5. 频率主义的极限定义

　　L. Ellis, A. Cournot, G. Boole, J. Venn 以及现代数学家冯·米塞斯，赖欣巴哈等人看到了上述拉普拉斯统计推断的不足，于是将研究视角转向了频率主义的观点。例如，他们问"除非你抛掷一个色子许多次，否则你怎么能够证明色子将会下落呢"？他们建议通过用长期的频率定义物理概率概念来解决贝努里大数定理的逆概率问题。② 频率主义理论可以形式地表示如下：

　　设 A 是一个事件，B 是一个性质，在 n 次试验中 A 与 B 的相对频率是 f_n，$\{f_n\}$ 是相对频率的序列，F ≥ 0，如果对于任意 ε，ε > 0，存在一个自然数 N，当 n > N 时，有 | f_n — F | < ε，则称 A 是 B 的概率为 F。

　　然而，由于对某个 n，f_n 是一个试验结果报告，我们既然不可能进行无穷次试验，也不可能根据 f_n 断定 f_{n+1}。显然，序列 $\{f_n\}$ 只是一个形式记法，无法写出它的通项。因此，我们无法根据极限理论判定 $\{f_n\}$ 的极限的存在。也就是说，在频率主义的理论中，涉及到概率本质的问题，即决定论与非决定论之争的形而上学问题。对于频率主义的上述缺陷，赖欣巴哈作出这样辩护：如果 $\{f_n\}$ 的极限存在，根据极限定义，通过充分的试验和运用枚举归纳原则可得到充分精确的概率估计值；如果不存在，任何方法都不能成功。因此，虽然频率主义存在上述缺陷，依然是最好的方法。③ 然而，撇开赖欣巴哈的辩护的合理性，频率主义解释对于单称陈述的概率值问题是无能为力的，因为单称陈述描述一个单独事

　　① I. J. Good. "Kinds of Probability Science", 20 February 1959, Volume 129, Number 3347.

　　② I. J. Good. "Kinds of Probability Science", 20 February 1959, Volume 129, Number 3347.

　　③ 鞠实儿：《非巴斯卡归纳概率逻辑研究》，浙江人民出版社 1993 年版，第 25 页。

件，而对于单独事件不可能进行重复试验，或许我们可以通过对一系列与上述单独事件的类似事件的观察或试验，来推出该事件概率的近似值。但是这一近似值是这一类事件中任一事件的概率，而不是该事件的概率。因此，根据频率主义的定义，不可能确定它的概率值。

　　例如，在一个转盘转动了 300 次后，"7"这个数字都没有出现，试问，如何估计在下一个转动中"7"将出现的概率？是 1/37（真正的概率），或者是 0，还是其他的某个数字？对于这个简单问题的回答，暴露了拉普拉斯的后继原则以及最大似然性原则的弱点。频率主义者也许拒绝作出任何断言，相反，将会说，"继续旋转另一个几百次"，甚至为了确定这个概率的值，可以旋转到足够多次数，然而，这里的足够的"多"究竟是多少，频率主义者没有作出明确地回答。就像几何学家所说的，在欧几里德几何中的关于抽象点的描述那样，在被称为点之前，它们必须小，但是没有说，究竟小到什么程度。凯恩斯批评到，"频率主义的'长期'也许意味着，我们最终都死去为止"①。尽管 Venn 以及冯·米塞斯仅将频率主义理论应用于那些可以定义极限的领域，并且他们从数学理论本身的视角作了许多的尝试，且也取得了重要的成就。但是，即使在那些表面看上去频率极限是合理的领域中，终究还是不能证明其定义的合理性。

　　6. 逻辑主义的概率定义

　　逻辑主义的基本观点是：概率是陈述之间的逻辑关系，它是证据相关的，且可先验地被判决的。凯恩斯提出第一个逻辑概率理论。他认为，无差别原则是唯一可接受的度量概率的方法。卡尔纳普接受了逻辑主义的基本观点，运用现代逻辑的方法将概率定义为——给定形式语言中陈述之间的数学关系，以确定该语言中所有的陈述的逻辑概率值。② 卡尔纳普的确证函数的量化系统是关于归纳论证的第一个形式系统，该系统包括了简单枚举归纳法的概率演算和归纳规则。在这些系统中，概括句"如果 A，那么 C"的重复例证将提高"A 的下一个事例也将是 C"的概率。然而，

---

　　① J. M. Keynes, *A Treatise on Probability* (Macmillan, London and New York, 1921; St. Martin's Press, New York, 1952). p. 230.

　　② R. Carnap, *Logical Foundations of Probability* Chicago: University of Chicago Press , 1962.

"如果 A，那么 C"的重复例证并不能提高概括句对于"所有事例 x，如果 Ax，那么 Bx"的概率。因为，当在该论域中，存在着无限事例 x 时，所有全称概括句的先验概率都是 0，并且是不可确证的。卡尔纳普系统中的关于"无限论域中的全称命题的不可判决性"的弱点是由辛迪卡加以克服的。辛迪卡推广了卡尔纳普的系统以致无限全称命题有非—零的先验概率，并且这样的全称命题也是可以由简单枚举归纳法加以确证。[①] 无论是卡尔纳普系统还是辛迪卡的扩充系统都是建立在一阶量词理论基础上的，所以这样的系统所确证的全称概括句都是外延性的，而非模态的。而对于那些认为"基本科学概括是模态的，该模态包括必然"的人而言，这是一种严重的缺陷。如柯恩和伯克斯就认为，这种逻辑主义的概率系统不能用于科学理论的说明。

7.　模态主义的概率观[②]

柯恩和伯克斯的关于科学法则的非外延式的模态等级理论系统包含着对必然性理解。这里所涉及的必然性并非是逻辑必然，而有另外的含义——"客观必然"、"物理必然"以及"因果必然"等。柯恩称之为"客观必然"，而伯克斯称之为"因果必然"。伯克斯对必然的这种称谓也许部分出于对休谟和康德的尊重，因为休谟在经过仔细研究后并没有发现存在这种必然性，同时康德又把因果必然性作为最基本的逻辑范畴之一。尽管伯克斯将模态逻辑中的必然称为因果必然，但他并没有像休谟和康德那样，将这种必然仅仅限制于因果关系的陈述，而是将之广泛地应用于自然法则以及真的科学理论。

在柯恩系统中，存在着有限序列的必然算子——$\Box^d$，$\Box^{d-1}$，$\Box^{d-2}$，……，$\Box^1$，算子的量级 d 是依赖于他的相关变量法的复杂程度，$\Box^d$ 表示逻辑必然，$\Box^{d-1}$ 表示客观必然，剩余的 $d-2$ 个必然算子分别表示排除相关变量（探究者本以为这些变量与假说是相关的，但实际情况却不是）的过程的相应的阶段。如果探究者希望确定——A 本身是否可以充分地导致 C，或者是否需要引入变量（$P_1, P_2, \cdots P_n$，当然这些变量是按照

①　J. Hintikka and P. Suppes：*Aspects of Inductive Logic*，，North－Holland：Publishing Company Amsterdam，1966 pp. 113—132.
②　实际上，该概率观已经偏离了经典的概率理论。但由于它也是测量命题之间的确证度的，因而也可以看作是某种概率理论。

某种顺序——比如潜在证伪能力从大到小的顺序排列）中哪些才能导致 C，那么他将在变量 $P_1, P_2, \cdots P_n$ 的各种组合中来检测 A，并且如果发现 A 在所有环境下都能导致 C 的发生的话。设这些实验的顺序被标以顺序 1，2，……$d-2$，$d-1$；待检验概括句"对于所有 x，如果 $A(x)$，那么 $C(x)$"记作 G。当 G 通过第 i 个实验检验时，那么探究者就作出相应的断言 $\square^i G$。这样，在整个的检验过程中，探究者依次作出相应的断言——$\square^1 G$，$\square^2 G$，……$\square^{d-2} G$，$\square^{d-1} G$。这里 $\square^{d-1} G$ 表示断言 G 是必然的或者似规律的，并且是只有当 G 经过了所有通过应用排除归纳法的所有实验的检验而作出的断言。

在伯克斯系统中，通常用"$\square$"表示逻辑必然，"$\square^c$"表示因果必然。[①] 伯克斯用不同的方式来描述柯恩系统的实验序列，即用 $P(\square^c G, e_i) = x_i$ 代表柯恩的每个断言"$\square^i G$"。这里 P 是归纳概率或者确证度，$\square^c$ 表示因果必然，e_i 表示经过第 i 个实验之后的全证据，x_i 表示经过第 i 个实验之后的确证度（可以是量化的，也可以定性化的）。每个实验如果被正确地执行并且被正确地解释的话，那么它都能够排除某个相对 C 的竞争假说，并且相应地提高 G 的概率。例如，如果在 P_1 缺乏情况下，A 能够导致 C 的发生，那么假说"只有在 P_1 出现时，A 才能够导致 C 的发生"被排除，同时 G 的概率相应地增加。这样，G 的概率是随着相继实验的进行而不断地增加。

但是，应该承认，无论是在柯恩系统还是伯克斯系统中，即使经过了最后的检验，仍然可能保留一定的不确定空间的存在。因为，可能某些实验被错误地操作，当然这种错误的操作可以通过反复地实验加以避免；但是，更加可能的是，也许对相关变量集 $\{P_1, P_2, \cdots P_n\}$ 的认识存在着不确定性，该变量集也许是不完全的，也许 A 导致 C 的发生的所有的条件真正依赖于某个特征 Q 的存在，而该特征 Q 目前还没有被观察到。

当然，柯恩以及伯克斯的模态主义系统是否可以称为概率系统以及其恰当性，这将在下面章节加以讨论。但是，有一点可以肯定的是，模态主义的解释系统与卡尔纳普和赖欣巴哈为代表的立场不同，它表现出这样一

---

① Arthur W. Burks: *Chance, Cause, Reason*, Chicago: University of Chicago Press, 1977, chs. 6 and 7.

些特征：第一，辩护不是形式的，而是非形式的、与背景知识相关的，因此逻辑经验主义的形式主义被抛弃了；第二，辩护不单纯是一项哲学研究，在一定程度上是一项具体科学研究，因此科学哲学研究中的元科学立场被抛弃了；第三，辩护的方式将随着背景知识的增加和删减而改进，以保持同已有的科学知识的一致性。

二　概率的公理化系统和家族相似

自冯·米塞斯以后，大部分数学家主要关注概率的形式化的发展，而把概率的一些哲学问题暂时搁浅，如柯尔莫戈洛夫所建立的概率的公理化系统。正如本节开头所言，这些数学家是不考虑概率理论的应用问题以及哲学问题的。相反哲学家们从哲学层面上将概率作合理信念度、相对频率、自然倾向性、命题之间的逻辑关系、多值逻辑中的真值以及其他的解释。根据他们对概率的哲学态度，可以区别为一元论或多元论。由上节的论述可知，概率的一元论观点是很难得到维持的，例如[1]，米塞斯的相对频率的概率解释更加适合于"一个出租车司机活到 70 岁的保险计算的概率"，而不太适合于"Excalibur 将赢得 1979 年的 Derby 的比赛的概率"，因为频率主义的解释隐含着这样的理由——它更加适用于集合（或类）意义上的推断，而不适合于某个单个个体意义上的推断。而萨维奇的概率的个人主义解释好像更加适合于赛马比赛的获胜的估计，而不太适合于在无限论域中的科学概括命题的可靠性的评价，因为对于单个命题的正确性进行打赌能够以某种开放性的命题不能进行打赌的方式得以决定地解决，并且因此打赌所进行的赌注在前者比后者更加具有现实标准。类似的可以对其他单一的概率标准进行同样的反驳。

由于概率标准一元论所遭遇到的诘难，所以当代大部分学者坚持概率的多元化标准解释，即对概率的各种解释，采用一定的包容性。在这种观点下，抽象地谈论一个概率观优越于另一个概率观是没有意义的，相反应该在具体的环境下讨论哪种概率定义更加适合。因为概率的多元化标准规定了各种概率解释有各自的适用范围，这样，它们在整体上就不是相互排斥而是相互协调了。赖欣巴哈和卡尔纳普的工作也起到了推动的作用。例

---

[1]　L. Jonathan Cohen. *The Probable and the Provable* Clarendon Press Oxford. 1977.

如，在 1934 年，赖欣巴哈表明，[①] 将 "概率" 一词想象成多值逻辑中的真值与将之想象成相对频率并不发生矛盾。后来的卡尔纳普也表明，[②] 相对频率的概率语义学解释与逻辑关系的语义学解释可以和谐相处。然而，尽管不同境域下，不同的概率解释可能被使用，同时这种观点与后现代哲学观也遥相呼应。但是，这种概率的多元化观点也表现出一定不足性，因为这种观点往往在追求理论的恰当性的同时，牺牲了理论的简单性这个重要标准。所以，哲学家们还是不免要问，既然这些不同的概率解释不能归结为某一种解释的名下，那么存在某种能够将概率的多元化解释统一起来的方式吗？如果这个问题的答案是肯定的话，那么这种可行的方式不可能存在于上节已经讨论的那些具体的概率解释中，必须跳出这些具体概率解释本身。或者说，在各种概率解释中的 "概率" 一词仅仅是偶然的，或者说是同名异姓吗？它们之间是不可通约的吗？

对于概率的各种语义解释之间关系的两种可能的解释方案如下：[③]

1. 数学主义理论

对概率理论统一性的简单性诉求既然不能来自于那些各自为阵的概率解释自身，那么哲学家们只能求助于数学家的工作，将目标转向概率的各种解释的形式统一性上来。例如，数学家柯尔莫戈洛夫在 1933 年，基于集合论等理论的基础，构造了目前被广泛承认的公理化系统——帕斯卡公理系统：[④]

（ⅰ）非负性：$p(A) \geq 0$，即任一事件的概率大于或者等于 0；

（ⅱ）规范性：$p(\Omega) = 1$，即任何必然事件 Ω 的概率是 1；

（ⅲ）可加性：如果 A 和 B 是互斥事件，则 $p(A \vee B) = p(A) + p(B)$。

波普尔在 1938 年表明，[⑤] 将各种概率解释统一起来的唯一的方式，就是追求形式化，即追求一种纯形式演算，在这种形式系统中，只研究概率的逻辑句法，除了概率函数的逻辑句法符合该系统的公理形式外，没有

---

① H. Reichenbach. *the theory of Probability* Berkeley：University of California Press. 1949.

② R. Carnap, *Logical Foundations of Probability* Chicago：University of Chicago Press 1962.

③ L. Jonathan Cohen. *The Probable and the Provable* Clarendon Press Oxford. 1977. P. 9—12.

④ 该系统参见周概容编《概率论与数理统计》，高等教育出版社 1984 年版，第 34 页。

⑤ K. R. Popper, *the Logic of Scientific Discovery*，Routledge, 1959, p. 318.

关于概率函数本质的任何假定。而且，波普尔的思想比柯尔莫戈洛夫的概率公理系统走得更远。他论证到，概率逻辑中的中项的值域完全不必像柯尔莫戈洛夫的公理系统那样局限于集合，并且这样的构造是可能的。① 这样就在各种不同的概率解释之间寻找到了一种平衡，即各种概率解释在语义学层次上无论是多么不同，但是都具有统一的逻辑句法——帕斯卡公理系统。概率形式系统中立于各个概率语义学解释，这就在最高程度上将各种概率函数统一起来了。从理论的简单性角度来讲的话，此时概率作为一种真正理论被建立起来了。

但是，情况往往会是这样，在追求简单性的同时，又会不可避免地牺牲理论的恰当性。这个高度形式化的系统仅仅告诉我们，无论概率的信念度的主观解释，频率解释还是逻辑解释等是满足帕斯卡系统的，仅此而已，它并不能真正指导我们在实际的概率推理中如何作出判断。也就是说，在具体的环境下，概率函数是如何产生的，公理系统并不能提供任何启迪。它对于人们在科学推理中不能提供任何因果性的建议，而这种因果性对于科学研究中的科学理论发现的作用——在很久以前就被培根②和莱布尼兹③所注意到。所以这种概率的形式主义解释不仅是不充分的概率解释，同时也会导致解释过多的情况。因为，从原则上讲，概率形式系统，没有作任何语义学的限制，这样对它的解释就是开放的。这样，一个形式主义的解释隐含着可以将概率一词运用到远远超过概率本身所具有的语义学的限制范围之外。

2. 家族相似解释

解释力的缺乏同样使得另一种解释方案——家族相似方案——也显得苍白无力。这种方案是由迈奇（J. L. Mackie）提出的，他看到概率语形学方案试图为概率的各种解释进行统一所带来的解释力的不足，将注意力转向了语义学的解释方案。迈奇在他的著作《真理、概率和悖论》（1973）一书中论证到，④ 概率一词至少存在五种基本的含义，这些不同的概率解释只是在名称的使用上含有概率这个名称而已，而没有共同的本质。他

---

① A. Kolmogorov: *Ergebnisse der Mathematik* NewYork：Chelsea，1933，pp. 2 – 3.

② 培根：《新工具》，北京出版社 2008 年版。

③ G. W. Leibniz: *Die philosophischen Schriften*，Berlin：Weidmann，1880，vol. I，p. 196.

④ J. L. Mackie，*Truth*，*Probability and Paradox* Oxford University Press，1973，p. 188.

说，"概率一词正好能够诠释密尔的关于名称的观点（这个观点后来被维特根斯坦及其追随者所继承），即"名称"从一个主题向另一个主题过渡时，名称所表示的各个主题的共同的含义会消失"①。至于它们之所以都用"概率"一词，只是因为它们都是为了刻画两个确定推理的中间态势的规律，但是这些不同的规律描述之间的关系在本质上类似于"家族相似"②，即否认不同的概率解释之间具有共同的本质。也就是说，就像维特根斯坦在论述"游戏"一词所描述来解释家族相似的含义那样：例如，想一想我们称之为"游戏"的活动。我的意思是指下棋、玩纸牌、打球、奥林匹克运动会，等等。什么是它们共同的东西？不要说："一定有某种共同的东西，否则它们不会被称作'游戏'"——而要去察看和看出是否有某种所有游戏共同的东西。因为，如果你察看它们，你将看不出有什么所有游戏共同的东西，只有相似、关系，和整整一系列这样的东西。再说一遍：不要想，而要看！例如，看看棋类游戏和它们多种多样的关系。再来看纸牌游戏：这里你可以发现同第一组游戏一致的地方，但许多共同的特征消失了，其它一些共同的特征却出现了。接着我们来看球类游戏，许多共同的东西保存了下来，但也失去许多共同的东西。——它们都是"娱乐"吗？把象棋同在由直线和横线构成的方形上划×和○的游戏相比较。难道不总是有输赢？难道不都是游戏者之间的竞赛吗？请想一想单人纸牌游戏。打球有输赢；但当一个孩子把球对着墙扔，然后又接住球时，这个特征就消失了。看看要靠技巧和运气玩的那部分游戏：看看下象棋的技巧和打网球的技巧之间的不同。现在来想一想像玩圆环这样的游戏：这里有娱乐的因素，但多少其它的特征已经消失了！我们可以用同样的方法仔细考察许许多多组其它的游戏；我们可以看到相似性怎样出现和消失。

　　根据维特根斯坦关于"游戏"的论述，我们可以看出，实际上，迈奇是否定"概率"的本质存在的。尽管关于概率的本质是否存在的争论，或者说关于概率的决定论与非决定论的存在的争论属于形而上学的问题，

---

① J. L. Mackie, *Truth*, *Probability and Paradox* Oxford University Press , 1973, p. 155.

② 关于家族相似的论述可以参见维特根斯坦《哲学研究》，李步楼译，上海人民出版社 1996 年版。

已超出了我们目前所讨论的范围。但是，这种否定了概率的本体论的观点无论如何是没有多大的说服力的！针对迈奇的观点，柯恩是这样反驳的。[①]

首先，如果真如迈奇所言，"概率"一词的各种解释的关系类似于密尔的关于名称观点的话，那么按密尔的观点，要对这些概率的各种解释进行历史梳理的话，这些概率解释就应该出现在一个时间序列中。但是，迈奇却不能提供这样的历史时间序列的证据。况且，哈金（Hacking）研究也表明，[②] 提供这样的时间序列几乎是不可能的，因为事实并非如此，相反关于概率的各种解释的历史研究却表明这样的结论，即大多概率解释几乎是同时出现并发展起来的，根本不存在先后发展的时间序列。

其次，假设迈奇这里关于概率各种解释之间关系的观点是仅限于当前的现状，而不考虑它们的语源关系的话，柯恩认为，这种论点同样存在着缺陷，而这种缺陷是各种解释变成所谓的"家族相似"成员过程中本身所固有的缺陷——即为什么它们是家族相似的，而不是非家族相似的。柯恩说，"例如，人们骑着汽油轮、马和拖拉机，但不是牛；牛、马和拖拉机通常在农场被用来拉东西，而油轮不行；油轮、拖拉机和牛是沿着地面行走的，而马有时会跳；所有油轮、马和牛都有前后两部分而且一样高的，而大部分拖拉机不是。但是，没有人认为，'用这四个物体中的一个事物的名称而描述所谓家族相似关系中的其他三个物体'是恰当的。事实上，即使这些物体表现出家族相似的特征，但是在这些物体中，有些物体具有共同的名称，而有些物体则没有。所以，除非对于概率的家族类似的解释方案告诉我们——与其他不能产生共同的名称形成对比，他的假设的家族类似的关系为什么产生一个共同的名称，否则他就没有解释任何东西。然而，如果他的确这样做了，并且做得非常恰当的话，那么他一定超过了纯粹家族解释的范围。此时，当然这样说是不恰当的——即当相似是足够封闭时，一个共同的名称就产生了，如果对于一个足够封闭的唯一的检验是通过是否使用共同名称的话。因为这样做明显是在运用循环论证。

---

① L. Jonathan Cohen. *The Probable and the Provable* Clarendon Press Oxford. 1977. p. 12.

② I. Hacking, "Jacques Bernoulli's Art of Conjecturing", *British Journal for the Philosophy of Science* 22, Aberdeen University Press, 1971, p. 209.

而且导致这种家族相似的解释失败的真正的致命的原因是——这种解释并不能对结果作出任何进一步地预测。总而言之，家族相似的解释对我们已经拥有的数据资料施加了各种太多的熟悉的注解，但是却不能依赖它引导我们获得任何新的东西。"①

第三节　概率——证明等级的划分标度

在上节中，将概率的各种解释版本之间关系诉诸概率的公理化或者维特根斯坦的家族类似观点都是不成功的。本节将从另一个视角，给出概率的各种语义学版本的同一基础的解释——即概率可以被看成是关于证明意义上的推理测度，并且按照证据规则是否是基于类似于全称或者单称，必然或者偶然，外延的或者非外延的标准，概率解释的各种不同标准也许被看作是恰当的。

（1）概率——推理的测度

如果从语源学的角度来考察概率的话，可以发现，概率一词在古代的拉丁文中不仅具有承认、赞同之意，而且还有证明的含义。② 洛克也曾经将"确证"（demonstration）和"概率"看作"证明"（proof）的不同类型而加以论述。他写到，

> 如果将证明视为，通过一个或多个的证的介入而使得两个思想之间的一致或者矛盾的关系变成一个固定不变的关系的话，那么概率就是这样的关系，即通过一个或多个证据的介入，而使得两个思想之间的一致或矛盾变成固定不变的关系，或者即使不是固定不变的关系，那至少在极大的情况下可以呈现出这种不变的关系，以致能够足够地判断命题是正确的还是错误的，而不是相反。③

洛克的思想可以简单地表述为，最好将证明一词看成是概率的一个极

---

① 　L. Jonathan Cohen. *The Probable and the Provable* Clarendon Press Oxford. 1977. p. 12.

② 　转引 . L. Jonathan Cohen. *The Probable and the Provable* Clarendon Press Oxford. 1977. p. 13.

③ 　John Locke, *An Essay Concerning Human Understanding*, BK. IV, Courier Dover Publications, 1959, ch. xv, chap1.

端情况，而不是看成与概率相对的；并且这种思想也得到了 de Morgan，Waismann，凯恩斯等人的响应。① 柯恩正是在这些先驱者的思想基础上，提出这样的命题，即"概率是证明意义上的推理测度，是推理的一个评价方式，而不是陈述的评价方式。"② 换句话说，概率是推理的一个测度。柯恩的初衷是为纷繁复杂的概率解释标准寻找一个合理的语义学基础，这种基础既是不同的解释版本的共同的内核，同时在不同的语境下又可以作出不同的诠释；这个语义学基础既能避免纯粹的句法结构的解释（即数学主义的公理化形式），同时又放弃了家族相似的那种否定概率各种解释之间具有本质联系。柯恩认为，这个基础正是在此。

我们知道，在演绎系统中，证明具有这样的特征：在某个解释系统 S 中，一个原始的（或者导出的）句法证明规则为有效证明，当且仅当只要前提（或前提集）是真的，那么根据这个前提以及证明规则所得到的结论相对于该解释系统就是真的。即在演绎系统中，证明规则是相对于某个具体系统才是有效的。对于这里的假说"概率是推理的测度"而言，推理的测度的合理性也应该依赖某个概率系统的原始的或者导出规则，不同的概率系统具有不同的导出规则，从而会得出不同的概率测度。然而，对于同一个命题或陈述只能使用一个概率系统，因为不同的概率系统均有各自的适用范围，就像不同的演绎系统具有不同的推理功能那样。所以，要对概率作出内在的多元化标准的解释寻找理由，演绎系统的做法也许是最好的借鉴。不同的演绎系统也许是对经典逻辑系统中的一个或几个公设进行改造而成不同的演绎系统，尽管这些改造后的系统是按照各自改造后的规则而相互区别的，但是这些改造后的系统都是诉求对适用于不同系统的问题的确定关系进行恰当性解释。同样地，不同的概率标准尽管规定了不同的概率测度的方法，但都是试图在各自所适用的领域中的推理的可靠等级的排序。

在分析由证明的度所统摄的不同的概率解释进行分类时，必须要问的三个重要的问题：在得到共识的概率函数 "P［……，——］= p" 中，关于概率函数的中项是谓词的还是语句的？概率函数的中项是外延的还是非—外延的？概率的测度的真理性是必然的还是偶然的？这三个问题类似

---

① 　J. M. Keynes, *A Treatise on Probability*, New York：macmillan，1921，p. 133.

② 　L. Jonathan Cohen, *The Probable and the Provable* Clarendon Press Oxford. 1977. p. 14.

于演绎系统中的三个问题：即关于如此证明的典型的陈述是单称还是全称？它的真理性是偶然的还是必然的？它是外延的还是非外延的？

所谓全称的，即：如果 S 的原始导出规则建立了这样的证明模式，即该模式使得从一定的公式或者公式集到另一种公式或者公式集的推断是合法的，那么关于证明的这样典型陈述就是全称的。此时证据可以批量地被处理，并且单个的公式也不必是具体的。相反，如果每一个原始导出规则使得推断仅仅是从一个具体的语句到另一个具体的语句的推断是合法的——就像从"将永远不会发生核战争"可以推出"伦敦将从来不会被氢弹销毁"——那么这样证明的典型的陈述就是单称的。

关于概率的必然真陈述的熟悉例子是——相应的条件句是经典逻辑真理，或者是数学真理。例如，"如果 A，并且如果 A 那么 B，则那么 B"就是必然真的条件句。这样条件句就相当于这样的陈述，即"B"可以从"A，且如果 A 那么 B"逻辑推出。在逻辑学家或者哲学家的特有的"演绎"意义上，该导出规则是演绎的。但是，如果涉及这样的导出规则——该规则是从某些物理理论，就像经典机械力学或者狭义相对论的规则（这些规则是需要从天文学数据——如下一个日食将发生在英国于 1999 年 8 月 2 日得以证明的，或者用日常的语言讲得以推出），那么这样的真叫作物理真的或者偶然真的。

一个陈述是外延的，如果无论何时在公式中用其他的大量的术语来相互替换该陈述仍然是真的。但是，如果在上述的替换中，存在有些替换后的陈述是不正确的，那么该证明的陈述就是非 – 外延的。

（2）基于证明意义上的概率系统的诠释

本文沿着将概率看成是证明意义上的测度，用上面所涉及到的术语重新对概率的各种解释系统进行诠释，并且发现在这个基础上对各种概率的诠释是恰当的。

（ⅰ）古典概率主义——全称的、必然的、外延的证据标准

在概率函数式"P［…，—］= p"中，如果函数的中项（argument – places）是关于某一类型（或集合）的任意公式的，那么这样的函数算子就是执行于该集合中的谓词的。并且如果这样的概率函数演算也是外延的，那么，如果是真的，则也是必然真的。这样，当我们能够将谓词处理成外延时，我们就能够用成功的比例来对这种类型的概率解释引出推理规

则,并且依据这种规则,在该类概率系统所适用的情况下对推理的度进行等级划分。这就是古典概率类型。例如,一个数字是素数的概率是1/2。如果知道这个数字是大于10,而小于20的话。因为介于10和20之间的这9个整数中,恰好有4个素数。用概率函数表示为 P〔一个大于10而小于20的整数是素数〕=4/9,这个概率陈述是适合于以集合中不定的任何个体的,所以这里所出现的概率的判断也可以等价地转变成 P〔…是素数〕=4/9。这样概率判断就从形式上由概率函数中项是开放的语句转变为以谓词为中项的概率判断。很明显这里所涉及的概率判断就是关于集合的外延的,并且如果这里所得到的概率是真的话,那么也一定是必然真的。因为这里有一个基本的前提:即在每种情形下,前提和结论的共同的主项是被假定为是等可能地随机选择的。这样的概率判断可以典型地适用于那些等可能的机会游戏中。例如,在一个均匀的六面体中,出现1至6中的任何一点的概率均是1/6。因为这里的概率判断是关于抽象的、不定的、开语句进行判断的,而这样的判断是可以转化成以谓词中项的概率判断,并且谓词判断是外延式的。也就是说,这种概率系统对证明等级的划分是与经验无关的,因而可以先验地加以计算,即将具有等可能的相互排斥的结果的两个集合相结合,其中一个集合是在前提中被描述的,另一个集合是前提集与结论中所描述的集合之间的交集,所要进行的概率测度就是用后者集合占前者集合的比值先验地计算得到。

当然,这种将对证明的度的等级的刻画建立在先验的计算上并不试图解释所有的关于推理的评价问题,实际上也是不可能的。因为一旦涉及到经验问题时,该系统的推理规则就失效了。就像经典演绎二值逻辑对模糊情形下的推理束手无策那样。在经验证据的不在场时,我们可以说"2 + 2 = 4"是先验真的,而引入经验因素时,例如,在一个蓝子中,除非底部没有洞,否则篮子中的两个苹果,再放两个苹果不可能是四个苹果,正是经验因素的介入才使得该概率系统的解释失效。究其原因,由于这种概率标准所关注的是谓词的外延——在谓词的外延上,该标准将概率函数影射成数字,这样的外延就是一对序偶集;所以该标准是将概率函数值赋予类的基础上,而不是赋予在个体的基础上的,并且这不可能保证将类的值应用到个体结果上。你从大于10而小于20中随机地选数,该数是一个素数的概率是4/9,但是数字15是一个素数的概率当然不是4/9。任何一次抛掷硬币正面落地的概率是 0.5。但是，昨天的抛掷硬币实际落地时反面朝上的概率当然不是 0.5。① 在现实中的绝大部分的推理判断均是在一定的经验证据基础上进行的，例如，在探究因果关系的科学推理中涉及的概率判断和推理的评价往往就是经验型。因此，上面这种概率的"从无知"进行的推理是不适合科学推理和科学发现的。

（ⅱ）频率主义——全称的、偶然的和外延的证据标准

在考察"从一个人是出租车司机推出他活到 70 岁"的这个概括句的等级时，显然应该将概率方程"P［…，——］＝p"中的变项固定为这样的两个集合上，即一个是出租车司机的群体，另一个是出租车司机且活到 70 岁的群体。则上面概括句的可靠性（reliability）的推断就是通过从选择的适当的样本来评价的，即在这个样本中活到 70 岁的司机的人数与该样本的容量的比值，这种评价也是将上述的概括句的等级刻画用数字来表示的。由于样本的选择呈现出多样性的特征，所对应的概率函数值应该是多值的，即由多样性的前提集到多样性的结论之间的一种等级划分——就像赖欣巴哈的频率主义的处理方式。因为这种概率推断适用于语句序列，而不是谓词序列，同时只能将等级评价作用在类上而不是个体上，显然在这种情形下的概率推断应该不仅是全称的，而且是偶然的和外延的。

这种概率系统是以经验证据为基础的，并且频率的极限表现出一定的精确性。这种精确性对于任意地随机抽取的司机而言是精确的，而对于某个具体的、指定的司机——比如 John Smith——活到 70 岁的概率却是不适用的。也就是说，这种概率系统并不适用于完全性的语句的推断。因为在具体谈论 John Smith 活到 70 岁的概率时，我们必须考虑到他的许多其他的具体的相关信息，例如他不仅属于司机的集合，他还属于 50 岁的、英国的、患有糖尿病的、是四个孩子的父亲，生活在石棉场附近，并且是一个自杀者的儿子，等等的信息集合。因此，上述的概率标准只能对特定人的类进行概率等级划分的，而不是对某个具体的个体，比如说，John Smith。而且，既然概率的这个频率概念适用于类的，而不适用于完全性语句，所以它并不能对科学假说证据的强度提供任何明显合理的方式，因为在科学推理中，很多科学假说是以完全性的语句来描述的，而不是以谓

---

① L. Jonathan Cohen, *The Probable and the Provable*, Clarendon Press Oxford. 1977. p. 15.

词型的语句来描述的。所以，柯恩说，"任何试图在频率主义解释中为归纳逻辑寻找基础的人一开始都被这个不利因素所阻碍。作为真值的概率概念——不论这个真值是通过样本频率的计算而来，还是机会游戏中的先验地计算而来——不能解决任何认识论问题。"[1]

（iii）物理概率——全称的、偶然的以及非—外延的证据标准

本段我们将考虑类似于因果律的那种概率型推断。例如，在解释"为什么某个具体的物体有如此的弹性特征？"时，我们也许会从微观的分子结构作出"特定的分子结构与物体在宏观状态下表现出的弹性"这样的因果结论。很显然，在这里的因果陈述中，尽管"一定的分子结构"与"弹性"是从不同的角度指称（referring）同一个东西（我们将具有因果关系的指称叫做共存性属性（coextensive predicables）），但是它们却不可相互地替代，这种指称同一个东西的不同的谓词是存在着因果关系的，因此这样的因果陈述是全称的、偶然的和非—外延的。[2] 类似地，我们考察，概率的因果关系的推断，即当概率变项用谓词表示，且概率函数是偶然的、非—外延时，将会发生什么？既然共存属性也许不可以被相互替换，那么这样的概率函数是对特征的序列对描述，而不是对集合的序列对描述。所以，一个推断规则的可靠性或合理性是通过两个特征之间的偶然的物理连接的强度来刻画等级的。在这样的概率规则下，我们就能够从某个物体是放射性原子推出它在 24 小时内分裂的概率。事实上，两个属性之间这种偶然的、物理的联接的强度是通过上面的这种概率标准进行刻画的。

将概率解释为物体的两个属性之间的关联度的标度，可以称之为"习性（propensity）概率"。该概率标准具有这样的特点：在熟悉的环境下，比如实验控制下，允许概率对个体的属性的因果关联性进行预测，就像放射性原子在实验室情况下那样。在假定的两个具有因果关系的属性时，如果一个具体的物体只出现上面两个属性中的一个时，那么这两种属性之间的关联度就是很弱的。但是，如果这种因果关联性曾被证明是合理的话，那么只要不存在其他因素的干扰，即在理想的状态下，就可以通过

① L. Jonathan Cohen, *The Probable and the Provable*, Clarendon Press Oxford. 1977. p. 21.

② L. Jonathan Cohen, *The Diversity of Meaning*, London：Methuen. , 1966, p. 194.

对适当的样本的因果关联度进行准确地预测（也许就像在理想的原子物理学那样①）。既然这样的关联并非纯粹偶然，所以这里最好将概率中项理解成是非—外延的。这样的概率推断是存在于一个特征、特质或自然类与另一种特征、特质或自然类之间的，而不是存在于两个集合之间的。但是，在存在其他因素干扰，并且一个经验估计概率的本质和精确度不能得到某种理论解释时，这种概率解释就不得不作用于两个集合之上了。也就是说，在科学假说还处于相对不太成熟期，可能会有大量的潜在、还未发现的因素影响科学假说时，该概率解释对事物的因果关系的强度的推断显得有些苍白无力，况且从必然性的角度而言，科学理论永远是假说，总可能存在某些潜在的证伪假说的因素。

（iv）逻辑主义或者主观主义——单称的且或者是必然的，或者是偶然的证据标度

在上面的论述中，我们是将概率函数的中项用全称概括句替代的。下面我们将概率函数中项限制在单称判断，即用完全封闭的语句（fully formed sentences）作为概率函数中项，来研究将会发生什么？当然在这种情况下，是否是外延的问题是不存在的，但是，我们可以问：单称概率推断如果是真的，究竟是必然真的，还是偶然真的？柯恩认为，② 单称概率判断存在着两种真：必然真和偶然真，它们分别对应着卡尔纳普的逻辑主义概率和拉姆萨的主观主义概率。

早期卡尔纳普的归纳逻辑继承了凯恩斯的关于归纳概率是证据与假说之间的一种逻辑关系的思想。他认为，演绎逻辑和归纳逻辑都研究句子适域之间的关系，而句子的适域是与事实不相干的，只依赖于它自身的意义，这种意义只是由我们所讨论的语言系统的语义规则确定的。若给定这样的语言和规则，就能在这两种逻辑中建立起适域间的关系，无需任何事实（即语言外的、偶然的事实）的知识。在这种思想的昭示下，他将前提和结论之间的必然性作为前提和结论之间关系的上限，将矛盾关系作为前提和结论之间关系的下限，而处于必然与矛盾之间的中间状态也是必然的。用形式可以表示为（在这里采用卡尔纳普的记号）：$C(h,e) = p \rightarrow$

① P. A. Schipp, *The Philosophy of Karl Popper*, Ia Salle Illinois, 1974, p. 760.

② L. Jonathan Cohen, *The Probable and the Provable*, Clarendon Press Oxford. 1977. pp. 24—26.

（⊢ $C(h,e) = p$），$0 \leq p \leq 1$。按照卡尔纳普，基于证据 e 上的假说 h 的确证度是这样计算的；即 $C(h,e) = m(e \wedge h)/m(e)$，其中 $m(\cdot)$ 表示某个状态描述系统 L 的测度函数。[①] 这种方法确定的推断等级有时会出现这样的情况：即相对正特例增多，确证度反而减少，而这显然不符合归纳逻辑的本意。为此，卡尔纳普又提出了 C^* [②]（将上面的函数记为 C 函数）以消除上面的缺陷。但是，由于这两种不同的概率测度函数是相对于不同的语言系统构造的，当同一个语句同时用这两种概率测度标准进行评价的话，会出现不一致：即有时，一种方法把 c 的极大值赋予给定的语句对 h，e，另一种方法将 c 的极小值赋予语句对 h，e，例如，令 h 是无穷论域上的一个全称事实句（所有的天鹅都是白色的），e 描述的是一有穷的正事例样本，于是一种方法取 $c(h,e) = 1$，而另一个方法却取 $c^*(h,e) = 0$。对于这些不同的确证函数，卡尔纳普的工作就是把可能的这些归纳逻辑用一定的方式排序为一个连续统——λ 系统。应该说，卡尔纳普的概率逻辑系统在一定程度上避免了上述那些概率系统的排除对单称命题推断的等级分类。但是，从连续统多个确证函数中挑选归纳确证函数 c^* 的方法是特设的，人为性很大，因为使用者在使用这些方法时不得不作出一些在证据无法得到经验证据支持的形而上学的假设——例如，无差别原则。尽管在一定程度上，这也许是最好的策略，但就经验上所发现的事实而言，好象没有办法判断这些预设的真伪；并且更为严重的是，对于 c^*，一全称事实句在无穷个体域上相对有穷证据的归纳确证度总是 0。尽管卡尔纳普认为，归纳逻辑主要应关注单称预测推理而不是全称推理，试图回避矛盾，但终究说明这样的归纳逻辑意义不大。因为归纳逻辑有一个很重要的目的：即合理地解释、刻画科学方法论中证据对假说的确证度。而在科学实践中，特别是在理论色彩较浓的自然科学的实践中，人们主要关注的是全称形式的假说。由于卡尔纳普系统本身所固有的上述这些缺陷，导致他后来对概率的解释向主观主义退却了。

　　因此，接下来很自然地产生这样的问题——只要概率函子（probability - functor）是用完全形式化的语句作为它的论证中项的，那么我们是否

①　李小五：《现代归纳逻辑与概率逻辑》，科学出版社 1992 年版，第 46 页。

②　同上书，第 53—59 页。

应该将关于概率的陈述看成是偶然真的还是看成是必然真的？在上面卡尔纳普的概率标准的论述中，我们看到，这样的概率也许更好地被看成是对命题上的心理的或者认识论上的作用，而不应该是命题上的逻辑作用。那么关于单称陈述的概率推断规则就应该寻求经验上的证据支持；对于这种概率推断规则的通常的一个熟悉的办法就是：在前提的真被给定时，对一个理性人相信或者应该相信结论的真理性的信念强度的等级进行划分。例如，一个理性人在关于从 A 推出 B 的信念的等级是用赌商来表示的，即将理性人的信念与他的行为联系起来。虽然人的主观信念是无法直接测量的，但人的客观行为却是可测量的。由于人的客观行为正是由人的主观信念导致的，所以，可以通过测量人的行为来间接地测量人的信念。由决策论可知，人的选择行为方案的基本原则就是最大期望效用原则，而一个行为的期望效用取决于行为者（即决策者）对该行为的合理可能后果所赋予的效用值和他对各个世界状态的置信度（即概率）。因此，如果我们知道一个决策者对行为方案的选择，并知道他赋予此行为的各个可能后果的效用值，那么，在一定条件下我们便可能求出这一决策者对某一世界状态的置信度。实际上，赌博决策为主观主义概率论的这一设想提供了一个简单可行的模型。

一定程度上，主观主义者将概率概念看成主观信念度避免了卡尔纳普逻辑中对某个具体的测量方案选择的武断性。主观概率通过在一致性的打赌策略中就所接受的赌商来对概率进行等级划分的。主观主义者声称，所有拥有充足的信息以及完全基于证据推断的理性人将会同意如此的概率。但是，在人们的实际推理中，情况很可能是这样的：拥有足够信息以及完全依据证据推断的所谓完全理性人也许是不存在的，特别是对于一个开放的、涉及到的论域是无穷的概括句进行打赌几乎是不可能的。而且无论是在自然科学还是社会科学中，几乎所有的命题的论域都是无穷的，所以在这些科学推理中，很少研究者在实际中采用主观主义方法。

（3）概率陈述——作为推断可靠性的评价

从上面关于"概率是推断的等级的划分"命题的简单论述，可以发现，各种概率之间的固有的异质性；并且类似于各种不同的演绎系统适用于不同的情景，所以我们能够理解：为什么如此众多的概率概念被提出。企图将众多地概率解释纳入某种一元化语义学解释是如此地专横与跋扈，就像古希腊神话中的凶神恶煞的巨人 Procrust 那样。

　　这样，概率的多元化解释不再被看成是像家族相似的那样关系了，而是类似于"好"、"善"等这些词语的各种解释那样。例如，在"一个花园中的一个'好'的园丁，与'好'的篱笆"中的两个好的含义所呈现出的关系那样。这些词语在一些语境中所表现的相同的含义并非是偶然的，就像亚里士多德在很久以前就评价过那样：我们不必给相继连续变动的意义以一个家族类似的解释，这个词语在各种使用语境中有一个内在的核心含义，我们能够用它来对无限多的不同类型事物进行评价。① 所以，关于各种不同语义学概率标准解释之间具有一个内核，这个内核就是——概率应该是作为证明意义上的推断等级的评价，在各种不同的语境下，将用不同的方法来赋值。在这个内核的统摄下，存在着各种不同的等级标准的相互协调共存性。一言以蔽之，实际上，这里关于将概率看成是推断意义上的等级分类思想与家族相似的思想的区别是：前者是自足（seif-sufficient）的，而后者则是不自足的。② 即前者是表明了各种解释之间具有共同的"根"，各种解释可以从这个"根"汲取营养；而后者则否定了各种解释之间具有这种共同的"根"，因而各种解释之间仅仅是貌似，但实际上是神离的。

　　鉴于此，本文认为，将"概率"看成是关于证据规则的可靠性的等级划分及其评价应该是恰当的。并且，如果人们接受这点的话，他就能够发现：不仅由于存在不同的证明规则，为什么必须也应该有相应的不同的概率标准；而且人们还能够据该概率观点区别下列三个等式：即对于特定的 A,B,p，表达式 $P[B,A]=p$，$p[A \rightarrow B]=p$ 和 $A \rightarrow P[B]=p$ 并不一定有同样的真值。因为按照柯恩的观点分析③，（1）如果 $\forall(A)(B)(n)(p[B,A]=n \leftrightarrow p[A \rightarrow B]=n)$，根据 $p[A \rightarrow B]=P[\neg B \rightarrow \neg A]$，然而并非一定都有 $p[B,A]=P[\neg A, \neg B]$。④　（2）如果 $\forall(A)(B)(n)(p[B,A]=n \leftrightarrow (A \rightarrow p[B]=n))$，考虑情形——当 $p[B,A]>p[B]$ 且 A 是偶然真时，上式不具有必然性。　（3）如果

---

①　Aristotle：*Nicomachean Ethics*，Dover Thrift Editions，1096b，pp. 26—27.

②　L. Jonathan Cohen. *The Probable and the Provable* Clarendon Press Oxford. 1977. p. 29.

③　L. Jonathan Cohen. *The Probable and the Provable* Clarendon Press Oxford. 1977. p. 31.

④　L. Jonathan Cohen. *The Implications of Induction* Clarendon Press Oxford 1970. p. 113.

$\forall (A)(B)(n)(p[A \to B] = n \leftrightarrow (A \to p[B] = n))$，考虑情形——A 逻辑蕴含 B，并且 A 是偶然真的，并且 P［B］<1 时，上式则不成立。实际上，上述这三个概率等式之所以不一定是等值是因为：$p[B, A]$ 表示从 A 推断出 B 的可靠性的等级划分，而在原则上这一定不同于对推断"A →B"的可靠性的等级划分，因为众所周知，存在演绎系统——在其中，即使联结这两个命题的真值函数条件句是不可论证的，一个公式也可以从另一个来推论出。类似地，按照这种分析：通常被称为"先验"概率分析"$A \to P[B] = p$"告诉我们：如果 A 所陈述是真的，那么我们将赋予什么样的可靠性等级给"根本从空集中推断出 B"。但是这并不隐含着：B 一定具有这样的可靠性等级从 A 中推断出，因为这将是另一个问题，并将用"P［B，A］= p"的形式来加以处理。它也没有无条件地告诉我们：联结 A 和 B 的真值函数条件句一定以这样的可靠性等级水平从空假设中而推出，再次地，这又是一个明显不同的问题，并且这个问题将用 P［A → B］= p 加以处理。

　　但是，如果用通常的机会概率语言是无法界定上述三个式子之间的区别的，因为在 A 是唯一的已知证据时，这三个表达式在通常的机会概率理论中执行的是相同的功能。

　　结语：概率逻辑是概率论与归纳逻辑相结合的产物，标志着归纳推理由古典归纳逻辑向现代归纳逻辑的跃迁。概率逻辑的基本特征——更多的是将归纳逻辑看作检验和评价假说的活动。因此，现代归纳逻辑主要是通过检验一个假说是否可以接受。换句话说，一个假说要成为人们的知识，其接受度必须具有一定的阀值。然而，这个阀值如何获得？不同的逻辑学家给出不同的回答——例如古典主义概率解释（帕斯卡、贝努里等），主观主义概率解释（拉姆齐、菲尼蒂以及萨维齐等），逆概率解释（贝叶斯、拉普拉斯等），频率主义概率解释（冯·米塞斯、赖欣巴哈等），逻辑主义解释（凯恩斯、卡尔纳普等），尽管所有这些理论都试图作出了一个命题可接受为"知识"的阀值的测度方法，但是它们都不具有应用的普适性；尽管这些理论都遵循帕斯卡概率公理系统，但是这种表面上的形式统一对于具体领域中的概率测度的确定并不能提供任何的启迪，而且更糟糕的是上述所有这些概率解释都预设了逻辑全能、概率全能以及无差别原则假定，然而，这些假定与实践中的推理主体实践是不相符的。鉴于这些，因此，本章最后从新的视角给出概率的定义——概率是证明意义上的推理等级的划分标准。该定义，不仅能够将上述各种概率解释统一起来，而且也不拘泥于推理的理性人假定以及无差别原则假定，同时这也就能为在不完全系统中的推理等级的刻画提供了一种可能。

第三章　非帕斯卡概率逻辑的哲学渊源

具有帕斯卡概率结构的推理的等级刻画相当于论域完全系统中的证据标准。极端情况时，$P_M[B,A] = 1$ 当且仅当 $P_M[\neg B,A] = 0$；一般地，有 $P_M[B,A] = 1 - P_M[\neg B,A]$。因此，人们自然想问：在不完全论域系统中，推理的等级刻画将具有什么样的逻辑结构呢？很明显，在不完全系统中，否定原则不满足互补律，因为这样的情形是可能的——从 A 既不能推出 B，也不能推出 $\neg B$。也就是说，$P_M[B,A] = 0$ 并不一定蕴涵 "$P_M[\neg B,A] = 0$ 是错误的"。

第一节　完全性问题与帕斯卡归纳概率理论的困境

设有一枚硬币，在 t 时刻当事人试图对掷一次硬币的可能结果作出预言。他发现当前环境和该硬币完全类似于某一实验室的硬币和环境，而在实验室中已经进行的重复试验的结果表明：在已进行的所有试验中，抛掷硬币所有可能结果（正面向上，反面向上）。第一个问题是：他能够合乎逻辑地推出在当前环境抛掷该硬币的所有可能结果是（正面向上，反面向上）吗？不能！因为，当事人具有的与该硬币有关的所有的知识只报道 t 时刻以前的消息，试验过程将在 t 时刻以后的某一段时间中完成，而没有理由拒绝世界在将来的某一时刻发生变化的可能性。第二个问题是：他能够合乎逻辑地推出在当前的环境抛掷该硬币的所有可能的结果不是（正面向上，反面向上）吗？不能！因为，同样没有理由拒绝世界在将来的某一段时间内保持不变的可能性。第三个问题是：它能够合乎逻辑地推出在当前环境抛掷该硬币的所有可能结果是（正面向上，反面向上）的概率是 a，$0 \leq a \leq 1$ 吗？不能！因为，在未知某一试验所有可能结果的条件下讨论结果的概率分布是没有意义的![1] 也就是说，已知对于某个事件的所有可能结果的完全性假定是帕斯卡概率的一个基本假设。但是，在实际科学假说的推理中，某个科学假说的完全性无法得到保证的情况下，帕斯卡概率就会显得苍白无力，因此，在基于实验基础上的科学推理所依赖的逻辑机制应该是有别于帕斯卡概率逻辑的。因而，与完全性相关的问题是至关重要的。

一 论域的完全性与帕斯卡概率

在柯恩的概率理论中，完全性—不完全性问题是至关重要的。因为它涉及概率逻辑中应该有什么样的概率准则，有什么样的逻辑结构问题。

其实，关于完全性与逻辑系统的关系，早在著名的数学家哥德尔那里就得到了明确地论述。哥德尔在 1931 年发表了题为《论〈数学原理〉及其有关系统中的形式不可判定命题》论文中，证明了这样的一条定理：

任一足以包含自然数算术的形式系统，如果是相容的，则它一定存在一个不可判定命题，即存在某一命题 A，使 A 与 A 的否定在该系统中皆不可证。

系统中存在不可判定的命题也叫该系统的"不完全性"，因此哥德尔的上述结果通常称为"哥德尔第一不完全性定理"，第一不完全性定理表明：任何形式系统都不能完全刻画数学理论，总有某些问题从形式系统的公理出发不能解答。在"第一不完全性定理"基础上，他进一步证明了第二个不完全定理：

在真的但不能由公理来证明的命题中，包括了这些公理是相容的（无矛盾的）这一论断本身。也就是说，如果一个足以包含自然数算术的公理系统是相容的，那么这种相容性在该系统内是不可证明的。

哥德尔的两个不完全性定理揭示了形式化系统本身的所固有的缺陷，这从另一方面也预示了不完全性在演绎系统中的存在性。[2]

在卡尔纳普看来，"完全性要求对演绎逻辑不是必不可少的，但对归

---

① 鞠实儿：《非巴斯卡归纳概率逻辑研究》，浙江人民出版社 1993 年版。
② 李文林：《数学史概论》，高等教育出版社 2002 年版，第 339 页。

纳逻辑却是必不可少的。"① 他所说的完全性要求指的是：在一个语言系统中的基本谓词集必须足以表达该系统世界中那些个体的每一属性。这个要求又分以下两个部分。

Ⅰ. 它假定"任何两个个体仅仅在有限方面相异"。这个假定实质上是凯恩斯"有限多样性原则"翻版。这一原则说的是，世界的多样性是有限的，"没有一个对象复杂到如此程度，以致于它的性质可分解为无限多组"。②

Ⅱ. 它还假定，包含基本谓词的语言系统要十分充实广泛，足以"表达由给定世界中的个体所展示的所有属性"。③ 例如，令该语言系统只包含两个基本谓词，比如说"P_1"和"P_2"。假定把这两个基本谓词解释为指示性质亮和热的。这样一来就必须想象这样的世界，它的位置只在于关于亮和非亮与关于热与非热的不同。

卡尔纳普的完全性要求实际上是从两个角度看问题的，一是从本体论角度考虑穷竭性；二是从逻辑角度考虑互补性。

柯恩关于完全性的解释是与演绎系统相联系的。他这样定义完全性："一个系统是完全的，只要这个系统的任何合式公式 A 和它的否定 ¬ A 有且仅有一个能够由该系统的公理证得。既然，如果我们将概率看成是推理的合理性的度的话，那么从 A 到 B 的确证性证明（demonstrative provability）就应该看成是概率的极限，即 P [B，A] =1。所以在完全系统里，如果将 P [B，A] =1 作为从 A 到 B 的一个证明的话，那么我们就可以将 P [¬ B，A] =0 表示为 ¬ B 从 A 是不可证的；并且，一般地，有 B 关于 A 的概率是按照 ¬ B 关于 A 的概率相反方向变化的。"④ 实际上，在这里，柯恩隐含着，在完全系统中，概率演算满足互补性，即帕斯卡概率系统中的否定互补原则：P [B，A] + P [¬ B，A] =1，根据这个否定性原则可以推出概率乘法原则：P [B ∧ C，A] = P [B，A] ×P [C，A ∧ B]。

---

① 卡尔纳普：《概率的逻辑基础》，转引任晓明《当代归纳逻辑探赜——论柯恩归纳逻辑的恰当性》，成都科技大学出版社 1993 年版，第 35 页。

② J. M. Keynes：*Treaties of Probability*. New York：St. Martin's Press，1957，p. 258.

③ Ibid..

④ L. Jonathan Cohen，*The Probable and the Provable*，Clarendon Press Oxford. 1977. p. 34.

二 论域的非完全性与非帕斯卡概率

然而，在通常情况下，一个系统的完全性往往只是推理者的一个预设，真正的情况是：一个演绎系统往往是不完全的，例如在科学研究中，基于给定的实验，而提出的一组竞争性假说集。在这种情况下，即使这组假说集是完全的，也是无法判断的，概率判断是不满足帕斯卡概率系统的否定互补性原则的。所以人们自然要问：在不完全演绎系统中，作为推理等级的概率是什么样的概率？与此相适应的逻辑结构是什么？

我们知道，无论是哲学上还是在自然科学中，一个好的解释理论不仅能够解释某个领域中已知的所有事实，而且还能够预测某些迄今为止还没有知道的一些事实。柯恩也正是用这样的观点来反驳"概率"的形式主义解释和家族相似解释理论的，代之而以"概率是表示推断等级的度"的解释。因为在柯恩看来，形式主义解释和家族相似解释理论仅仅对我们已经知道的关于概率的多元化解释提供一些注解的作用，却不能直接导致某些未知的概率标准的发现，唯有"概率的推理等级的度的解释"才能担当此任。从上章我们已经看到，概率的"推理的可靠度"解释已经将概率的各种解释从语义学层面上统一起来，同时又在这共同的语义学的统摄下，划清了各自所适用领域。应该说，各种已知的熟悉的概率解释都有一个预设：即我们的演绎系统都是满足完全性的要求，因而这些不同的概率标准尽管在概率的初始值的赋予上采取不同的策略，但它们都满足帕斯卡否定互补性原则以及合取乘法原则。也正是因为这些概率标准是基于完全性假设为基础说事的，所以对于不完全性演绎系统的推断合理性问题将不可能归结为我们所熟悉的各种概率解释中的任何一种。

接下来我们仍然沿着"概率是推断等级的度"的观点来探究不完全系统中的推理的逻辑结构：

所谓不完全演绎系统即：在该系统中，一定存在一个合式公式 B，B 和 $\neg B$ 均不可证。也就是说，当证明是用概率语言描述时，则在该系统中一定存在 A 和 B，使得：$p[B,A]=0$ 且 $P[\neg B,A]=0$。所以，如果这里的推理的合理性的测度仍然叫做"概率"的话，那么这种概率不是帕斯卡概率，而是类似于凯恩斯所谓的证据"权重"（Weight）概念。下面我们先来考察凯恩斯的"权重"概念。关于权重，凯恩斯是这样表述的：

如果一个论证基于较大量的证据，它就比另一个论证的权重大……如果证据所具有的顺差（balance）大于我们与之比较的那个论证的顺差，那么它就比另一个论证的概率高。[①]

在这里，所谓"权重"可理解为：比如，A 是一个复合命题，有时，尽管 A 作为一个整体不改变概率，但它的组成部分可以改变概率。例如，以 A 表示"聪明而又懒惰"，B 表示成绩优秀，显然 A 的两个组成部分（"聪明"和"懒惰"）都会分别影响 B 的概率，但由于施加的影响一正一负，它们的组合可能对 B 的概率并无影响。但这时说 A 与 B 不相关似乎是说不过去。因此，凯恩斯另用一个"权重"概念来描述这种情况。上例中 A 不影响 B 的概率，但是增加了 B 的"权重"。而且，即使 A 减少了 B 的概率，它仍然增加了 B 的"权重"。[②]在以上论述中，凯恩斯所说的"顺差"借用了经济学中的术语，指的是正负影响抵消后所剩余的正面影响。凯恩斯说，"随着相关证据的增加，概率本身可以或增或减，但是在两种场合似乎都有某种东西增加了——我们的结论有较实在基础支撑着"。[③]凯恩斯所说的权重类似于可靠性、有效性、功效之类的东西。而且他确信，"权重与数学概率不是一码事，权重不能用数学概率来分析，因为证据的增多并不必然涉及概率的增加"。[④]数学概率函数方程 $P[B,A] = p$ 并不能反映权重的变化，因为随着证据的增加，权重将必然会增加，但概率却不一定增加。在一定意义上，可以说，上述概率函数方程表现出一定的惰性，不能对证据作出及时敏捷地反映。

实际上，在凯恩斯以前的皮尔斯（Peirce）那里，就注意到了所谓的"权重"与当时统计学家所谓的"概率"一词之间有着这种重要的区别。皮尔斯指出，要确切地表达人的信念状态，不仅要求概率值，更要求评估的精确度。但是由于统计学家们所使用的概率的"霸权"地位，从而导

---

① J. M. Keynes: *Treaties of Probability*. New York: St. Martin's Press, 1957, p. 71.

② 该例子引用任晓明《当代归纳逻辑探赜——论柯恩归纳逻辑的恰当性》，成都科技大学出版社 1993 年版，第 36 页。

③ R. Carnap, *Logical Foundations of Probability* Chicago: University of Chicago Press , 1962, p. 554.

④ L. Jonathan Cohen, *The Probable and the Provable*, Clarendon Press Oxford. 1977. p. 36.

致他们将"权重"一词仅仅看成是数学概率的一种附庸，而不是将之看成与数学概率有着本质不同的逻辑结构。[①] 例如，统计学家费希特（Fisher）的"显著水平（significance levels）"理论以及诺伊曼（Neyman）的"置信区间（confidence intervals）"理论[②]就是借助凯恩斯的"权重"而建立起来的，并将之应用于数学概率中的统计推断等级的断定。但是，他们并没有另辟溪径从"权重"本身所固有的逻辑特征发展有别于数学概率的概率逻辑。而在柯恩看来，这是一种不同于数学概率的一种"新型概率"，这种新型概率追求的是一种逼律性，而与之相对的数学概率追求的是逼真性。

在一个非完全系统，例如自然科学研究中，我们并不一定知道相互竞争的假说所构成的集合是否是完全的。此情况下，我们无法根据帕斯卡数学概率来对该假说集中的各个成员赋值。而我们比较可行的办法只能采取凯恩斯的"权重"的思想来对假说集中的各个元素的可能性进行排序：

定义 1：演绎系统 Ω 中，一个元素 B 的否定 ¬ B 是指，除了 B 以外的 Ω 中的所有剩余元素的析取。

该定义中的系统既可以是完全性演绎系统，也可以是非完全性演绎系统，它们之间的区别是：前者表明，B 和 ¬ B 满足数学概率原则，即 P [B，A] ＋P [¬ B，A] ＝1；而在后者，由于 B 与 ¬ B 都有可能不可证，因而不能用数学概率的否定互补原理来刻画。

定义 2：称这样的余额为顺差——在证据集中，如果支持 B 的证据的数量大于支持 ¬ B 的数量，前者减去后者的余额；相反叫做逆差。顺差既可以用有利的证据数量减去不利的证据数量差额表示，也可以用有利数量减去不利数量的差额除以总的证据数量的比值来表示。

定义 3：在顺差的基础上，只要证据 A 支持 B，则称 B 的可靠性等级的支持度是正的，我们可以采用概率中的同样的记法表示为：P [B，A] ＞0。在这里我们采用的定义既然是将 B 与它的否定 ¬ B 相结合来对 B 的推断的可靠性等级进行定义的，所以很自然地得出：当 P [B，A] ＞0

---

① C. Hartshorne and P. Weiss: *Collected Papers of Charles Saunders Peirce*, ed. vol. II, Harvard University Press, Cambridge, Mass., 1932, p. 421.

② 关于这两个理论可以分别参见周概容编《概率论与数理统计》，高等教育出版社 1987 年 8 月版，第 509 页、第 536 页。

时，可以将 ¬ B 的推断可靠性记为 P［¬ B，A］＝0，因为一个证据，在顺差的基础上不可能既支持 B 又同时支持 ¬ B。同样地，如果在顺差的基础上，证据支持 ¬ B 的话，即 P［¬ B，A］＞0，我们有 P［B，A］＝0。

定义 4：在顺差的基础上，如果证据 A 既不支持 B，也不支持 ¬ B，则有 P［B，A］＝ P［¬ B，A］＝0。

定义 5：在顺差的基础上，如果证据 A 支持 B 的顺差大于支持 C 的顺差，则有 P［B，A］＞P［C，A］＞0。

根据定义 2 至定义 5，由于 B 的推断可靠性的度采用顺差的方式来定义，这里的顺差是既可以映射在区间［0，1］上，也可以映射到整数上。所以 B 的推断的可靠性的度并不像数学概率那样——其值域一定为［0，1］。另外，上述定义表明，凯恩斯的"权重"概念与数学概率的最重要的区别在于，前者不满足数学概率的否定互补律。这是因为，在一般的情况下，即使顺差是将权重映射到区间［0，1］上，顺差总是小于 1 的，除了极端情况下有 P［B，A］＝1 外。再者，通过顺差定义 B 的推断可靠性的度之所以也可称为概率，那是因为，我们是将"概率"一词放在"测量一个命题的推断的可靠性的度"的视角理解的，上章已经表明，只有从这个角度来理解"概率"一词才能将概率的各种解释标准统摄于一种语义学名下，同时又保持各种解释标准的相对独立性且又能对还没有出现的一些新的解释标准提供一些启迪。最后，尽管我们在考察"权重"一词也采用了数学概率的记法，但是这里的 P［B，A］最好理解成在给定证据 A 下的，命题 B 的推断等级，而不应理解成数学概率中的纯粹赋值。因为纯粹的值的分布毕竟只适合像卡尔纳普的完全演绎系统中的先验无差别原则的情形。而这里，我们显然不能采用卡尔纳普那种形而上学的假定。况且，在科学探究中，一方面对于假说集中的成员是否是完全的一般来讲是无法经验判断的，另一方面对于各个假说赋予相同的值在实际操作中也是不合理的。所以这里的 P［B，A］只能表示各种假说所经受的证据检验的顺差的可靠性的等级排序，而不是别的。

这里，我们发现，在一个非完全性系统中，采用凯恩斯式的方法来对一个命题的推断可靠性进行等级刻画，将是恰当的。由于这种方式不满足帕斯卡概率系统，所以也将该逻辑结构称为非帕斯卡概率逻辑。关于帕斯卡概率逻辑与非帕斯卡概率逻辑的关系类似于数学上的欧几里德几何与非一欧几里德几何关系。在某种层次可以说存在好几种概率标准，如古典主义概率解释、主观主义概率解释、频率主义解释以及逻辑主义概率解释，但是这些解释都是基于完全的演绎系统基础上遵循统一的句法规则（即帕斯卡概率演算系统）而作出的不同的解释。而在另一个层次上，又可以说，只存在两种概率逻辑，即帕斯卡概率逻辑与非帕斯卡概率逻辑，这两种逻辑所适用的领域是截然不同的，前者是完全演绎系统，后者是非完全演绎系统，前者遵循的是帕斯卡概率演算系统，后者遵循的是非帕斯卡的逻辑句法，它们作为在各自所适用的领域中被用来刻画推断的可靠性的度的推理规则都是恰当的。

在帕斯卡概率逻辑与非帕斯卡概率逻辑中，也许最引人注目的是关于概率极值的解释以及关于不可证明的赋值的问题。在帕斯卡逻辑中，P［B，A］=1，表示 B 基于证据 A 而言是可证的，而 P［B，A］=0，表示 B 被证明是错误的（disprovability），对于不可判命题 B，则有 P［B，A］= P［¬ B，A］=0.5；在非帕斯卡概率逻辑中，P［B，A］=1 的解释同帕斯卡概率逻辑中的解释，而对于 P［B，A］=0 时，并不一定意味着 B 是基于证据 A 是被证明是错误的；相反，它的包含的意义也许更广泛些，它既可以表示 B 基于证据 A 被证明是错误的（即当 P［¬ B，A］=1 时，有 P［B，A］=0），也可以表示基于证据 A，B 是不可证的（即 P［B，A］= P［¬ B，A］=0，因为既没有证据的顺差是支持 B 的，也没有证据的顺差是支持 ¬ B 的），还可以表示支持 B 的证据 A 的顺差不利于 B 的（即，当 0 < P［¬ B，A］<1 时，有 P［B，A］=0）。在一个非完全系统中，要确定 P［B，A］=0 究竟是哪种含义，必须从 B 的否命题来加以确定，这似乎比帕斯卡概率逻辑显得晦涩些，但实际上正是这种"包容性"体现了非帕斯卡概率逻辑价值所在。

对于上面论述，也许有人将会反驳到：如果 P［B，A］=1 被看做是断言 B 从 A 可证的话，那么 P［B，A］=0 则一定是断言从 A 证明 B 是错误的。因此，B 和 ¬ B 的不可证不能真正地用 P［B，A］=0 和 P［¬ B，A］=0 来表达，而最好用 P［B，A］= P［¬ B，A］=0.5 来表示。

对于这个反驳，柯恩是这样回应的，"如果要对于推断的可靠性的度的等级划分用数字进行刻画的话，那么显然有两个候选者可以作为这个刻度的下限，即一个是被证明是错误的推断的等级，另一个是不可证的推断的等级。尽管，前者的等级标度是以 P［B，A］＝P［¬ B，A］＝0.5 来刻画后者中的不可证的含义的，但后者的等级标度也同样能够刻画前者中的被证明是错误的含义，因为既然 B 被证明错误的总是能够转化为 ¬ B 是可证的。所以，关于确证最好这样理解是更加合理的：在非完全系统中，确证是与不可证明的相对的；而在完全系统中，则是与被证明是错误的断言相对的。既然在两个系统中，都可以用区间［0，1］表示推断的可靠性等级划分，且当 1 被解释为可证时，那么 0 对应于不同的演绎系统就应该分别解释为被证明是错误的和不可证的。"①

实际上，关于非一帕斯卡概率逻辑的合法性问题一直以来被逻辑学和哲学家们讨论着。笔者认为：

第一，完全性演绎系统和非完全性演绎系统在人们的推理实践中，都是存在的，而且非完全性系统则更加普遍，那么既然能够对完全性演绎系统推断可靠性进行分级，为何就不能对非完全性系统中的推断可靠性进行分级呢？

第二，对于非完全性演绎系统中的推断可靠性的分级理应需要一个逻辑工具。而这个标准显然不符合帕斯卡概率演算标准。但这种不满足帕斯卡演算标准的特性不应该成为反驳非完全演绎系统的推断可靠性的分级不是概率逻辑的理由，如果我们将"概率"一词理解成推断的可靠性的度的话。哲学家之所以会排斥非帕斯卡概率逻辑，也许是因为帕斯卡概率逻辑的先入为主之缘故。这有点类似于非欧几何产生之初的情形。1733 年，意大利数学家萨凯里（G. Saccheri）在假定直线为无限长的情况下，首先由钝角假设推出了矛盾，然后考虑锐角假设，在这一过程中他获得了一系列新奇有趣的结果，如三角形内角之和小于两个直角；过给定直线外一定点，有无数条直线不与该给定直线相交，等等。虽然这些结果实际上并不包含任何矛盾，但萨凯里认为它们太不合情理，便以为自己导出了矛盾而判定锐角假设是不真实的。1763 年，德国数学家吕格尔（G. S. Klugei）指出萨凯里的工作实际并未导出矛盾，只是得到了似乎与经验不符的结

① L. Jonathan Cohen. *The Probable and the Provable*, Clarendon Press Oxford. 1977. p. 37.

论。1766 年，瑞士数学家兰伯特并不认为锐角假设导出的结论是矛盾，而且他认识到一组假设如果不引起矛盾的话，就提供一种可能的几何。尽管，这些非欧几何的先驱者都看到了一些与欧几里德几何不相容的一些结论，但当他们即将走到非欧几何的门槛前时，却又退却了。个中原由也许受到来自欧几里德几何的"禁锢"。就在素有"数学之王"之称的高斯那里，也是如此。他在给贝塞尔的信中说：如果他公布自己的这些发现，"黄蜂就会围着耳朵飞"，并会"引起波哀提亚人的叫喧"。①由此可见为新思想开道是多么不容易，但非欧几何终究取得了自己的合法地位。在这里，我们同样可以问：为什么不能给非帕斯卡概率逻辑一个合法地位呢？也许只是时间问题。

第三，在日常生活中，我们必须常常根据不完全知识或信息形成关于个别事实的信念。因此，我们不仅需要数学概率及其逻辑结构，而且需要更适合于我们日常推理的，从整体评价知识增长局面的新概念及其新的逻辑结构。

简言之，"非帕斯卡概率逻辑与帕斯卡概率逻辑应该是并驾齐驱，平行不悖的。二者都不能借助任何可能的逻辑程序相互化归。在我们的实际推理中，二者不能永久性地相互替代，因为它们完成的是不同的任务。"②

第二节　培根型归纳逻辑与非帕斯卡概率逻辑的姻缘

从上面章节的讨论，我们看到，关于非完全性演绎系统中的推断（尤其是关于科学假说的推断）可靠性的度的刻画不能借助于帕斯卡概率逻辑工具，而只能采用有别于帕斯卡的另外的逻辑工具。那么这个非帕斯卡概率逻辑是否是空穴来风呢？本节就对非帕斯卡概率逻辑的哲学基础进行考察。

弗兰西斯·培根是以倡导"真正寻找已知的证验，都是要从实验来发现，惟有实验发现的归纳法，才适合于科学求知的方法"而被马克思誉为"英国唯物主义和整个近代实验科学的真正始祖"。尽管，现代科学

---

① 李文林：《数学史概论》，高等教育出版社 2002 年版，第 229 页。
② L. Jonathan Cohen, *The Probable and the Provable*, Clarendon Press Oxford. 1977. p. 46。

归纳法作为一种完整的逻辑体系在培根那里还很不完善，但是从他的《新工具》以及他的追随者们的论述中可以发现，现代科学归纳法的一切逻辑特征在他那里已经埋下了种子。我们知道人类知识的增长离不开归纳方法的运用，这就注定人类的推理从已知领域向未知领域进军。从这个意义上讲，归纳法被冠以"放大性推理"之称。然而，这种放大性推理所得结论的确定性遭到了休谟的质疑。在现代关于归纳哲学中有一个问题是处于核心地位：归纳逻辑更应该是作为假说的评价逻辑，科学实验结果只能给自然法则或者说因果连接的科学假说以一定等级的支持。上面章节的讨论表明，科学假说推理的可靠性的测度是适合于一种非帕斯卡概率逻辑结构的。这样的逻辑结构能否在归纳逻辑的经典作家那里找到其思想源泉？

一 对"'培根没有不确定推理思想'的论断"的质疑

放大性归纳法从事的是论证的'比较'或者'等级'刻画的思想至少可以追溯到培根的《新工具》那里。

在过去的几百年中，培根的著作经常被严重地误读。特别是，他的关于"归纳法的概率"观点。例如，埃利斯（Ellis）写到，"绝对可靠性是……培根归纳逻辑的主要特征之一"①。根据培根的语言"我的过程和方法是……从工作和实验中提炼出因果法则和公理"，哈金（Ian Hacking）得出这样的论断——培根的归纳法中，没有为概率概念留有空间。② 同样地，根据迦达茵（L. Jardine）的理解，"培根相信，根据一个简单的归纳法就能够立即得出哪些现象依据其所具有的基本形式而进行归类。"③ 这里，无论是埃利斯，哈金还是迦达茵都认为，在培根的归纳理论中，通过培根型归纳法所建立起来的自然法则是一劳永逸地，没有为"法则是逐渐地螺旋式上升"提供可能的空间，即培根理论中不涉及概率。但是，这些学者误解了培根的理论。实际上，培根认为，在自然界中，物质形式是呈现出阶梯性，并且当研究者沿着这个阶梯达到越来越高的法则时，他

① （英）埃利斯：《关于培根哲学思想的序》，见《培根著作集》（纽约，1869）第23页。
② （英）埃利斯：《培根著作集》（纽约，1869）第212页。
③ Anderson, F. H. *Francis Bacon: His Career and His Though*. Los Angeles, 1962, p. 130.

将获得的认识的确信度将是越来越大。

1. 培根本人的论述

培根在《新工具》的前言中写道，"归纳方法虽然实施起来困难，说明却很容易：即建立一列通往确定性的循序升进的阶梯……"。培根认为，科学家拷问自然就是为了能够分辨出与某个待研究现象相关的各种环境，即在哪些环境中该研究现象是出现的，而另外的环境中该现象是不出现的，以及在出现该现象的环境中它们的程度是怎样的。例如，关于热现象的研究中，培根列举了太阳光、火焰、受压缩的空气、燧石与钢相互猛烈撞击而打出的火花、动物身体等 28 个事例，这些事例都具有热这一性质。① 而另一组对照环境中有月光、磷火、未受压缩的空气等 30 个，这些事例不具有热这一性质但又与上面一组事例中有着相似之处。② 程度表中所列的事例如鱼、兽、蛇、鸟，培根认为它们的体热程度依次增加，等等。③

对于这三个相关环境，培根说道：

"我把这表的功能和任务称之为向理智提供例证；在提供了例证之后，就要开始归纳了。"④

根据培根的思想，在第一组相关环境中，将那些不是该组共同的性质排除，令 F 表示所考察的性质，以 G 表示该组为某一事例不具有的性质，由于 $F(a) \wedge \neg G(a)$，于是 $\neg \forall x(F(x) \to G(x))$。也就是说，消除了是性质 G，而不予消除的是这样的性质 H，H 满足 $\forall x(F(x) \to H(x))$，逻辑上讲，所不予消除的是被考察性质具有必要条件联系的性质。在第二组相关环境中，由于该组环境中的事例都不具有所考察性质 F，因此，若该组环境中有事例具有性质 S，即 $\exists x(S(x) \wedge \neg F(x))$，那么可知 $\neg \forall x(S(x) \to F(x))$，从而消除性质 S，所不予消除的是这样的性质 P，该性质 P 满足 $\forall x(P(x) \to F(x))$，换句话讲，所不予消除的是与被考察性质具有充分条件的性质。而在第三组相关环境中，消除的是与所考察性质变化趋势不同，即不与被考察性质发生相关变化的性质，相

---

① 培根：《新工具》卷二，关宝睓译，商务印书馆 1984 年版，第 11 章。

② 同上书，第 12 章。

③ 同上书，第 13 章。

④ 同上书，第 16 章。

反所不予消除的是就可能与考察性质具有正相关联系的性质。

上面消除过程，本质上是演绎推理的过程：对于一性质 K，如果 K 不为第一组环境中的某事例所具有，则消除 K；性质 G 不为第一组环境中的某事例所具有，则消除 G，……。其形式可表述为：[①]

$$\forall K(\alpha(K) \rightarrow \beta(K)) \land \forall G(\alpha(G) \rightarrow \beta(G)) \land \cdots\cdots$$

式中"$\alpha(K)$"表示"K 不为第一组环境中的某事例所具有"，"$\beta(K)$"表示"消除"，类似地可解释 $\alpha(G)$、$\beta(G)$；单独地看，我们完全可以把上式视为一阶逻辑公式。此外，"G 不为表中的某事例所具有"可表示为：F（a）$\land \neg$ G（a），其中 a 是某一事例，F 是所考察性质，在一阶逻辑演算中，F（a）$\land \neg$ G（a）$\rightarrow \exists x(F(x) \land \neg G(x))$，$\exists x(F(x) \land \neg G(x)) \rightarrow \neg \forall x(F(x) \rightarrow G(x))$ 都是普遍有效式。如上分析，$\neg \forall x(F(x) \rightarrow G(x))$ 表示性质 G 与所考察性质 F 之间不具有必要条件联系。类似地，可考察根据第二组相关环境以及第三组相关环境的消除过程。

通过这个过程，在一定程度上，科学家们就能够发现一个待研究的现象的一个直接的（proximate）解释（即所谓的"形式"（form）），并且在此解释的基础上，科学家们能够随心所欲地再次创造出该现象。培根认为，科学家们不仅要作出这种最直接的解释，而且还要继续探究"解释的解释"。例如，培根论述到，"要在知识上求得一个真正而完善的原理，其指导条规就应该是：要于所与性质之外发现另一个性质，须是能够和所与性质相互掉转，却又须是一个更加普遍的性质的一种限定，须是真实的类的一种限定。"[②] 也就是说，为了研究某个现象（A）的形式因，实际上就是要发现另一个现象（B），B 现象是 A 现象的形式，同时 B 现象又是另外的 C 现象的内容，等等。在这里，实际上培根的论述隐含了这样的观点，即一个更加基础的现象本身也许还有一个形式因，该形式因可能是研究者设法要寻找的。按照培根的观点，科学家们不仅要归纳出"热的本质是对运动的一个形式"，而且还要继续探究"运动应该是另一个更

---

① 该表示式参见邓生庆《归纳逻辑：从古典向现代类型的演进》，四川大学出版社 1991 年，第 27 页。

② 培根：《新工具》卷二，关宝琠译，商务印书馆 1984 年版，第 4 章。

加基本特性的一个形式，一直继续下去"。接着，培根又说道，"……我们遵循一个正当的上升阶梯，一步一步，由特殊的东西至较低的原理，然后再进至中级原理，一个比一个高，最后上升到最普遍的原理……"。①所以在这里，就有一个关于自然法则发现的一个梯度，科学家走得越远，对归纳出的结论越是普遍，那么他就更加接近自然本质，他在沿着这个金字塔上升过程中，所赋予的确定性越大，在金字塔的顶端将是绝对的真理。但是，培根认为，是否已经到达金字塔的顶部人类是无法知道的。在这个探究自然法则的过程中，培根更加强调，某些相关环境比另一些相关环境的证伪能力更强，对假说具有更强的判决能力，证据的多样性比证据数量的累积更重要，也即排除归纳法比简单枚举法更加重要。他说，"在建立公理中，我们必须规划一个有异于迄今为止所用的、另一形式的归纳法，其应用不应仅在证明和发现一些所谓第一性原理，也应用于证明和发现较低的原理、中级的原理，实在说就是一切的原理。那种以简单的枚举来进行的归纳法是幼稚的，其结论是不稳定的，大有从相反事例遭到攻击的危险；其论断一般是建立在为数过少的事实上面，而且是建立在仅仅近在手边的事实上面。对于发现和论证科学方术真的能用的归纳法，必须以正当的排拒法和排除法来分析自然，有了足够数量的方面事例，然后再得出根据正面事例的结论。"②，他继续说，"只根据特殊事物的列数，而没有相反的例证以资反证，则所有推论，将不成其为推论，只是猜想罢了。"③

实际上，本文可将上述培根的推理过程归结为：为了得到更加可靠的原理，仅仅利用已知的事实的数量是不够的，更重要的是要用排除归纳法除去可能的错误假说。对于有限个可能的解释而言，通过消除可能的错误的证伪方法往往比用确证的证据寻找的结论更加令人确信，因为从逻辑角度而言，证伪一个假说与证实一个假说是不对称的，证伪可以一劳永逸，而确证一个假说的例证数量尽管可能是非常之大，但如果是相对于论域是无穷来讲，其确证度仍然是 0。也就是说，逐渐排除最不可能的假说，最

---

① 培根：《新工具》卷一，关宝睽译，商务印书馆 1984 年版，第 104 章。
② 同上书，第 105 章。
③ 培根：《论学术的进展》（中译名《崇学论》，关其桐译），商务印书馆 2006 年版，第 161 页。

后就可能得到正确的假说。例如，如果假说"所有 A 都是 B"不能成功地经过环境 C 的检验的话，那么你不仅要消除假说"所有 A 都是 B"，而且还要消除假说"所有 A ∧ C 都是 B"，也许剩余的仅仅是有待检验的假说"所有 A ∧ D 都是 B"。在所构造的假说集中，被排除的假说的个数越多，那么剩余的没有被排除的假说的是正确的可能性就越大，也即确信度就越大。所以，笔者认为，在培根的归纳法思想中不仅为"不确定性推理"留下了空间，而且也为排除归纳法的逻辑机制的构造播下了种子。并且，这种逻辑机制——即随着理论假说得到越广泛的证据种类的支持，假说将越可靠——既适用于刻画理论假说从较低级别向较高级别的进化，也适用于描述同级别的理论假说的得出。

2. 培根主义者的论述

培根的归纳主义的认识论对后世影响是巨大的。例如 赫歇尔在他的标题为"Preliminary Discourse on the Study of Natural Philosophy"的论文（1831 年第一版）扉页上放上培根的半身像，以示自己是培根方法论的忠实信徒。他在论文中以更加清晰明了的方式阐述培根哲学的等级主义含义，他写到，"既然对自然的拷问变得更加地直截了当，对于这个问题的回答更加地坚决，那么实验将变得越来越有价值，它的结果越来越更加清楚。"[①] 也就是说，在给定的实验条件下，如果我们能够将不同的相关环境更好地区别开来的话，我们就能以更加确定的信心去确定哪个环境事实对所研究的现象更加负责。威歇尔是培根的另一个追随者，他在《新工具的革命》（Novum Organum Renovatum）一书中再次阐述了培根的归纳等级主义的这一思想。他说，"迄今为止，培根著作中的最突出的部分就是在这里——即培根以最确信、最清晰的态度坚持以循序渐进的归纳方式，而不是草率地、一蹴而就地方式从特殊的事例向最高级别的概括的过渡。"[②] 并且在这个归纳进程中，威歇尔认为最重要的环节是他的"一致性"思想（consilience）。所谓"一致性"思想，即当归纳是从各种不同种类的事实意想不到分享同一个解释的时候，一致性就产生了。[③] 例如，牛顿的

---

① 赫歇尔：《自然哲学研究的初论》（伦敦，1833），第 155 页。
② J. W. 帕克：《归纳科学的哲学》（伦敦，1847），第 232 页。
③ 转引 L. J. Cohen : *The Philosophy of Induction and Probability*, Clarendon Press Oxford. 1989. p. 9.

万有引力定律既可以从太阳与其他的行星之间的相互运动推出，同时也可以用来解释季节的昼夜更迭现象。在这样的情况下，威歇尔写道，"当支持我们的归纳的证据使得我们能够解释和决定各个不同的事实的时候，这个证据将比只来自于同种事实的证据更具有价值以及更大的说服力。"①这里，赫歇尔以及威歇尔是沿着培根的哲学思想的衣钵在说事的，他们之间仅有的区别也许只在于前者论述分析的成分较多，而后者论述更多的是思辩性。这也许是因为前者所提供的科学案例大多来自于自培根以来的科学史中，而培根的哲学形成于 17 世纪的早期。

当然，分析哲学最基本的特征是基于概念而展开的。所以在培根型归纳主义传统中，威歇尔十分注意归纳进程中建立"新概念"的重要性。威歇尔认为，在每一次新的归纳推断中，都有一个新的概念被发明并且被应用到这些事实上。例如，开普勒对行星运转定律的发现，是通过"椭圆"这个新概念来将他的关于行星运转的各种情况加以组织起来的。也许威歇尔的这种有些"准康德主义的唯心论"（Quasi – Kantian idealism）会遭到实在论者密尔的反对，密尔认为"椭圆"一词应该是在被归纳得出之前就是存在的。② 这里密尔反驳的是这种半拉子的哲学观，而不是反对归纳主义中不应该有分析的成分。姑且不论新概念究竟是否产生在归纳之前还是之后这个形而上学问题，但是对于威歇尔来讲，有一点是肯定的，那就是随着归纳进程的延续，对于概念的分析将起着越来越重要的作用。这正如柯恩所指出的那样"在自然科学中，新概念的产生，已经是，并将总是处于任何重大的理论变革的中心地位。"③ 在科学史上，无论是哥白尼学说到牛顿力学，还是从牛顿力学到爱因斯坦的相对论，以及其他学科中的理论的变革，都离不开概念含义的变革。尽管在这些前后相继的理论有时也会沿格同样的名称，但这些相同的名称在不同的理论系统中却表示不同的含义。例如，"原子"一词在古希腊赫拉克利特的"原子论"中与现代化学中的"原子"一词就有着本质的区别。所以尽管人类知识的增长在本质上是归纳的，但是，在科学发展时至今日如果单单依靠归纳

---

① J. W. 帕克：《归纳科学的哲学》（伦敦，1847），第 65 页。
② 密尔：《逻辑学体系》，严复译，商务印书馆 1981 年版，第 193 页。
③ L. J. Cohen, *The Philosophy of Induction and Probability*, Clarendon Press Oxford. 1989. p. 11.

而不对已有的概念的革新将是无能为力的，因为科学的发展已经向更加纵深的方向发展了，已经不是仅仅依靠我们的感觉经验所能概括了，这必须借助于抽象的思维来进行，而语言是思维的工具，概念则是语言的细胞。

二　密尔的关于概率逻辑思想

密尔被誉为古典归纳法的集大成者，他将培根的"三表法"进一步地系统化而变成"密尔五法"，从而使得排除归纳法在实际寻求科学假说的过程中变得简单易行；在归纳等级的测度上，他是第一个将帕斯卡概率引入到归纳逻辑中，使得归纳推理的等级可以进行一定程度的比较。

1. 归纳一词的澄清

在关于归纳法的问题上，还有一个问题需要澄清：即"归纳"一词究竟应该看成是在时序上的一个过程，还是看成是一种"无时序的逻辑"关系呢？这个问题在培根那里没有得到明显的回答，他没有明确地区别"渐进发现过程的归纳含义"与"证据合理性模式的归纳含义"，前者一般表现出时间上具有先后顺序的事件之间的关系，而后者则更多是无时间性的命题之间的一种逻辑上的关系。而到了密尔那里，对于"归纳"一词的含义已经有了比较接近现代"归纳"一词的含义了。他在《逻辑体系》第三版中说，"他的归纳法即使不是发现的方法，至少也是证据的方法"。[①] 实际上，自密尔后大部分学者关于"归纳"一词的解释主要集中在"归纳证据的逻辑"意义上，而不是在"归纳发现逻辑"意义上了。当然，转变的动因主要来自休谟对归纳作为"科学发现"逻辑的一种诘难。同时，也正因为对于"归纳"一词解释的这种转变导致命题之间的确证关系具有更广泛的意义。那种——例如，培根敦促科学家在形成假说之前必须收集证据事实——具有确证关系的命题之间的"先后有别"的论断，在现代"归纳"一词的含义中已经被摈弃。波普尔坚持认为，观察渗透理论。在科学活动中，培根的观点并不符合科学史实，而更多地是表现出所谓的"假说演绎"的研究模式，即提出假说，然后根据假说演绎出某个具体的结论，再设计判决性实验检验该结论以确定假说的正确性，如果假说抗拒实验的证伪，则假说得到确证，如果假说被证伪，则假

①　L. J. Cohen, *The Philosophy of Induction and Probability*, Clarendon Press Oxford. 1989. p. 11.

说将被抛弃或应该被修正。具体而言，一般包括这样几个阶段：确定问题——构建初始假说——收集额外事实——形成说明性假说——推导出进一步结果——对结果进行检验——应用该理论。但是，要想真正地对"归纳"一词下定义并非易事。尽管"假说"一词在归纳逻辑中处于非常重要的位置，但不应将"假说"一词作为归纳支持逻辑本身所固有的；同样地，我们有时用"确证"一词来代替"归纳确证"，但"确证"术语也会使人误解，因为确证往往含有时间上的先后之义，确证项通常滞后于被确证项。既然"归纳"一词的含义本质上不能归结为这些术语，那么比较可行的办法也许是将"归纳"看成是命题或者假说之间的一种"概率"关系。

2. 密尔的概率逻辑思想

从培根的归纳传统可以看出，关于某个物理特征的因果关系命题的可靠性等级推断可以与另一个关于同一个物理特征的因果关系的命题可靠性进行比较，而这种比较可以采用类似于概率演算工具的那种，在这个归纳逻辑与概率演算相互整合化进程中，密尔也许是第一个建议在归纳等级系统中构造更加精致的归纳推理模式。他所采用的手段就是将"概率"工具引入归纳逻辑：他认为，帕斯卡遗产与培根遗产可以在这里会聚。[①] 这里的概率一词是遵循机会数学演算规则的。

尽管密尔在他的巨著《逻辑体系》一书的第 214 页谈到，因果关系总是恒定不变的，但是在该书的第 293 页，他对因果关系的态度出现了变化，他说，"所有的因果定律都应该表述为一种趋势。"[②] 这种将"因果关系表述为一种趋势"就在他的归纳逻辑中为不确定性留下了一个席位。对于这种归纳不确定性的测量，密尔是这样处理的：

首先，密尔论证到，通过契合法进行的归纳推理可以用数学概率来加以评价。由于所涉及到的观察关联性是关于因果性而不是关于机会的，为了获得相关的评价数据，"我们必须知道真正具有因果关系的比例是多少，仅仅是偶然连接的比例又是多少"。[③] 密尔认为，如果没有大量适当

---

① L. J. Cohen：*The Philosophy of Induction and Probability*，Clarendon Press Oxford. 1989. p. 14.
② 密尔：《逻辑学体系》，严复译，商务印书馆 1981 年版，第 293 页。
③ 同上书，第 359 页。

样本数据，我们很难形成一个关于因果关系的比例。这就是为什么我们必须借助数学概率工具中统计推断的原因。

第二，在关于经验定律的确信度问题，密尔坚信，一个经验定律随着它的概括度提高，且没有遇到反驳，它的确信度越大。既然在大量的偶然连接的事例中，几乎没有反驳的事例发生时，那么这时的经验定律就应该是产生于因果律的，而因果律是恒定不变的。所以，很明显地，迄今为止还没有遭到反驳的经验定律的确信度可以用这样的比例，即"定律在其中成立的那些事例与潜在的证伪该经验定律的所有可能的事例的比值"来加以描述。密尔进一步论述到，即使这个经验定律不是因果律，而仅仅是一个"特征的概述"（an ultimate co – existence），此时的经验定律也是随着其概括的越广泛，它正确的概率也是越大的，因为如果不是这样的话，那么证伪这个经验定律的反例会自然地呈现。例如，我们很容易接受"一个特征被所有乌鸦所分享的概率大于该特征被所有鸟类分享的概率"。①

第三，密尔认为，归纳推理与类比推理没有本质地区别。② 按照密尔观点，可推出：根据通常的归纳法，任何具有相似的已知的条目出现在 A 中的话，则同样将出现在 B 中；通过类比推理，任何已知具有相似条目以一定比例出现在迄今为止的观察经验中的话，那么将一定也会以一定的比例（或概率）出现在具有该类似性质的其他类事物中。所以，密尔认为，类比推理是归纳推理的一种形式，它所刻画的确信度同样可以用机会数学来表示。

这样，密尔的归纳哲学，在许多重要的观点上与培根归纳哲学是一致的，例如，对排除归纳法与简单枚举归纳法重要性方面的看法上是一致的，但密尔的归纳逻辑在一定程度较培根归纳逻辑更加前进了一步。因为密尔毕竟将归纳推理的等级划分可以用数学概率这种可操作性的工具加以表达，尽管这种科学假说的概率表达方式还显得非常粗糙与幼稚。

与密尔同时代的 B·伯塞诺（Bernard Bolzano）在关于科学的重要角

---

① 密尔：《逻辑学体系》，严复译，商务印书馆1981年版，第384页。
② John Stuart Mill：*An Examination of Sir William Hamilton's Philosophy and of the Principal Philosophical Questions Discussed in his Writings.* London：Longmans，Green and Company，1889，p.402.

色以及放大性归纳的认识几乎与密尔不二。[1] 但不同是，伯塞诺强调，"当人们在探究一个假说的可靠性时，确证证据事例的重复性与多样性同样重要。"[2] 而且，伯塞诺认为，放大性归纳法可能会导致非常困难，因为所涉及到的事件的相关环境类也许是无穷多的，同时也正因为这样的认识，所以，他在用数学概率来刻画归纳确定等级时，是将他的测量与证据事例的数量相结合，而不是与证据事例的种类相结合。[3] 二十世纪的哲学家，如凯恩斯以及汉斯（Mary Hesse）在归纳逻辑方面基本上遵循了密尔的范式，[4] 尽管他们更加谨慎地考虑到"将概率理论应用到放大性归纳逻辑问题"的限制性影响。

三 培根的排除归纳法的等级思想具有非帕斯卡概率特质

据上面论述，尽管培根在他的巨著《新工具》中强调，科学假说的形成必须遵循这样的等级思想——即公理必须适当地、循序地形成，要逐渐推移，不越等级，要由低级的公理，进到较高级的公理。不能从感性个别事物出发，一下子就飞跃到最高的公理，进而又用于判断，来形成和证实中间公理。在培根看来，后者的认识途径尽管简洁的，但却"会使人猛然摔倒，而永远不能把人引导到自然。"[5] 然而，问题是，这种渐进的等级思想真的像密尔所论述的那样可以用机会概率，即帕斯卡概率工具来刻画吗？下面，就对密尔概率思想进行评价。

数学概率工具能否恰当地刻画"归纳"含义中的"证明的等级"呢？实际上，在培根型归纳法的经典作家那里，我们不难看出，这个答案是否定的：

自培根创立的科学归纳法开始至密尔为止的这段时间，归纳逻辑与帕斯卡数学概率几乎是各自发展的。一方面，培根探讨了证据的种类对于放大型归纳法的基础性作用，但是却没有对"可以用偶然模型来刻画归纳

---

① R. 乔治：《科学原理》（Oxford：Blackwell，1972），转引 J. Cohen，*The Philosophy of Induction and Probability*，Clarendon Press Oxford. 1989. p. 37.

② R. 乔治：《科学原理》（Oxford：Blackwell，1972），第 378 页。

③ 同上书，第 380—381 页。

④ J. Cohen. *The Philosophy of Induction and Probability*，Clarendon Press Oxford. 1989. p. 38.

⑤ 培根：《工具计划》，《培根全集》司佩之本第 4 卷，第 25 页。

支持的等级"作出任何暗示，他甚至根本没有想到要用任何形式的比率来表达一个概括句的确证度。另一方面，在数学概率学家那里，如帕斯卡等人极力于探讨将机会演算作为概率判断的句法，而并不关心概率理论是否能够应用于归纳支持的评价。尽管莱布尼兹断言："一个科学假说比另一个科学假说更加'可几的'（Probable）的，如果该假说表达是更简单的，同时能够从较少的几个基本假设出发解释更多的经验事实，特别是能够预见迄今为止还没有发现的现象。"① 但是莱布尼兹所使用的"可几"一词并非是在数学概率意义上来使用的。② 当然贝努里标榜自己的概率理论对于科学假说的评价具有重要的应用，但他那里所涉及的数量不是培根所强调的证据的"种类"的数量，而是"例证"的数量。③ 在谈到自然科学家的职责时，J. 格兰威尔（Joseph Glanvill）认为，"自然科学家'从概率的角度而不是从确定的角度声称他们的假说'这方面是明智的，人们应该按照证据的权重成比例地对他的假说进行划分等级，理论假说被检验的越严格并且起作用的范围越广，其概率就越大。"④ 这里，格兰威尔明显隐含着这样的认识，即他所提到的概率的相关标度是"从没有证据的开始逐渐过渡到被证明是正确的（from non‐proof to proof），而不是像帕斯卡主义标度那样——从被证明是错误的到被证明是正确的（from disproof to proof）"。实际上，如果我们注意到——竞争假说被逐渐排除的过程，以及与证据相一致的结论的域逐渐变窄的过程，那么用前者的概率标度就是很自然的。类似的非—帕斯卡概率标度思想在 J．布特勒（Joseph Butler）那里也有体现。布特勒在他的《The Analogy of Religion》1736）导言的首页中，说："或然性证据（Probable evidence）本质上不同于确证性证据（demonstrative evidence），在于前者有等级的区别，这种等级是从最高级别的道德确定性到最低级别的道德假定。"在随后的几页中，他继续说，"当不能获得更多的令人满意的证据时，所涉及到的困难

① C. I. Gerhardt, *Die philosophische Schriften von Gottfried Wilhelm Leibniz*, （Berlin：Weidmannsche Buchhandlung, 1865）, i. 195—196.

② Cohen, *The Philosophy of Induction and Probability*, Clarendon Press Oxford. 1989. p. 27.

③ C. I. Gerhardt, *Die philosophische Schriften von Gottfried Wilhelm Leibniz*, （Berlin：Weidmannsche Buchhandlung, 1865）, iii. 87—88.

④ J. 格兰威尔：《关于哲学与宗教几个主题的论文》（伦敦 1676），第 44 页。

往往是这样来解决的，即在整个的过程中，一端是最低证据假设，另一端却是没有证据的假说；或者一端是具有较多证据的假设，另一端却是没有证据的假设。"①

在这里，布特勒很清楚地认可非—帕斯卡概率概念，因为他谈到了"一个可能的事物状态"——即 Prob（B/A）可以大于 0 且小于 1，尽管 Prob（non－B/A）等于 0。这种可能的状态与我们所熟悉的概率的否定互补性原则——Prob（not－B/A）=1—Prob（B/A）——是不相容的。毫无疑问，也许有人会认为，在这里布特勒犯了一个错误。但笔者认为，这种对于布特勒的武断的评价也许对历史是一种不负责的态度。实际上，只要我们将概率看成是证明的一个等级划分的话，就像布特勒认为的那样，那么不可否认地将会有两种不同的概率概念标度，这两种标度将分别依赖于所刻画的最低等级究竟是被证明是错误的还是不可证的。很显然，布特勒在比较道德标准时接受了后者的概率标度，从而放弃了帕斯卡概率的否定互补性原则。十九世纪早期的一位学者 J. 格拉斯福德（James Glassford）认为，这种非帕斯卡概率概念特别适合于法律程序中的对立证据的评价。他说："……按照概率所提供的概率的度，证据的标度也许是从最低的证据标度开始，经过通常的、大众化的证据继续到判决性的证据标度以及几个判决性的证据的联合的标度。"②

这里，同样可看出，格拉斯福德所提到的证据刻度是从不可证明的而不是证明是错误的开始的。

休谟第一个明确地认识到，存在一种不能归结到由机会演算的概率概念。休谟在他的《人类理解研究》中，③ 极力将推理的实验方法引入到他的道德体系中，并且将培根看成是现代经验科学的奠基人，可以与古代的泰勒斯相媲美。可以承认，休谟的怀疑主义认识论是与科学的企图相混在他的心理主义理论的建构中。尽管休谟被冠以怀疑主义者，实际上他的怀

---

① 转引用自 L. Jonathan Cohen *Some Historical Remarks on the Baconian Conception of Probability. Journal of the History of Ideas*, Vol. 41, No. 2. （Apr. – Jun., 1980）, p. 224.

② James Glassford, *An Essay on the Principles of Evidence and their Application to Subjects of Judicial Enquiry*（Edinburgh, 1820）, p. 653.

③ D. V. Hume *A Treatise of Human Nature*（London, 1739）, Introduction: ed. L. A. Selby – Bigge（Oxford, 1888）, xx – xxi.

疑主义观点是针对枚举归纳法的，即他反对"通过枚举归纳法获得确切知识的可能性"；而对于寻找因果关系的"科学企图"则典型地具有培根归纳法的特征。休谟在讨论"The Port – Royal Logic"① 中所涉及的概率时，明确地认识到，数学概率与因果关系中的"类比推理"中所涉及到的"概率"有着明显地差异。休谟认为，任何关于因果关系的推理都依赖于两个因素：A 情况和 B 情况在过去所有经验中都是持续一致；以及目前的情况是相似于其中的一种情形。如果你降低它们一致性或者它们的相似程度，那么你因此也就减弱了观察者信念，并且将确定的感觉变成了仅仅是概率的东西。在概率产生于机会的或者因果情形下时，那么降低的是一致性。② 但是，对于产生于类比的概率情形就不同了，这种情形下降低的是相似度：

> 如果没有某种相似度，同时也没有一致性的话，就不可能进行任何推理。但是，由于相似具有许多不同的等级，所以类比推理将相应地具有相应不同的确信度。一个实验会变的失去应有的作用，当它执行的是对一个并不恰当相似的事例进行实验时；然而只要仍然存在相似的话，那么很明显仍然具有概率基础。③

这里休谟所提到的"概率"有点接近于培根归纳逻辑的"证据种类"的等级。尽管休谟在这里使用了"概率"一词，但他并没有建议过该概率是遵循机会数学演算规则的。实际上，这里的概率应该具有非帕斯卡概率的结构的。就相关性而言，如果目前情况环境 B 部分地相似且又部分地不相似于以前的环境 A 的话，那么我们仅仅有一个概率，甚至是一个非常微弱的概率使得 B 遵循 A。当然我们不能得到一个确切地概率，一个非常高的概率使得 B 将不发生。为了获得这样的结论，我们不仅需要知道目前的情况环境 B 部分地相似于以前的情况环境 A，而且

———————————

　　① A. Arnauld, *The Art of Thinking*：*Port – Royal Logic*. （Indianapolis：Bobbs – Merrill, 1964），350—351.

　　② L. Jonathan Cohen, *Some Historical Remarks on the Baconian Conception of Probability*, Journal of the History of Ideas, Vol. 41, No. 2. （Apr. – Jun., 1980），p. 226.

　　③ 休谟：《人类理解研究》（伦敦 1706），第 142 页。

还要知道目前的情况环境 B 不同于以前的情况环境 A。然而，情况往往是，我们很容易知道前者，而不容易知道后者。换句话说，类比概率好象很自然地服从于这样的一个概率标度，即这个标度横跨于不可证的与可证的之间，而不是横跨于具有否定互补性的被证明错误的与可证的之间的那种概率标度。其实，类比推理与培根型归纳法共同分享了非帕斯卡概率的特征并不奇怪，因为关于自然的类比推理完全具有排除归纳法的基本结构。这两者之间的密切关系可以从密尔的论述中清楚地得出：

　　最严格的归纳推理与最微弱的类比推理一样，我们都能够得出结论：因为 A 在一个或者多个特征上相似于 B，所以在特定的其他方面也将是相似的。区别在于，在完全归纳的情况下，前者特征与后者特征之间具有恒定不变的连接关系，但是在类比推理情形时，并不能作出这样恒定不变的连接关系。尽管无法在差异法以及契合法中对类比推理进行完全归纳法那样的实际操作，但是我们还是能够得出这样的结论——一个事实 m 已经知道对于 A 是真的，那么这个事实非常可能地对于 B 也是真的，如果 B 在某些特征上与 A 是一致的话。……这样的推理的预设必须是——事实 m 是依赖于 A 的某个特征的真正的结果，但我们不知道究竟是依赖于 A 的哪个特征。……毫无疑问每个关于 B 和 A 之间的类比推理都能够提供支持假说的某种概率的度。①

　　但是，密尔继续断言，对于 B 进行更多地观察之后，如果我们发现 B 在已知的特征中有十分之九都与 A 是相似的，那我们将有十分之九的概率断言 B 也应该具有 A 的任何一个指定的特征。②

　　这里，密尔不仅简单地认为所涉及到的特征具有等同的意义，而且它们也是具有可加性以致可通过算术的比率来对概率进行测量。但是，笔者认为，密尔的这两种假设都是站不住脚的。有关某个因果假说的各种相关因素在重要性方面也许并非是同等重要的，在这点上，培根有着与密尔不同的认识。培根认为，归纳推理中的所有证据可以根据其所起的作用分为"一般证据"和"优势证据"（prerogative instances）。而且，由于培根型

---

　　① 休谟：《人类理解研究》（伦敦，1706），第 367 页。
　　② 同上。

的某个概括句是通过该概括句抗拒在给定相关变量下的各种可能的组合的能力来决定的，所以培根型的某个概括句的概率本质上是不满足可加性的。因为功能的放大性，两个因果要素的结合可能具有毁灭性的结果；或者由于作用的相互抵消，而使得要素的结合呈现中和状态。所以，在关于归纳推理或者类比推理的所涉的概率是否可加性这点上，密尔的观点也许真正偏离了培根型的归纳主义的传统，尽管密尔被后人标榜是培根主义归纳逻辑的集大成者。

上文曾提到赫歇尔是培根思想的追随者，他将培根的画像放在自己著作的扉页以示对培根的崇敬。同样在赫歇尔那里，也是用两种非常不同的标度来谈论"概率"一词的。例如，他在某种意义上，将概率看成是研究：概率作为数学上的一个比较精细的一个分支，其目的就是将我们关于任何结论的概率的估计规约到计算上，以致能够给出比仅仅猜测更加多的可信赖度。① 赫歇尔是将帕斯卡概率应用到物理科学中对于测量的精确问题的解决上的。他认为，当给予一些独立的观察不同的评价值时，那么所有这些观察值的平均将是更加准确的；并且，由于我们不能穷尽所有可能观察的全部，所以在确定性结论无法获得时，平均值就是我们可能接纳的最可能的值。恰当地讲，这里，赫歇尔是从帕斯卡概率概念的角度说事的。而且也仅仅是在涉及到计算的问题时，他才谈及概率。

但是，在其他场合，当他讨论典型的培根型问题——即一个非计算性问题，而是关于对于自然现象的因果关系的发现，或者当他阐释等级归纳时，并没有提到帕斯卡概率：

无论何时……需要对任何现象进行解释时，我们很自然设法寻找第一个实验例证，根据实验结果所表明的那样，将该事例指认为真正原因的某些部分，并且能够有效地产生类似的现象。在这种努力过程中，我们成功的概率主要依赖于以下三点：第一，在因果实验时，我们所能够支配的例证的数量和例证的种类；第二，我们用这些例证来解释自然现象的习惯；第三，相似现象的数量，这里的相似现象指的是要么已经被解释的，要么是通过所承认的因果律可以导出的且它们的相似性本身是关于问题是封

---

① L. Jonathan Cohen, *Some Historical Remarks on the Baconian Conception of Probability*, Journal of the History of Ideas, Vol. 41, No. 2. （Apr. – Jun., 1980）, p. 228.

闭的。①

　　赫歇尔不仅坚定地认为排除归纳法是科学探究的正确方法，而且像培根一样，他也清楚地看到，对于某个具体问题的如此探究所达到的成功本质上永远将是一个程度的问题。他说：

　　实际上，在自然界中很难发现这样的一些事例，使得这些事例在某些方面是截然不同的，而在另一些方面又是一致的。但是，如果我们借助人为介入的实验的帮助时，就很容易产生这样的事例；并且事实上，也正因为如此，在探究自然规律的因果关系时，才广泛借助实验的手段来探究。根据实验所具有这样的特征——即除了一个环境外，其他情况都是一致的——相应的程度，这些实验具有更多的价值，并且其结果更加清楚，既然对于自然的追问因此变得更明确，且对它的回答更果断的。②

　　在这种意义上，一个实验的决定作用性是随着实验中的各种相关变量相互组合而得到的环境的数量的增加而提高的。同样地，我们希望一个实验的可重复性应该依赖于这样的考虑，即实验者知道的关于在某个实验中起作用的相关因素越多，他极力重复这样的实验结果的成功的概率就越大，以及他关于导致某个因果关系的假说是正确的概率就越大。因此，可以说，在赫歇尔的思维中，存在着两种概率系统：一种是用来刻画排除归纳等级的概率系统；另一概率系统是受机会数学演算所统摄的。他的关于"培根型的概率"永远是一种程度的刻画。

　　根据上面的分析，本文认为，培根型概率与帕斯卡概率有着本质的区别。然而，密尔没有有效地将这两种不同概率相区别，相反是用帕斯卡概率工具来对培根归纳法进行等级刻画，这不能不说是密尔的归纳法中的一个缺点。究其原因，是密尔没有用等级的思想来看待排除归纳法，而是将排除归纳法中所有的例证看成具有同等重要的意义，以致他就没有能够在培根型归纳法的正确方向继续走的更远。也因此，他的著名的"五法"尽管对于自然因果关系的科学研究具有非常重要的方法论指导作用，但终究还是仅仅停留在相对比较浅薄的水平上。所以我们可以说，"培根认为用排除归纳法可以得到确定的知识的话"那将是对培根学说的一种误读，

①　Herschel, *The Philosophy of the Inductive Science*, University of Chicago Press, 1830, p. 217.
②　休谟：《人类理解研究》（伦敦，1706），第155页。

但是如果说"密尔认为他的五法是可以得到确定的关于自然的因果规律的"那也许是对密尔思想的正确表达。所以，如果从这个角度而言，尽管密尔提出了简单易行的实验归纳法，但实际上并不比他的前辈走得更远。

这里，我们廓清了培根归纳主义思想所表现的本真的面貌，即培根归纳主义（排除归纳法）具有渐进等级的观点，因而具有不确定性推理的特征；但是这种不确定性推理无法用帕斯卡概率工具来刻画，因而密尔的帕斯卡概率的归纳逻辑是不恰当的。同时，我们还必须明确，尽管培根以及后来的那些追随者们关于排除归纳法的论述涉及到非帕斯卡概率思想，然而，这种思想终究只是非帕斯卡概率的思想的萌芽，他们没有明确提出实际上在当时也不可能提出一种刻画排除归纳法的完整的逻辑体系，因为非帕斯卡归纳概率的建立不仅要依赖于帕斯卡概率概念本身含义的扩充和包容，更依赖于非帕斯卡概率的语义学基础——可能世界语义学以及摸态逻辑的建立。只有这两个条件都具备，非帕斯卡概率系统才可能产生。非帕斯卡概率作为一种完整的逻辑体系的建立是由柯恩来完成的。

第三节　非帕斯卡概率的主观解释
——沙克尔的潜在惊奇理论

上节提到非帕斯卡概率逻辑的发展主要是由柯恩完成的，但第一个提出非帕斯卡系统的当首推利物浦大学经济学系沙克尔。柯恩称该系统为主观非帕斯卡概率系统，该系统后来又被莱维进一步发展，我们可以统称为沙克—莱维系统。

一　沙克的潜在惊奇理论

沙克认为[①]，在人文系统中，尤其是人们的决策行为中的不确定实验，一般不可能事先构造样本空间 Ω，而且对于这样的不确定性假说不

---

① Shackle. G, *Expectation in Economics*, Cambridge University Press, 1949.

满足概率演算中的加法规则。现代认知心理学的研究也表明①：被试验者在进行归纳推理时普遍的困难是难以构造出一个假设空间并进行恰当的搜索。

沙克尔论述到，当某个实验，例如，在一个恒定不变的环境下，反复抛掷一枚均匀的硬币或一个均匀的色子时，我们能够根据实验的特征计算出在一个给定的实验次数实验的各个可能出现的结果的比例，并且这些实验的所有比例之和一定是等于 1，但这种总和等于 1 的必然将不适合用来描述决策行为中的不确定性的心理状态的情形。沙克称当事人事先不可能构造 Ω 时所面临的不确定性为非分布式不确定性（the uncertainty of non-distribution），而将事先可以构造的不确定性称为分布式不确定性（The uncertainty of distribution）。因此，在测量非分布性不确定的心理状态下的假说时，我们需要一个有别于帕斯卡概率的测量系统。

既然，不确定性的心理状态下的假说集不一定完全，那么在这样的状态下考察一个假说是否能够被接受的测量方法就应该独立于各个竞争假说。尤其当我们在选择一个假说，而将该假说的所有竞争假说归结为它的正反对（contradictory）假说时，这种独立性的要求尤其表现得更加突出。不能将相等的接受等级赋予一个假说以及它的正反对假说的理由不是心理缘故，而是当它的正反对假说包括两个或者两个以上的竞争假说时，我们根本就不能赋予一个假说和它的正反对假说相等的接受等级，因为我们此时有不止一组这样的假说对关系。更一般地，由于我们不能保证我们已有的假说集是完全的，所以将不时地会有新的假说加入到我们的假说中来，而新假说的出现不应该影响我们对已有的假说的测量。这就迫使我们需要某种测量，该测量标准不是测量一个既定假说的肯定的信念，而是对假说的不相信（disbelief）的测量。因为，假如是假说的肯定的信念度的测量的话，那么会随着新的假说的不断的扩充，而使得每个假说的测量度不断地减少；相反如果是测量假说的不信念度，那么我们可以同时赋予许多竞争性假说 0 度。例如，在比较抛掷一枚均匀的硬币与一个均匀的色子时，某次试验结果，在前者是正面朝上的信念度是 1/2，而在后者出现是 1 点朝上的信念度则变成 1/6，这表明随着试验的可能结果变多时，每个结果

---

① Anderson, R., *Cognitive Psychology and its Implications*, New York, W. H. Freeman, 1985.

的肯定的信念度将是减少的；但是，如果采用测量假说的怀疑度的话，那么尽管前者试验可能出现的结果是｛正面朝上，反面朝上｝，但究竟是正面朝上还是反面朝上的都是可能的，即对它们的怀疑度都是0；同样地，对于色子试验中，究竟是出现假说集｛1，2，3，4，5，6｝中哪个数字都是可能的，即对它们的怀疑度也是0。这样，尽管前者假说集是由两个可能的结果组成，而后者是由六个竞争结果组成，但都可能赋予这些结果的某种测度为0，即该种测度不随着竞争假说数量的扩充而改变先前的假说的赋值。而对于不可能出现的假说，我们将赋予极大的潜在惊奇度。例如，在抛掷一枚均匀硬币试验中，对于假说 = ｛落地时既非正面朝上，也非反面朝上｝，由于相对于我们背景知识而言，这个假说结果是不能出现的，因此，对于这个假说，我们赋予它的测度为极大的（可以用1来表示），意为该假说的出现将会导致我们的极大惊奇。同样地极大惊奇度也可以同时赋予许多竞争的假说：例如，在抛硬币试验中，我们同时可以赋予假说：A = ｛落地时既非正面朝上，也非反面朝上｝，B = ｛硬币不会落地｝的潜在惊奇度都是1。这样，当帕斯卡数学概率的加法运算不适合于描述心理状态的不确定时（这种不确定性主要由无知而引起的），我们可用这种潜在惊奇（potential surprise）的测度描述摆脱数学概率描述的困境。而且数学概率的测度不能很好地解释实践中的人们对"完全可能"（perfect possibility）一词的正确含义。所谓"完全可能"意即：对于认知主体而言，一个假说看起来好象与他所了解的所有相关环境表现出完全一致时，我们就说该假说对于他而言是完全可能的。

这里，"完全可能"与"事实上不可能"是相对的。也就是说，在一组与实验者背景知识相一致的竞争假说中的任一假说结果在某次试验中出现相对于他而言都是完全可能的。正是因为心理状态具有这种特征，我们可以理解"为什么在现实生活中有许多人买彩票"，因为在买彩票者看来，尽管每一张的彩票中奖的数学概率很低，但是实际上他认为每张彩票中奖都是完全可能的，对于实际结果究竟是哪号码中奖并不感到惊奇，而如果按照数学概率来解释的话，这里的"完全可能"将会变得不可几的，当随着竞争假说的数量变得很大时。也就是说，正是在这样的心理认识下，他才决定买彩票的。"不管中奖的实际概率是多大，并不能阻挡人们购买彩票的热情"的现实情况正表明"在买彩票行为中所表现出的实际的心理特征明显不能用数学概率加以解释。"

沙克尔正是在上面的现实思想的基础上，建立了第一个非帕斯卡概率系统：①

由于人们在决策时总是从已获得的背景知识出发的，不同的决策主体（X）可能具有不同的背景知识。因此，背景知识对于决策行为路径的选择是至关重要的，可以将背景知识记为 K_{xt}；决策者（X）的所有决策行为路径的方案 A_i 的后果集记为" C_i "。由于决策过程是指在 t 时，X 将作出 t+1 时的行为选择，而 K_{xt} 中的知识储备仅是 t 时刻以前的关于世界描述的事实定律以及数学定律和逻辑定律，而结论将是关于 t+1 时刻的世界状态描述，所以决策过程本质上就是一种归纳过程。根据休谟对归纳法的质疑可知，这种预测的结果不具有必然性，因而带有一定的风险。然而，这里的不确定性随着 K_{xt} 的完备性程度以及对行动方案 A_i 本身的了解程度可以将 K_{xt} 与 C_i 的逻辑关系分为以下两种情形：

情况 1：能够从 K_{xt} 推出 A_i 的所有可能结果，即 C_i 是穷竭的或完全的。这里的推出一词具有这样的逻辑特征：设 $C_i = \{C_{i1}, C_{i2}, \cdots, C_{ij}, \cdots C_{in}\}$，如果 $\{K_{xt}\} + (\neg C_{i1} \wedge \cdots \wedge \neg C_{i,j-1} \wedge \neg C_{i,j+1} \wedge \cdots \wedge \neg C_{in}) \vdash C_{ij}$，$(1 \leq j \leq n)$。即如果根据排除法，由一阶逻辑能够从背景知识 K_{xt} 中得到 C_{ij}，则此时的 C_i 就是完全的。此条件下，所谓的不确定性（也称为封闭式不确定性）是指：C_i 中必有一个成员是 A_i 的真实结果，但对于 C_i 中的哪一个成员 C_{ij} 将作为 A_i 的真实结果这一问题，无法做出"是"或"否"的回答。实际上，帕斯卡概率逻辑就是刻画这种封闭式不确定性的工具。帕斯卡概率中的正则性条件（P（Ω）=1）就是这种封闭式不确定性的形式表示。当然由正则性条件可以推出 P 概率的加法法则、乘法法则以及否定互补性法则。实际上，情形 1 应该是建立在背景知识相对成熟的阶段，对应于决策时，就是对形势作出充分研究基础上所作出的预测。这种预测行为的关键要件是时间。随着时间的推移，K_{xt} 关于 C_i 的可能状态的描述将不断地完善。但在实际情形下，决策者在决策时一般并非是等到万事具备时才进行决策的，相反是在信息还不完整时，就着手决策。比如，企业家为了抢占市场，往往要进行很大的冒险行动。那

①　参见鞠实儿《非帕斯卡归纳逻辑研究》，浙江人民出版社 1990 年版。

么此情形下，$t+1$ 时刻的 C_i 中的所有可能的结果并非是 t 时刻时都能预测的。即此种情形下的 C_i 是开放集，随着时间的推移不断有新的假说结果加入。显然此情形不满足帕斯卡概率的正则性要求。这对应下列的情形 2：

情形 2：X 不能从 K_{xt} 推出 A_i 的所有可能的后果，即 C_i 是不穷竭的或不完全的。可形式表示为：$\{K_{xt}\} + (\neg C_{i1} \wedge \cdots \wedge \neg C_{i,j-1} \wedge \neg C_{i,j+1} \wedge \cdots \wedge \neg C_{in}) \not\vdash C_{ij}$，$(1 \leqslant j \leqslant n)$。即无法用排除法确切地推出确定的某个行为结果。在这一条件下，K_{xt} 对 C_i 没有逻辑约束力。如果 X 延长 A_i 可能后果的清单，K_{xt} 将没有理由证明扩充后的 C_i 是穷竭的。这里不确定性比情形 1 更具有随机性：不但不知道 C_i 中哪个假说将会作为真实的结果，就是 C_i 中是否真正包含真实的结果也无法逻辑地得知。这种情形往往出现在背景知识的储备相对不完善的阶段，各种信息还不对称时候。情形 2 与情形 1 的区别在于，前者的不确定性是开放的，尽管随着背景知识的不断完善，这种开放性是逐渐减弱的，但是鉴于决策行为都是基于超前的特性，因而情形 2 的不确定性（非封闭式不确定性）将是决策行为的典型情况。而由于开放性的假说集不满足帕斯卡概率的正则性要求，因而情形 2 的不确定性无法用情形 1 的帕斯卡概率工具来刻画，从而也就更不具有帕斯卡概率中的那种加法法则与否定互补性规律。

对应于 K_{xt} 与 C_i 的两种逻辑关系，存在两种刻画不确定性的概率：对应情形 1 的称为帕斯卡概率，对应情形 2 的称为非帕斯卡概率。这两种概率的不同主要体现在概率函数值的两个端点值的解释上。在封闭式不确定性假说集 $C_i = \{C_{i1}, C_{i2}, \cdots, C_{ij}, \cdots C_{in}\}$ 中，由于必然存在必然真的假说，所以 $C_{ij} \vee \neg C_{ij}$ 是必然事件，其中 $\neg C_{ij}$ 是 C_i 集中除了 C_{ij} 外的所有成员的析取，即 $\neg C_{i1} \wedge \cdots \wedge \neg C_{i,j-1} \wedge \neg C_{i,j+1} \wedge \cdots \wedge \neg C_{in}$，此时 P（$C_{ij} \vee \neg C_{ij}$）=1 表示逻辑必然；对于同一个竞争假说与它的否定则永远不可能同时发生，所以 P（$C_{ij} \wedge \neg C_{ij}$）=0 解释为逻辑上的不可能，即逻辑矛盾；$0 < $ P（C_{ij}）$ < 1$ 解释为既非必然事件，也非矛盾事件。而对于开放式的不确定性集 $C_i = \{C_{i1}, C_{i2}, \cdots, C_{ij}, \cdots C_{in}\}$，由于假说集中不一定包含真实的结果，而且随着背景知识的完善，不断有新假说来扩充假说集 C_i，所以 $C_{ij} \vee \neg C_{ij}$ 并非一定必然事件，其中 $\neg C_{ij}$ 也是 C_{ij} 在 C_i 中的余集。为了保证已有假说的测度不受新加入的假说影响，沙克采取了

否定定义方式，即假说的潜在惊奇度。直观讲，当某个假说属于已构造的假说集 C_i 时，它的发生一点也不惊奇，尽管它发生的数学概率也许很低。例如，抽奖情形，尽管某张指定的号码中奖率很低的，但它完全可能就是中奖号码，因而该号码中奖将不会令人惊奇的，因为，根据我们的背景知识 K_{xt}，借助排除法可以推出。实际上，只要是从背景知识 K_{xt} 出发，借助排除归纳法能够推出的假说，当其发生均不会惊奇。相反，根据背景知识，通过排除法不能推出的假说，其发生时，将是令人惊奇的，并且这种惊奇度也会随着假说本身特征不同而不同。因此，根据这里的分析，可以发现潜在惊奇测度应该具有这样的特征：

设 P 为非分布式不确定性度量函数，那么它满足下列条件：

（ⅰ）P 定义在 C_i 在上，其值域为 ［0 1］。（ⅱ）当 P（C_{ij}）取两个端点值 0 和 1 时，C_{ij} 分别被解释为潜在惊奇度为 0（即它的发生一点不惊奇）和潜在惊奇度为 1（即它的发生极大惊奇）。（ⅲ）当 $0 < P（C_{ij}）< 1$ 时，表示 t 时刻，C_{ij} 暂不属于背景知识 K_{xt} 所构造假说集 C_i 中，但在 t+1 时刻，将可能属于 $K_{x,t+1}$ 所构造的假说集 C_{i+1}，故 C_{ij} 的发生将令人惊奇的，但又并非绝不可能。例如，抛掷硬币时，据我们的背景知识，可构造假说集合 C =｛落地时正面朝上，落地时反面朝上｝，显然，假说 A =｛落地时正面朝上｝及假说 B =｛落地时反面朝上｝，不论哪个假说发生都不令人惊奇，可令 P（A）=（B）=0；但是对于假说 C =｛落地时硬币将粉碎｝一般将会令人惊奇的，可以令 $0 < P（C）< 1$，因为我们根据已有的背景知识，一般会排除这样假说。但是，对于假说 D =｛落地时既正面朝上，同时也反面朝上｝则是绝对不可能发生的。因此，可以令 P（D）=1，表示潜在惊奇的极限情形。所以，如果按照假说的潜在惊奇度从小到大将假说进行重新排序的话，那么上述定义可以用下列图 1 直观地表示：

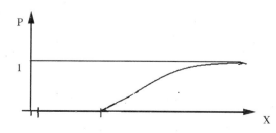

　　图中 X 数轴上两条小竖线之间的变量表示能从背景知识 K_{xt}, 基于排除归纳法推出所有假说构成的假说集。第二条竖线右侧的自变量代表的是不能由背景知识 K_{xt} 通过排除法推出的假说, 这部分假说如果是真正的结果, 那么它的发生将令人惊奇。平行于 X 轴的水平线表示假说潜在惊奇度的渐进线, 即将极大的潜在惊奇度赋予逻辑矛盾命题——P (C_{ij} ∧ ¬ C_{ij}) =1, 因为无论背景知识 K_{xt} 经过怎样扩充都不能将 C_{ij} ∧ ¬ C_{ij} 作为知识推出, 除非思维出了毛病! 根据这里的分析, 我们还可看出, 对于假说集 C_i (无论它是直接根据 K_{xt} 构造出来的, 还是经过引入新假说而扩充后的假说集), 都有: 对于某个假说 C_{ij}, 如果 P (C_{ij}) >0, 则有 P (¬ C_{ij}) =0, ($C_{ij} \in C_i$, ¬ C_{ij} 是 C_{ij} 在假说集 C_i 中的余集)。因为决策者根据背景知识 K_{xt} 所构造的假说集中, 一定他认为是完全可能发生的假说, 否则他就不可能进行任何决策行动。至此, 可以对第一个非帕斯卡概率测度——潜在惊奇理论定义了:

　　定义: 定义在事件域 C_i 上的函数 P 称为非帕斯卡概率函数, 如果它满足下列条件:

　　(i) $1 \ge P(C_{ij}) \ge 0$,

　　(ii) 若 $P(C_{ij}) > 0$, 则 $P(\neg C_{ij}) = 0$。其中 $C_{ij} \in C_i$。

　　根据上面的分析以及潜在惊奇测度的定义, 沙克的潜在惊奇测度 (PS) 具有下列的公理系统, 该公理系统是在一个非形式系统上加以表达的:[①]

　　公理 1. 决策者 X 对于某个假说 H 的不相信度即为 X 对 H 的 PS 值。

　　公理 2. 令 $H \in C_i$, C_i 为竞争假说所构成的假说集, 则有 0≤PS (H) ≤ 1 。当 PS (H) =0 时, 表示 H 的发生一点也不惊奇; PS (H) =1 表示 H 的发生将极大的惊奇, 这相当于上图中的渐进线; 0 < PS (H) <1 表示 H 并非能够由决策者 X 的背景知识 B_{xt} 通过排除归纳法推出, 也就是说, H 在时刻 t 时, 还未构成 X 的知识, 但在时刻 t + 1 时可能变成 X 的知识。

---

　　① 　G. Shackle, *Decision*, *Order and Time*, Cambridge University Press, 1961 , pp. 76—81; G. Shackle, *Imagination and the Nature of Choice*, Edinburgh University Press, 1979, pp. 109—113; I. Levi, *The Enterprise of Knowledge*, MIT, 1980, pp. 1—28; 鞠实儿:《非帕斯卡概率的逻辑解释与决策分析》, 载《自然辩证法通讯》(1991 年, 第一期) 第 15 页。

公理 3. 设 $H_1, H_2 \in C_i$，$PS(H_1 \vee H_2) = Min\{PS(H_1), PS(H_2)\}$。

该公理的合理性是显然的。因为在直观上，相互竞争假说的析取的发生的可能性取决于更加可能发生的那个假说。这就相当于日常生活中，在设计一个门的高度时所考虑的因素那样，门的高度的设计不是取决于所有经过该门的人的平均高度，也不是取决于所有人的高度的总和，而是取决于经过该门的所有人中的最高的那个人的身高。

公理 4. 设 $H_1, H_2 \in C_i$，$PS(H_1 \wedge H_2) = Max\{PS(H_1), PS(H_2)\}$。

该公理的直观合理性也可以用类似于公理 3 的说明加以理解。例如，当我们在考察是否能够越过充满许多陡峭的山峰时，我们往往只是关注最陡峭的峭壁，换句话说，如果我们只要能够克服最陡峭的障碍的话，那么我们就能够越过山峰。

公理 5. 设假说 $H \in C_i$，则 $H \vee \neg H$ 是竞争假说的穷竭集。

公理 6. 一个竞争假说的穷竭集至少包含一个假说 H，使得 PS（H）＝0。

因为决策者在采取的决策行为时，尽管并不一定知道哪个行为路径是最可能的，但是，根据他的背景知识，他一定认为他所构造的假说集存在完全可能的假说。也就是说，决策者在采取决策时，并非完全茫然，而是达到了"某种程度上"上的心中有数。

公理 7. 若 C_i 是竞争假说的穷竭集，则容许 C_i 中的所有成员的 PS 值都是 0。

这是因为，如果一个假说集 C_i 中所有的成员都是根据我们的背景知识通过排除归纳法能够推出的话，那么这个假说集中的每个成员作为真实结果将一点也不令人惊奇。

定理 1（潜在惊奇理论的非互补性定理）：如果 PS（H）＞0，则 PS（¬ H）＝0。

证明：假如 PS（¬ H）＞0，则根据公理 3，有 PS（H ∨ ¬ H）＞0。根据公理 5，H ∨ ¬ H 是竞争假说的穷竭集。再根据公理 6，一个竞争假说的穷竭集中至少包含一个假说，其 PS 值等于 0。这样就得到矛盾，从而定理 1 得证。

该定理表明，PS 的显著特征：不满足帕斯卡概率否定互补性。公理 3 和公理 4 表明，PS 不满足帕斯卡的加法法则和乘法法则。因此，可以说，沙克的潜在惊奇理论（PS）是一种完全有别于帕斯卡概率的一种不确定性的度量方法。并且，本文认为，在决策理论中，无论此时所构造的假说集是否是属于"分布式不确定性"都可以采用 PS 法来进行测度。也就是说，决策理论中，PS 的测量方法比帕斯卡概率度量方法具有更广泛的适用范围。由于沙克的 PS 测度是基于决策者的背景知识 B_{xt} 作出的，而不同的决策者的背景知识也许会出现差异，因此不同的主体对于同一问题所采取的行为路径的选择也会出现差异。所以沙克的关于不确定性的测度方法有时也叫主观非帕斯卡概率。

二　基于潜在惊奇测度的决策行为理论：

我们知道，尽管正统经济学理论对于决策者的个人行为偏好是非常重视的，但是却没有为希望、怀疑、恐惧等决策者的情感留下讨论的空间，同样对于决策者的无知的状态以及想象的能力不屑一顾。然而，决策者所作出的决策行为的根本特点是各种信息还不完备时就进行的，因而，时间在决策者行为选择中起到举足轻重作用，即我们必须在 t 时刻对 t + 1 时刻的结果进行预测。由于 t + 1 时刻相对于 t 时刻是未知状态，因此，在 t 时刻所做的工作就是——在还不知道"不同可能的选择路径将会出现怎样的不同结果时"，我们就必须作出路径行为的选择。根据 X 的 t 时刻的背景知识 B_{xt} 以及 X 想象能力，可构造出事件在 t + 1 时刻的各种不同的结果假说集 C。当然，C 中的假说可能有这样的两类组成：一类是能够从 B_{xt} 中，通过排除归纳法推出的那些假说；另一类是，在 t 时刻还不能归入 X 的知识空间中的假说，即只是 X 的一些假想的假说，不能够由 B_{xt} 据排除归纳法推出的假说。据沙克潜在惊奇理论，可将前者类型的假说赋予潜在惊奇度为 0，而赋予后者类型的潜在惊奇度为某个正数。为讨论方便，将上面的关于潜在惊奇测度的值域的范围由 [0　1) 改写为 [0　∞)（当然这种改写对于某个假说的潜在惊奇度的测量没有本质的区别，而且这种转换可以通过初等函数变换来完成，例如可以用函数 $y = \log_a^{1-x}$，$0 < a < 1$，这样就可以将 [0　1) 中的任意一个数映射到 [0　∞)，且这种映射是一一映射）。并且我们假定——在 t 时，某个决策者的心智中存在关于 t + 1 事态的结果的可能假说的一个完整集（在决策者本人看来），并且不同的假说有且仅有一个潜在惊奇度，所有这些惊奇度的值介于 [0　∞)，

而将假说集看成是自变量集。那么上面的关于潜在惊奇测度的图可以用下图表示：

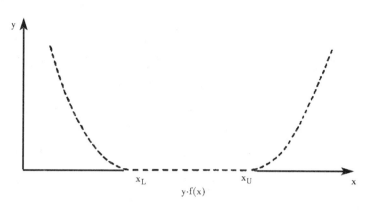

该图表的自变量是这样排序的，即假说集中的假说在 X 轴自左向右的期望值（desiredness）是越来越大。即对应于最左边的假说，它的期望值是负的最大，对应于最右边的假说其期望值是正的最大。且在实际决策中，情况往往是这样的，假说所具有的潜在惊奇度越大，其具有的期望值也越大（要么是正的越大，要么是负的越大）。x_L 表示内致（inner）假说变量的下限，x_U 表示内致假说变量的上限。在 $[x_L, x_U]$ 之间 $y = f(x)$ = 0，当超过上极 x_U 时，$y = f(x)$ 将随着 x 的增大而增大；当超过下限 x_L 时，$y = f(x)$ 将随着 x 增大而减少。据上图，有理由认为，相应于正常假说 x 的 y 值被平滑地淹没于两端极限之间，以致 dy/dx 将处处是连续的。这样我们将 $y = f(x)$ 叫做潜在惊奇函数。

一般情况下，对于任何两个假说而言，人们往往更加注意其中一个假说而不是另一个假说是基于这样两个可能理由：首先，是赋予它们之上的潜在惊奇测度是有差异的；其次，是这两个假说对于决策者的期望值是有差异的。但是对于 $[x_L, x_U]$ 之间的假说而言，由于这个区间内的所有假说的潜在惊奇度均为 0，因而，在这种情况下，吸引决策者眼球的只是期望值最大的那些假说。当然，决策者并不局限于这些"内致性"假说，也就是说在"内致性"假说外，也许还存在某个结果假说，该假说的期望值是大于"内致性"假说区间中的任何假说的期望值，且这种情形常常是可能的，因为在决策行为中，往往是风险与赢利如影随形，潜在惊奇度越大的假说，其一旦真实，那么对于决策者而言，其期望值就越大。在考虑"内致性"假说区间外侧时，那么吸引决策者眼球的就是要将假说的潜在惊奇度和它的期望值综合考虑。对于某些结果假说而言，因为其潜在惊奇度可以是无限地大，以致相当于无穷大，那么将一定存在某个界点，在这个界点的外侧，尽管假说的期望值是增大的，却抵消不了假说本身的潜在惊奇度所带来的不利的影响。在这点处，假说的优势函数（ascendancy，指引人关注的能力）的全微分将是 0，表示这点处的假说的优势将达到最大，即这样的点将得到决策者更加的注意。因此，假说的优势函数应该是由这样的两个因素决定：其一是假说所代表的期望值；其二是假说所具有的潜在惊奇测度。我们可以 $\varphi = \{x, y(x)\}$ 表示优势函数。优势函数 φ 从两个方面依赖于变量 x：一个是直接的，另一个是通过函数 $y = f(x)$ 间接地作用于 φ。所以严格地讲，φ 仅仅是关于 x 的一元函数，但是为了直观地表示 φ 的含义，在通常情况下，我们还是写成 $\varphi = \{x, y(x)\}$。

　　假设在"内致性"区间段内存在某个点，该点处是期望值中性的，记为 $x = x_N$。在 $[x_L \, x_U]$ 上，由于 $y = f(x) = 0$，因此 $(\partial \varphi / \partial y) \cdot (dy/dx) = 0$，尽管 $\partial \varphi / \partial x > 0$。从而在这个区间上，$\varphi$ 是关于 x 的增函数。当在这个"内致"区间外时，$dy/dx > 0$，有 $\partial \varphi / \partial y < 0$，所以 $(\partial \varphi / \partial y) \cdot (dy/dx) < 0$，尽管仍有 $\partial \varphi / \partial x > 0$。当 $y \to \infty$ 时，有 $\varphi \to 0$，无论此时 x 的值多大，也即当某个假说变成几乎绝对不可能实现时，尽管假说的期望值也许非常大，它也不会对于 X 有吸引力的。在实际的决策行为的选择中，通常有有限个结果假说 x，使得 $y = f(x)$ 的值是无限地大的，因此，将存在某个 x 值，满足 $\partial \varphi / \partial x + (\partial \varphi / \partial y) \cdot (dy/dx) = 0$，此时 φ 将达到最大。同样地，可以考虑 x 取负的期望值情形。我们令 $z = -x$，则随着 z 值增加时，结果假说的伤害程度将是增加的。这样类似于上面的正的期望值的情形，同样存在某个假说 x，使得 $\partial \varphi / \partial z + (\partial \varphi / \partial y) \cdot (dy/dz) = 0$，且优势函数 φ 将达到最大。

　　根据上面分析过程可知，决策者在 t 时，依背景知识 B_{xt} 以及他的想象能力所构造的假说集中，一般一定存在这样的两个假说：它们最容易引起决策者的兴趣，这是因为它们中一个具有最大的正优势，另一个具有最大的负优势。沙克称通过这种潜在惊奇测度的方式决定决策行为的选择方法为"假说的聚焦值法"（focus - values）。该聚焦法可以形象地用下图所示：

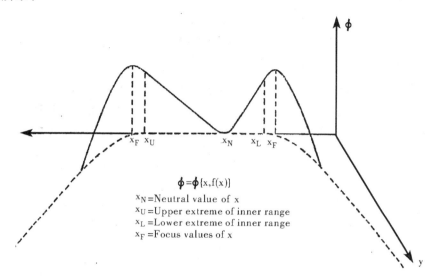

$$\phi = \phi\{x, f(x)\}$$

x_N = Neutral value of x
x_U = Upper extreme of inner range
x_L = Lower extreme of inner range
x_F = Focus values of x

　　沙克认为，决策行为选择的特征，能够通过上面的潜在惊奇测度的"聚焦值"方法逻辑地表达；并且某种决策方案在引起决策者关注时，并非是通过将该决策方案的各种假说结果的某种参数（如概率等）进行相乘或者相加的。这与正统理论（如 von Neumann – Morgenstern 的效用理论）有本质区别。在正统决策论中，当决策者选择某个决策行为时，是将该决策方案的各种可能结果的期望值进行加权而比较的，即比较 $\sum_{k=1}^{n} C_{ik}P_{ik}$ 和 $\sum_{k=1}^{m} C_{jk}P_{jk}$ 的大小，其中 C_{ik}, P_{ik} 分别表示方案 C_i 中的各种结果假说的期望值和数学概率，C_{jk}, P_{jk} 表示方案 C_j 的各个结果假说的期望值和数学概率。沙克抛弃了正统决策行为选择理论，而钟情于他的"聚焦值法"基于以下两个理由：首先，他认为，在某个特定的时期和特定地点进行特定的决策行为是"独一无二"的实验，该实验条件几乎不可能在其他时间或地点加以复制，且决策者在构造结果假说时，很难保证真正发生的结果已经包含在所构造的假说集中。所以此情形下，用数学概率表示各个可能结果的概率是不可能的，同时也不必要的，无论这些概率是基于逻辑上的先验计算得出，还是经验上的统计得出。其次，是从更加经济的角度考虑的。决策者在进行决策时，往往需要一种简单易行的选择标准。相对而言，"聚焦值"比"加权法"更容易执行，因为这种方法避免许多烦琐的概率计算，假如这些结果的概率是真正存在的。

对沙克的潜在惊奇理论的评价：

当然，沙克潜在惊奇理论以及基于他的潜在惊奇理论的决策行为选择的"聚焦值"方法一出炉，质疑声就未停过。

例如，G. 戈德是用下列例子来反驳沙克的聚焦值理论的。[①] 假设要求一个决策者在关于一个具有下列两种方案的转盘赌博机上进行选择：

赌局	盈利（单位：1000 美金）			
	数字 1	数字 2—18	数字 19—35	数字 36
A	—10	—1	+ 19	+ 20
B	—9	—8	+ 1	+ 22

当然，可以假定这个简单的模型代表企业家所面临的决策情形。方案 A 和 B 分别代表了不同的投资行为，转盘上的 1 到 36 数字分别代表了 36 个相互排斥且穷竭的关于每个投资方案的所有可能结果，而金钱（正的或者负的）相应地表示假说的期望值。根据沙克理论，每种方案中的 36 种可能的结果假说具有相同的潜在惊奇度（潜在惊奇度都是 0），所以在考察该方案时，我们仅仅关注 NO.1 的最大负赢利和 NO.36 的最大正赢利。如果沙克理论是合理的话，那么决策者将选择方案 B 而不是方案 A。然而这样的决策行为结果将与常识相悖的。为了规避风险，通常的决策者宁愿对方案 A 进行打赌，而不愿以任何赌金对方案 B 进行打赌，他们这样做是基于理由：决策者是将从 NO.19 到 NO.35 数字连成整体以形成复合假说，这样的复合假说发生的似然性一定大于假说 NO.36 发生的似然性，那么前者复合假说的效用值 φ 一定大于后者单称假说的效用值 φ（效用值 = 似然性 × 期望值，类似于沙克的优势概念）。所以 G. 戈德论述到，"如果我已经正确地理解了沙克理论的话，那么他将会这样消解这里出现的矛盾的：方案中的 36 个结果假说将被赋予潜在惊奇度都是 0，并且由相互竞争的假说通过析取所构成的复合假说的潜在惊奇度不能用数学概率中的加法法则来计算。也就是说，只要单称假说中有一个更低的 φ 值，那

① Gerald Gould, G. Shackle, *Odds*, *Possibility and Plausibility in Shackle's Theory of Decision*. The Economic Journal, Vol. 67, No. 268. （Dec., 1957）, pp. 659—664.

么部分不能组成比自身更强的梯队。但是，这样的消解方案不能令人折服。所以，对我而言，（a）沙克的理论不是关于决策论问题，而仅仅是关于出现在企业家面前的特殊的问题；或者（b）在通常情况下，他的理论是无效的，并且要求对之进行修改，以致该理论不仅能够指导决策者要考虑相互排斥的简单假说，还要能够指导决策者考虑由简单假说组成的复合假说，但是如果作这样修改的话，那将会破坏理论的简单性；或者（c）我们正在曲解他的理论；或者（d）的确是方案 B 比方案 A 好，但我拒绝相信这点。"①

　　在谈到沙克潜在惊奇测度的非—加和特点时，G. 戈德是这样反驳的：为了简单起见，可以将沙克潜在惊奇理论的非—加和性形象地表示下图

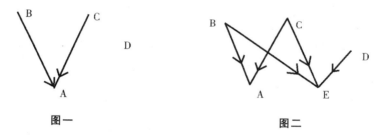

图一　　　　　　　　　　图二

　　根据沙克潜在惊奇理论假定，在模糊的、无法用数字表达的不确定领域中，潜在惊奇理论仅能够形成部分序集关系。如果假说 P 的似然性大于 Q 的似然性，记为 PsQ；如果 P 的似然性等于 Q 的似然性，记为 PtQ。则上图的五个假说 A，B，C，D，E 之间的关系可表示为：AsB，AsC，EsB，EsC，EsD，而 B，C，D 三个假说之间的似然性不可比较。下面考察 A 和 E 之间的似然性大小关系：由于 D 和 A 的似然性不可比，据潜在惊奇测度理论公理 3，A 和 E 之间的似然性也不可比较。E 与 A 之间的关系并非像数学概率逻辑中的那样——应该有 EsA。对此违反直觉的结论，G. 戈德是这样反驳的："众所周知，动物行为理论研究表明，在相似的情形下反复出现相同的结果是动物建立条件反射的充分条件。在图一中，情况 B 和 C 都能导致 A 出现；而在图二中，情况 B，C，D 都能导致 E 出

① Gerald Gould, G. Shackle, *Odds*, *Possibility and Plausibility in Shackle's Theory of Decision*. The Economic Journal, Vol. 67, No. 268. （Dec., 1957）, p. 660.

现，因而就所形成的条件反射的坚固性而言，E 应该比 A 更加持久、坚固。就人类心理过程来讲，尽管复杂些，但形成条件反射过程应该是类似的。因此，经济人在进行决策行为选择时，更多地是遵循加和原则的，而非沙克的非—加和特征。无论这里的似然性是否可用数字表达，结果都是如此。"①

当然，戈德对于潜在惊奇决策理论的质疑基本上代表了绝大部分非—沙克尔派的观点。但是我们应该看到，尽管戈德的质疑所形成的结果将导致沙克理论的应用领域受到一定的限制，但他没有真正击中理论的要害。正如沙克尔在回应戈德的置疑时所说，"戈德教授的慷慨激昂地陈辞使得在不确定条件下决策理论所呈现的困难得到部分地抑制的确是很有价值的。但是，问题的核心是在于心理学上的：首先，经济人所面临的不确定性究竟是以本真的状态呈现在经济人面前？还是以某种形式化的方式呈现的呢？其次，即使数学化的形式的确是有意义的，那么在那些'独一无二'或者极稀罕发生的情况下，这些数字特征是从何而来的呢？所以，尽管聚焦值决策理论不能普遍地应用在各个领域，但至少在'独一无二'的实验状况下是适用的。"② 笔者认为，衡量一个理论的标准并非看该理论是否违反直觉。科学史表明，一个新的理论范式出现之初，往往多有悖直觉，例如，哥白尼的"太阳中心说"最初出现时由于违反直觉而遭到了神学家的禁锢。而 G·戈德对于潜在惊奇理论的置疑主要集中于——该理论是违反直觉的。

我国学者鞠实儿从逻辑视角对沙克尔的潜在惊奇理论一致性进行了质疑：

沙克潜在惊奇理论没有明确地提出测量假说的 PS 方法，仅仅对 PS 函数的端点值作出了解释。而且沙克的工作表明他同时使用两种不同的测量 PS 值的方法：（ⅰ）对于任一 H_i，$H_i \in H$，PS（H_i）=0，当且仅当下列条件之一成立：（a）H_i 与 B_{xt} 一致；（b）在想象 H_i 真实时没有遇到任何阻力和困难。（ⅱ）PS（H_i）=1，当且仅当下列条件之一成立：（c）H_i

① Gerald Gould, G. Shackle, *Odds, Possibility and Plausibility in Shackle's Theory of Decision*. The Economic Journal, Vol. 67, No. 268.（Dec.，1957），p. 663.

② Gerald Gould, G. Shackle, *Odds, Possibility and Plausibility in Shackle's Theory of Decision*. The Economic Journal, Vol. 67, No. 268.（Dec.，1957），p. 660.

与 B_{xt} 中实验定律或逻辑，数学公理不一致；（d）X 在想象 H_i 真实时遇到不可逾越的困难。（ⅲ）0 < PS（ H_i ）<1，当且仅当下列条件之一成立：（e）X 在想象 H_i 时没有遇到不可逾越的障碍；（d） H_i 并非不可能。①

鞠实儿认为，关于 PS 值的测量中，显然存在两种不同的度量标准：（Ⅰ）由条件（a），（c），（f）组成的逻辑标准；（Ⅱ）由条件（b），（d），（e）组成的心理学标准。（Ⅰ）和（Ⅱ）分别要求逻辑分析和心理分析作为 PS 值的测量方法。但是，这两种方法是不一致的。事实上，对于某一假说集 H 中的任意成员 H_i 和 H_j ，固定 B_{xt} ，如果它们是逻辑等价，那么当事人 X 对它的逻辑分析的结果必然相同。故逻辑方法给予 H_i 和 H_j 相同的 PS 值。但是，认知偏向的研究表明，② 被试验者可能给予逻辑等价的表达式以不同的相信度或不同的心理感受。因此，同时使用逻辑学和心理学的测度方法将导致不一致的不确定性度量，所以沙克的 PS 值测量理论是不一致的。为此，鞠实儿在消解沙克理论中的不一致时建立了他的非帕斯卡概率的逻辑解释。关于非帕斯卡的逻辑解释可参见鞠实儿的有关著作。

结语：推理系统的完全性假定与帕斯卡概率逻辑是相对应的，然而，现实中的推理系统的不完全性往往是常态，因此，不完全系统中的推理等级的测度的逻辑结构不可能遵循帕斯卡概率公理的否定互补原则和乘法原则。柯恩提出，研究不完全系统中的推理等级测度将是有别于帕斯卡概率的一种全新的逻辑。这种全新的归纳逻辑结构是否具有哲学基础以及技术基础？本章就是对这些问题进行研究。笔者认为，柯恩的非帕斯卡概率逻辑系统并非是空穴来风。实际上，在培根主义的归纳哲学中能够寻找到柯恩的非帕斯卡概率逻辑特质；凯恩斯的权重理论是非帕斯卡概率的重要思想源泉；沙克尔的潜在惊奇理论是第一个非帕斯卡逻辑系统，为柯恩建立的非帕斯卡概率逻辑提供了可行的范例。

---

① 鞠实儿：《非帕斯卡归纳逻辑研究》，浙江人民出版社 1990 年版，第 105—108 页。

② Caverni, P. *Cognitive Biases*, Elsevier Science Publishing Company, Inc. 1990.

第四章　非—P 概率逻辑的实验解释
——柯恩的非帕斯卡概率系统研究

由上章的论述，我们知道，尽管密尔在排除归纳法的刻画方面提出了比较明确的系统，但是他对于"培根型归纳逻辑"的刻画终究是不恰当的。而培根的其他追随者，如格兰威尔、布特勒、休谟、赫歇尔等学者，尽管明确地注意到了培根型概率与帕斯卡概率的本质区别，但这还仅仅停留于思想的阶段，没有建立一个简单可操作的、能用来刻画培根归纳法的逻辑工具，这是因为，培根型概率的逻辑系统所赖以建构的工具——可能世界语义学在当时还没有建立。沙克在非帕斯卡概率逻辑系统的建立上迈出了重要的步伐，但是由于他的系统存在着反直观性、测度标准的不一致性及带有某种程度的随意性，因而遭到许多学者的批评。比较完善的非帕斯卡概率逻辑工作是由柯恩来完成的。

新古典归纳哲学认为，归纳逻辑就是研究科学假说评价的标准，并且归纳逻辑有两个关键的思想：一个与归纳证据的性质有关，另一个与这个证据究竟证明什么有关。第一个思想在古典归纳哲学那里，如培根的有无表，密尔的求同——差异法，威歇尔的一致性原理以及赫歇尔的自然哲学中都有体现。而在柯恩理论中，则是用"相关变量法（relevant variable）"来表示的。可以说，柯恩的相关变量法与古典归纳哲学在关于归纳证据的性质方面是一脉相承的。第二个思想是归纳可靠性的分级（即为归纳可靠性的证据提供的证据由相关变量法评价）是登上必然真理——或至少是关于某一定律——一些阶梯。威歇尔在《归纳哲学》中暗示过这个思想，但没有进一步发展。而柯恩在阐述这个思想时立足于这样的依据：确定关于归纳可靠性分级的陈述的逻辑句法，类似于刘易斯—巴坎 S4 标准解释中关于必然性陈述的逻辑句法，这既是对凯恩斯关于归纳概率是论证

的可靠性的度量思想的发展，又是拉卡托斯关于"一个科学纲领可以在
'反常的海洋'中进步"思想的具体体现，同时还避免了陷入类似于波普
尔的境况之中（即"证认"概念给任何完全被证伪的理论分配零级的证
认）。

第一节　归纳逻辑的基础——语义理论

由前面的论述，我们知道，归纳论证中的概率一词，应该在这样的层
面上理解才是恰当的，即将"根据前件 A 推断出后件 B 的概率"理解成
推断合理性的度，这种标度仅仅表示推断合理性的等级关系，而并非数学
中的严格意义上的数量关系。不同的推理规则具有不同的刻画系统。例
如，卡尔纳普的逻辑主义归纳系统采用的是帕斯卡概率工具的刻画；而培
根型排除归纳系统则具有非帕斯卡概率的特征，柯恩也称刻画培根型归纳
系统的逻辑为归纳概率逻辑。归纳概率逻辑是关于归纳论证的形式和度量
归纳概率方法的逻辑学理论。归纳概率逻辑的基本问题是度量归纳概率的
方法问题，以及度量归纳概率的归纳方法的合理性问题。归纳概率逻辑由
休谟问题给归纳逻辑的终极合理性以否定的回答而产生。然而，只要是从
整体角度试图对归纳概率的归纳方法合理性进行辩护的，最终都无法摆脱
休谟问题的缠绕，[1] 即休谟问题在整体上无论是从正面还是反面都是无解
的。柯恩正是看到了休谟问题的这个特点，从而放弃了整体主义归纳合理
性的方法诉求，代之以用局部辩护以求休谟问题的近似解。柯恩认为，基
于局部归纳法而获得的归纳论证即使不一定成功，但最有可能导致成功，
即某种启发式方法。目前关于局部归纳辩护方案主要在两个方向上进行：
一是帕斯卡归纳概率方案，代表人物是莱维等人，主要成果是推广和修正
贝叶斯主义；二是非帕斯卡归纳概率方案，代表人物柯恩，他的兴趣在于
科学假说的评价方面。上面已经阐述，科学假说的评价是不适合用帕斯卡
概率来刻画的，下面进一步讨论柯恩的关于非帕斯卡概率在描述科学假说
的评价方面的恰当性问题。

---

[1]　鞠实儿：《非帕斯卡归纳逻辑研究》，浙江人民出版社 1990 年版，第 47—83 页。

一 相关变量法的基本假定及其辩护

无论是自然规律还是因果律都要求是在任意条件下起作用的，但是我们并不知道所有的相关条件，也无法判断已有的相关条件是否完全。唯一可做的只能是在一定的条件下进行检验，所进行检验的不同的条件就构成了相关环境序列。我们考虑的相关条件越多，进行检验就越彻底，那么抗拒证伪的假说就越接近自然规律。这就在实验的相关环境序列与似规律性之间存在着一种对应关系：即相关变量环境设计的越复杂，那么抗拒该环境证伪的假说的似规律性就越高。相关变量的序列的复杂性反映了似规律性的高低，而实验所从事的相关变量的复杂程度是可以通过实验加以刻画的。

所以，柯恩归纳逻辑（CIL）的第一个基本假定是，归纳概率可以解释为似规律性，并可以用实验方法度量。这就使得 CIL 有可能将经验科学假定引入归纳逻辑的研究，从而形成了独特的局部归纳思想。实际上，该基本假定包含这样的思想：即 $S(H,E) = S(H) = P(H)$。$S(H,E)$ 表示，在证据 E 上所得到的假说 H 的支持度；$S(H)$ 表示，所有相关环境上假说 H 所具有的支持度；$P(H)$ 表示假说 H 的似规律度。这里出现了两次跳跃，即从具体的某个实验结果的支持度跳跃到普遍命题的支持度，再从普遍命题的支持度跳跃到假说的似规律性（即假说的概率）。这种跳跃的终极保真性早已遭到休谟的质疑，所以自然要问，柯恩的相关变量法的合理性如何辩护？

我们知道，尽管存在某些演绎系统推理规则无法改写成可证明的条件从句，例如，当前件是空词项时。但是，这种情形并不影响全称归纳概括句的改写。例如，

（1）凡乌云密布可推出即将下雨，

可以转变成概括条件句

（2）任何 X，如果 X 是乌云密布，那么 X 即将下雨。用形式表示为：$\forall x(Px \rightarrow Qx)$。

因为任何一个归纳概括句都是一个关于事实的命题，无论命题本身正确与否，都可以根据概括句所涉及到的相关变量进行模拟相应的实验环境加以检验，根据实验结果对概括句的正确性或者概括句的可靠性加以判

断。然而，对于不同的实验者，实验所涉及到的相关变量集可能是不同的，即使不同的实验主体对于相关变量集是相同的，但同样的相关变量集中的相关变量对于待检验假说的证伪的顺序也许是有差异的。因而，对于同一个事实判断，实验者也许基于不同的实验证据会给出无数多个经验上可以修正的假说。当然，考察的相关变量越丰富，且所进行的实验检验越彻底，所得到的假说越接近自然规律。所以，这里涉及到的所谓的归纳证明准确地说应该是一种实验评价，归纳支持度是与实验的证据结果相连接的。例如，评价（1）的推理规则的合理性问题就转化为测量条件句（2）的支持度的问题，而条件句（2）的支持度完全可以通过设计相关实验来进行测量条件句所获得。

柯恩认为，尽管同样的事实命题对于不同的实验主体也许会形成无数个不同的假说，但在实际的操作中并不一定形成那么多假说，而情况往往是这样的：在某个科学共同体中，关于某个假说的相关变量集以及相关变量的证伪能力的顺序的认识基本是一致的。这是因为

知识储备有穷性原理：实验主体 X 的背景知识 B_{xt} 中只能储备有穷多个不同的符号。

证明：由生物学与物理学中的原理可知，人的大脑可以规约为基本物理元件。所以，从理论上讲，大脑的储存功能可以从大脑中的那些基本的神经细胞的功能而得出。我们知道，任何测量仪器均有误差，故设 X 的符号识别系统的误差为 δ，$\delta > 0$。如果 X 的体积有限的储存器中存有无穷多个符号，那么根据 Bolzano – Weierstrass 定理，该储存器中必有一个聚点 q，对于 $\varepsilon = \delta/2$，在以 q 为中心，$\delta/2$ 为半径的领域中，有无穷多属于 B_{xt} 的符号。故 X 无法在 B_{xt} 中存取符号。但是，事实上 X 能够在 B_{xt} 中存取符号。此矛盾说明：如果上述物理学原理是正确的，那么 B_{xt} 只能存储有穷个符号。证毕。

据上述原理，可以知道实验主体 X 在 t 时刻对于待检验的相关变量的认识只能是有限个的，这实际上为可用设计实验来检验待检验假说提供了可能性。同时，由于科学共同体对于某个比较突出的、重大的科学假说而言，具有相同的专业背景及问题情境，所以对于假说的相关变量集及相关变量的证伪能力的顺序也应具有大致相同的认识。这就为不同的主体设计相同的实验提供了可能。

接下来，看看柯恩是如何用相关变量法求支持度 $S(H, E)$ 的。柯恩在求假说支持度时是以昆虫学家弗瑞斯茨（Karl von Frisch）关于"蜜蜂识别颜色的假说"实验来说事的：[1]

弗瑞斯茨在研究蜜蜂行为时发现，蜜蜂能够反复地飞回一个带有透明食物（糖水）的兰色卡片。为了探究蜜蜂反复飞回该颜色卡片的原因。弗瑞斯茨根据已有的知识储备提出了假说：蜜蜂是识别颜色的（H_0）以及与 H_0 相互竞争性的五个假说：蜜蜂是色盲，它是根据卡片通明度的深浅来识别卡片（H_1）；蜜蜂能够识别卡片的相对位置（H_2）；蜜蜂能够识别不同的气味（H_3）；蜜蜂的识别能力也许与它们被饲养行为有关（H_4）；蜜蜂也许仅仅识别兰色这一种颜色（H_5）。为了探究"蜜蜂返回到兰色卡片"的原因，弗瑞斯茨采用了典型的培根—密尔排除归纳法。检验过程如下：

检验 T_1：在带有食物源的兰色卡片周围放上一些卡片，这些卡片除了从无色渐次到黑色，且只有兰色卡片上的容器中有食物，其他卡片上的容器是空的外，其他所有环境都相同。实验结果——蜜蜂仍飞到兰色卡片。这样，竞争假说 H_1 被排除了，因为实验证据满足假说 H_1 前件，但不满足后件，即在通明度深浅不一的情况下，蜜蜂并不飞到通明度最深的卡片，也不飞到通明度最浅的卡片，同样也不飞到通明度与兰色卡片通明相差无几的其他颜色卡片，好象对这些通明度深浅不一的卡片无动于衷。而其他的假说暂且都抗拒了检验 T_1 的证伪，因而它们的归纳支持度暂且都得到了提高。

检验 T_2：除了兰色卡片与其他颜色的卡片的相对位置重新排列，其他相关环境都未发生改变，实验结果——蜜蜂仍飞回兰色卡片。这就排除了竞争假说 H_2，因为兰色卡片的位置在不断改变时，蜜蜂仍找到兰色卡片上的食物源。暂且没有被排除的假说的归纳支持度进一步得到了提高。

检验 T_3：将各种颜色卡片上的食物容器密闭，实验证据表明，蜜蜂仍然飞到兰色卡片。这就排除了假说 H_3，同时其他没有被排除的假说的归纳支持度进一步得到了提高。

---

[1]　Jonathan Cohen, *The Probable and The Provable*, Clarendon Press Oxford 1977. pp. 129—133.

检验 T_4：蜜蜂反复回到自己的蜂巢的一系列实验表明，蜜蜂能够通过蜂巢外壳的颜色识别它们自己的家。这就排除了假说 H_4，而其他暂且没有被排除的竞争假说的归纳支持度进一步得到提高。

检验 T_5：用其他颜色反复做同样的实验。实验结果表明，蜜蜂能够识别这样的四种颜色：黄色、蓝绿色、兰色以及紫色。然而，蜜蜂仍然仅仅飞回到带有食物源的兰色卡片。假说 H_5 被排除了。

在上面的检验过程中，随着竞争性假说被逐渐排除，抗拒证伪的假说的归纳支持也得到了进一步地提高。当实验结果不与某个假说恰当一致时，此时要对假说进行修改或者提出新的假说以使得新的假说暂时免遭证据证伪。具体说，在弗瑞斯茨例子中，假说 H_0 抗拒了检验 T_1，T_2，T_3，T_4 的证伪，但是与检验 T_5 并不完全一致，这就要对假说 H_0 进行修改以使得假说避遭证伪。尽管在所能设计的所有实验结束时，还不能确切地断言——还没有被证伪的假说就一定是蜜蜂识别食物源的真正的原因，但是一定可以说，还没有被证伪的假说是真正原因的可能性是更大的。当然，这里有一个问题：为什么仅仅考虑这几个相关变量呢？科学家对该问题通常的回答是：这些变量相对于问题的相关性可以从以前的经验或明或暗地推出。例如，相关变量色盲也许在鸟类中是经常存在的；已知蜜蜂具有很强的关于地点的记忆；在昆虫类中，的确存在着识别气味的种类；大部分昆虫都是红色色盲，尽管鸟类对红色是非常敏感的；而且蜜蜂饲养员在关于蜂房的颜色是否有助于蜜蜂返回蜂巢并未达成一致的认识，等等。所有这些相关变量都可从以前的经验中推出。然而，尽管从我们以前的经验中能够推出这些相关变量，但是，无法保证这些相关变量就是完全的，随着检验不断进行，也许最初所能设计的所有假说都被证伪，这就需要对原来假说进行修改，或者提出新的假说，即需要我们不断发现新的相关变量。当然，新相关变量的发现过程属于具体科学内部的问题。

柯恩对弗瑞斯茨关于"蜜蜂识别颜色"的实验进行一般化和形式化进而形成了他的归纳逻辑系统（CIL）。该系统由三部分组成：相关变量法（RVM），归纳支持分级句法和归纳概率分级句法。本节时先讨论相关变量法（RVM），后两部分在后面章节谈论。

RVM 理论:[①]

由于任何全称归纳概括句都可用条件句式 "$\forall x(Px \rightarrow Qx)$" 表述,且该条件句式在考察归纳概括句时是将被考察对象（即对象谓词）以及属性谓词（或叫目标谓词）用集合论语言描述的,这就为概括句的归纳支持等级的测量提供了便利。所谓对象谓词（V_1）,如 "……属于蜜蜂"、"……属于黄蜂" 等谓词描述叫做对象谓词；目标谓词,如 "……是识别颜色的"、"……是识别气味的" 等谓词描述叫做目标谓词。在语言学上,目标谓词集中的元素必须与对象谓词 V_1 集中的元素是相容的。

定义 1. （可检验概括句）设有两个相互排斥的非纯逻辑词项 m 元谓词集合:V_1 谓词集与目标谓词集。一个特定范畴或论域（Ω）中的全称一阶条件句为可检验判断句是这样构成的,即通过真值函数条件句对于所有范畴中的个体施行,它满足下列条件:（1）它的前件由 V_1 谓词中的成员或它们的合取或者它们的析取构成;（2）它的后件是一个或多个目标谓词集合中成员构成的真值函项。

定义 1 中的 "非纯逻辑词项" 意指关于事实命题。这些事实命题可用逻辑量词及真值函数联结词来表述。如 $\forall (x_1 x_2 \cdots x_m)(Rx_1 x_2 \cdots x_m \rightarrow Sx_1 x_2 \cdots x_m)$,（$x_1, x_2, \cdots x_m \in \Omega$）就是可检验概括句,"$R$" 表示 m 元 V_1 谓词,"S" 表示 m 元目标谓词。同样 $\forall (x)(y)((R_1 x \wedge R_2 y) \rightarrow \neg Sxy)$（$x, y \in \Omega$）也是可检验概括句,"$R_1$"、"$R_2$" 表示 V_1 谓词中的一元谓词,"S" 表示目标谓词中的二元谓词。特定的论域对于检验概括句来讲是至关重要的。定义 1 所定义的可检验概括句尽管不能将特定论域中的逻辑真理从可检验概括句列中排除出去,但却可以避免亨普尔确证悖论的产生。[②] 而通过其他方式构造的全称的条件句式均称为非检验概括句,如,$\forall (x)(\neg Rx \rightarrow Sx)$,"$R$" 仍表示 V_1 中某个谓词,"S" 仍表示目标谓词集中某个谓词,这里之所以 $\forall (x)(\neg Rx \rightarrow Sx)$ 不能作为可检验概括句是因为,"$\neg R$" 已经不属于特定论域中的对象谓词集中的元素了,因而它与所研究的论域是不相干的。

---

① 这里部分定义参照鞠实儿《非帕斯卡归纳逻辑研究》,浙江人民出版社 1990 年版,第133—135 页。

② 见后面章节。

定义 2.（相关环境）对于某个给定的假说，一个环境是构成假说的相关环境，如果它满足下列条件：（1）该环境不是用假说论域中的术语描述的；（2）在其他方面正常的情形下，该条件的出现能够至少证伪假说集中的一个假说；（3）并且这个环境是相对于证伪某个假说而言是原子的，即这个环境条件中，不存在对于证伪某个假说是不必要部分。

根据定义 2 关于假说的相关环境的定义，可知，既然相关环境是就它能够导致某个概括句被证伪来定义的，那么我们就一定能够控制某种环境特征，使得我们借助这种环境特征保证某个假说在任何情形下都不被证伪。实际上，这样的环境控制本身要么是一个不相关环境，例如"通常情况下"，要么是这样的一个环境，该环境的出现仅仅是导致其他的假说被证伪。实质上，该定义就为我们检验某个假说的归纳支持度而如何设计实验提供了方法上的指导。

定义 3.（相关变量集）一组条件构成某个检验假说的相关变量（variable），如果该组条件满足：（1）该组条件是极大的，即条件中每个成员属于同一范畴序列；（2）该组条件是非—穷竭的，即存在某个非—相关变量，这些变量与条件中的任何成员都不相容；（3）该组条件是非复合的，即不能将条件中的某个成员分解成几个独立的相关条件；（4）该组条件彼此不相容，即在某个环境下，不同时出现该组条件中的两个或以上的成员。该组条件中的每个成员叫做相关变量的变素（variant）.

根据上述定义，同一个相关变量 v_i 的不同变素 v_{ij} 和 v_{ik} 是不相容的，但是不同的非复合相关变量 v_i 和 v_j 是相容的，即可以将 v_i 和 v_j 组成一种复合相关变量。也就是说，我们可以将不同的相关变量组合以产生更复杂的检验环境，从而可以对某个假说施行更加严格的检验。

定义 4.（检验假说的相关变量环境的证伪顺序）一个假说检验的实验是恰当的，如果该实验的检验顺序是按照相关变量的潜在证伪能力由强到弱的排列顺序进行的。具体是这样进行：令 H 是可检验假说，V 为相关变量序列，检验 T_1：控制第一个变量 V_1，使其变素逐个出现，同时使其余变量不出现，且各自固定在同名变量的非相关条件上；检验 T_2：同时控制 V_1、V_2，使其变素的所有可能的物理组合逐个出现，而使得所有其余变量各自固定在同名变量的非相关条件上；……检验 T_n：控制 n 个变量使其变素的所有可能的物理组合逐个出现。检验的结果构成证据 E。

　　该定义表明，假说最先接受检验的环境是相关性最强的条件，而只有当假说抗拒了较强相关性条件的证伪才进一步接受稍弱相关条件的检验。所谓较强相关变量是指，如果一个相关变量比另一个相关变量具有更大潜在能力证伪某个假说，称前一个相关变量较后一个相关变量对于该假说的相关性是更强的。实际上，只有对假说检验的实验顺序进行一定的约定，才能有效地对假说的归纳支持等级进行恰当地刻画。在检验程序中，如果某个待检验假说抗拒检验 T_1，T_2……T_i 的证伪，而被 T_{i+1} 检验所证伪，尽管此时假说被证伪了，但是我们还是说假说具有一定的证据支持度，定义如下：

　　定义 5.（假说归纳支持度）设 H 为某个可检验假说，序列 T_1、T_2……T_n 是按照定义 4 中的相关变量潜在证伪能力由强到弱顺序设计的实验序列；检验结果构成证据 E；H 的归纳支持度记为 S［H，E］定义为：（1）如果 H 被 T_1 证伪，则 S［H，E］＝0／（n＋1）；（2）如果 H 经受了 T_i 的检验，但是被 T_{i+1} 证伪，则 S［H，E］＝i／（n＋1）；（3）如果 H 经受所有实验 T_1、T_2……T_n 检验，则 S［H，E］＝n／（n＋1）。

　　定义 5 中的 n 表示检验假说 H 的相关变量个数，归纳支持函数本身只是一种等级表示，并非假说本身就存在的一种数量。函数的分母用 n＋1 表示是考虑到，即使假说抗拒所设计的所有的检验实验的证伪，我们只能说该假说得到了极大的归纳支持，但还不能说该假说就一定是必然真理，因为实验者的背景信念可能不完备，无法穷尽所有可能的相关变量，还可能存在某个尚未发现的相关变量，该变量会证伪该假说，尽管其相关性很低。因此，为了能刻画这种渐进的趋势，这里采用 n＋1 作为分母，以示通过实验归纳所获得的结论无法保证其一定必然真，即使假说本身就是真理。

　　由于关于同一个事实的判断，可能形成不同的假说，为了可以比较这些不同假说之间的归纳支持度，引入实质相似假说的概念：

　　定义 6.（实质相似的假说集）① 一个假说集是实质相似假说集当且仅当它满足下列条件：（1）它是满足定义 1 所陈述的集合和（2）在满足定义（1）的条件句的前件并入该条件句的相关变量的若干变素所得的陈

_____

　　① J. Cohen，*The Implications of Induction*，Methuen Co. 1970.

述，以及由这些陈述构成的复合陈述。

由定义 5 和 6，不仅能比较"不同的实验检验给出同一个假说的不同的支持等级"；也能比较"同一个实验给予不同假说的不同的支持等级"，如，假说"黄蜂是识别颜色的"同样可用类似于检验"蜜蜂是识别颜色的"的检验程序进行检验，且可对这两个假说之间的某同一个检验 T_i 进行恰当地归纳等级比较。其实，只要包含相同的相关变量序列集，就不仅能比较 $s[H,E_1]$ 与 $s[H,E_2]$，$s[H_1,E]$ 与 $s[H_2,E]$，甚至还能比较 $s[H_1, E_1]$ 与 $s[H_2,E_2]$。如，蜜蜂的其他的识别能力和交流方式可通过同样的实验序列建立，从而可对这些不同假说 H_1,H_2 在不同的实验证据 E_1,E_2 上比较归纳支持度。

原理 1. 当实验证据 E 报告了关于 H 最复杂的检验结果时，则有 $P_I(H) = S(H) = S(H,E) = S(H(a),E)$。（$P_I(H)$ 表示假说 H 的归纳支持概率）

该原理意为：可通过对某个假说 H 的实验例证的归纳支持定义该假说 H 的全称概括支持，进而可定义 H 的归纳概率。这里出现了两次跳跃：第一次跳跃，因为 S（H（a），E）测量的是全称假说个体域中某个具体的个体在证据 E 上的归纳支持度，S（H，E）则表示的是所有个体在证据 E 上的支持度，即一个能被实验直接验证的陈述必须是一个非逻辑词项均为观察词项的单称陈述。若假说 H 是非单称陈述，我们验证的就是假说 H 论域中的某个个体，即 S（H（a），E）。那么有何理由从 S（H（a），E）推出 S（H，E）？第二次跳跃，因 S（H，E）测量的是某个假说 H 在受到一定的时空限制下的实验证据 E 上的归纳支持，而 S（H）表示假说 H 不受到任何限制的归纳支持度，同样地，其合理性何在？

针对这两次跳跃合理性辩护，柯恩避免以往那种纯思辩方式，而是采用启发性的局部辩护：

这两次跳跃实际上涉及证据的可重复性问题。我们知道，在一定的误差范围内，一个真实的实验结果总是可重复的。所以，只要选择的实验个体以及实验环境是典型的，就能从单称命题的归纳支持度及在特定时空限制环境下的全称命题的归纳支持度合理地推出全称命题的归纳支持度。至于所选择的实验个体是否典型的问题则属于某个具体科学的内部问题，这里，暂且假定我们选择的实验个体是典型的，那么接下来的问题就是如何保证实验的客观真实性。

实验科学家总是将实验的可重复性作为证据的本质特征，无论证据是确证某个假说，还是证伪某个假说。如果弗瑞斯茨关于"蜜蜂识别颜色"假说的实验是不可重复的，那么他的实验结果就不能被同行认可。当重复性被中断，表明有潜在的相关变量未被发现，这就要求重新调整实验结构。[①]

据实验重复性的要求，若 E 给出 H 的支持度大于 0，则 E 不仅必须要陈述：H 的前提和结论至少在某些相关变量环境的各种相关变量的变素所有可能物理组合的条件下都被满足；而且 E 还必须陈述：它所报告推出结果重复性的理由。一个直接的方式就是要求：如果 E 清楚地报告了实验 T_i 的结果，那么对于其他任何不被实验 T_i 所控制的相关变量的任何变素而言，实验 E 将否定该变素出现在当前的报告中。因为，如果这样要求是正确的，并且我们的相关变量序列是完全的话，那么这个实验所报告的结果一定会相继发生，且也能被期望再次发生在相同环境下，只要其他的相关变量的所有变素再次出现且只要类似的原因产生类似的结果。即，就"E 给假说 H 的第 i 等级的支持度"所利用相关变量的背景知识来讲，我们能够从 E 所宣称的结果推出这样的结果是可重复的。

根据实验重复性要求可以得到下列重要的结论。[②]

第一个重要的结论：从 E 和 s［H，E］≥ i/n，可分离出一元支持等级 s［H］≥ i/n。如果 E 所报告的有利的实验结果是真正可重复的，那么它将组成了一个坚实证据事实，该证据事实不可以被其他证据所动摇，即我们可以从这个坚实的证据事实安全地推出 H 具有一定的可靠性。[③] 科学家正是从他们自己的实验结果来推出他们的假说所达到的等级状态的。

第二个重要的结论：当 E 与 H 矛盾时，仍可有 s［H，E］> 0。这个要点就是，E 也许报告 H 已经通过了实验 t_i，但没有通过实验 t_{i+1}，且若通过实验 t_i 检验是真正可以重复的，则这将很难因它没有通过实验 t_{i+1} 而

---

① 关于如何修改将在后面章节讨论。

② 这里暂时提及两个重要结论，其他结论将在后面章节提及。

③ 然而，从 E 和 s［H，E］< i/n，我们不能分离出 s［H］< i/n。因为 s［H，E］< i/n 要么是由于证据 E 报告某个非常不利于 H 的事实，要么是因为 E 根本没有报告任何有利于 H 的事实。

被抵消。赋予 H 的这种归纳支持等级表明，特定相关变量的合成并不能导致 H 被证伪。如果进一步引进一个变量确实能导致 H 被证伪的话，那么就不应该给 H 一个 0 级支持。因为如果那样的话，H 将与"根本不能经过任何实验检验"的假说同样的等级；H 将不可能被给出预期的那种信任，即 H 本来所具有的那种可靠性的那种信任度。后面将会发现，就科学理论而言，对于所谓的"异常"的通常的处理方法表明给出"s[H，E] >0"是可能的，即使 E 与 H 矛盾。

由上面的论述，笔者认为，尽管我们可为"$S(H) = S(H,E) = S(H(a),E)$"进行合理地辩护，并且可定义 $P_I(H) = S(H)$。同时，根据关于归纳概率的统一语义学解释——归纳概率是对推理的等级刻画，我们可以将二元归纳概率 $P_I(H,E)$ 指派为 $S(E \to H)$。但，由于 $S(H,E)$ 和 $S(E \to H)$ 具有不同的语义含义，前者表示二元支持函数（即 $E \vdash H$）：根据证据 E 作出对 H 的归纳可靠性的等级；后者表示一元支持函数（即 $\vdash E \to H$）——表示命题"$E \to H$"从空词项导出的归纳支持等级。换言之，前者是条件归纳支持等级，后者是先验归纳支持等级。所以，$S(H，E)$ 和 $S(E \to H)$ 并不一定等值。如，根据基本逻辑原理（$A \to B) \leftrightarrow (\neg B \to \neg A)$，有 $S(A \to B) = S(\neg B \to \neg A)$；但是，通常地，并不一定有：$S(B,A) = S(\neg A, \neg B)$。所以尽管 $P_I(H) = S(H)$，但是 $P_I(H,E)$ 与 $S(H,E)$ 并不具有相同的逻辑结构。特别地，如果 E 与 H 矛盾并且 $P_I(E) > 0$ 时，可得 $P_I(H,E)$ 一定为 0，但此时 $S(H,E)$ 不必为 0。再者，根据 $P_I(H,E) = S(E \to H)$，可得归纳概率的一个重要的应用：例如，当在某些论域中获得简单全称规律不太可能时，可通过引入对 E 的某些限制来排除证伪环境，从而可提高某个条件句的归纳可靠性。因为 $\forall (x)((Ax \wedge Bx) \to Cx)$ 也许比 $\forall (x)((Ax \to Cx)$ 更加可能的，相应地有 $P_I(Cy, Ay \wedge By)$ 也许高于 $P_I(Cy, Ay)$。这样，归纳概率就能够反映证据权重的积累的特征，并且事实上，也能够为接受（或者合理信念）的标准提供基础，同时也能够避免由帕斯卡概率所产生的困境。①

---

① 在帕斯卡概率中，当前件与后件矛盾时，概率为 0；而这里的归纳概率中，当前件与后件矛盾时，可以通过对前件施以一定的限制，不但可以避免概率为 0，而且还可以不断地提高其归纳概率。

二　RVM 理论的认识论与本体论的辩护

上段谈到，对于某概括句的相关变量的恰当序列决定了越来越复杂的实验序：即实验 T_1 控制相关变量 v_1；实验 T_2 控制相关变量 v_1 和 v_2；实验 T_3 控制相关变量 v_1、v_2 和 v_3；等等。但是，也许我们并不确切地知道，哪种相关变量序是恰当的，下面从本体论与认识论两个角度进行考察。

本体论角度讨论的是等级模式，而不是评价方法。即我们讨论的是形式 $S_c[H] > (=、<) i/n + 1$ 的真值条件，这里的 $S_c[H]$ 表示 C—型概括句（可检验概括句）与特定环境下抗拒证伪能力相一致的可靠性等级函数。从本体论角度看，无论我们是否曾经知道它或者相信它，特定的相关变量一定以某种顺序属于 C—型概括句序列。而且序列集要么有有限个相关变量，要么有无限个相关变量，并且每一个相关变量也要么有有限个变素，要么有无限个相关变素。同样地，形如 "$S_c[H] \geq i/n$" 的命题也许是真的，无论我们是否知道。也就是说，概括句 H 的前件与后件也许在某个还不明确的环境下同时被例证，或者至少对于例证是开放的，无论这种恰当的观察是否曾经已经被作出。

然而，认识论的角度讨论的是评价归纳支持的方法，而不是归纳支持的等级模式。即必须描述 "有理由断言 $S_c[H] > (=、<) i/n + 1$" 的条件，而不是描述 "作出这样是真的" 的条件。而且必须表明这些条件是如何得到的。因此，我们要强调的是，特定变量的相关性问题本身就是一个经验探究问题。实验的目的就在于不断地形成关于哪些变量是与研究者的研究领域相关的假说，或者在于就经验不断地修正这些已经形成的假说。如果一个假说具体到足够用实验来检验的话，那么我们还必须同时假定：每个相关变量必须仅有有限个变素，并且对于特定类型的待检验假说，也仅存在有限个相关变量。这是因为，尽管特定的检验结果从来不能够反驳 "一个具体的相关变量有无限个变素"，但是它却能够反驳 "一个如此这样一列的有限变素是完全的"。因此，对于其变素是连续变化的任何变量而言，例如像温度或者速度等变量，假定标度上相对小的间隔作为相关环境将是一种策略。同样地，尽管特定的检验结果不能够反驳这样的主张：该领域中的相关变量序列是无限的，但是却可能反驳这样的主张：一列有限的这样变量是完全的。因此，可以说 "任何使得 $S_c[H, E] \geq i/n$

的实验证据 E 都是有限长的"是合理的。

因此，笔者认为，在关于归纳逻辑相关变量的问题上，本体论只是提供我们存在性说明，其本身是属于思辩的、形而上学的，具体的对于相关变量序列以及这些相关变量的潜在的证伪能力的大小问题必须依赖于认识论。从认识发生论的角度，对于某个可检验假说，究竟哪些变量是相关的尽管没有统一的选择标准，但是实际的操作中，特别是在某个研究领域的科学共同体内部一般是具有足够一致的选择。这是因为，科学共同体的各个成员之间遵循同一的范式，且所要借助的科学研究手段也是基本一致的，而待检验的科学假说的相关变量以及这些相关变量的潜在证伪能力大小的认识依赖于实验者的可错的背景知识以及所借助实验手段而得到的科学实验结果的评价而作出的，因而在不同的实验者之间究竟哪些变量是相关的问题的认识基本上是具有一致性的，尽管我们不能保证这种认识是正确无误的。这样，关于归纳概率的等级标准的相关变量的实验法就可以从实验上得到了局部辩护。当然由于实验者背景知识的可错性，因而通过这种局部辩护而暂时得到的关于假说的评价在原则也是可错的。实际上，这种局部辩护的思想也正是顺应了现代科学哲学关于科学知识的评价标准。①

第二节 相关变量的逻辑句法

柯恩根据 RVM 理论和经典逻辑真值语义学理论，推导出归纳支持分级句法。在归纳支持分级句法基础上，根据模态逻辑 S4 系统进一步导出归纳概率分级句法。尽管这些逻辑句法之间还有许多不一致性和不恰当性，但柯恩毕竟给出了独立于帕斯卡概率系统的一种新的概率系统，为科学假说的等级刻画提供了一种有益的尝试，并为归纳逻辑的非帕斯卡概率性提供了纲领性的"研究"。

一 归纳支持分级句法

为了研究归纳概率与帕斯卡概率之间的不可通约性，首先来讨论，归

---

① 见后面章节中关于拉卡托斯的研究纲领的相关变量法解释。

纳支持的一些基本原理，这些原理是两种概率不可通约的基础。归纳支持句法是根据实验的直接所得，归纳概率是根据归纳支持句法进一步分离所得。设 S［……］表示某个研究领域中的概括句的归纳支持函数，H 和 H′为该研究领域中两个全称可检验的概括句，E 为实验报告。则有

原理 1.（合取原理）如果 S［H′，E］≥ S［H，E］，那么有 S［H′∧ H，E］= S［H，E］

证明：令 H 和 H′是同一研究领域的两个可检验的一阶概括句。既然这两个假说是同一研究领域的假说，从而属于实质相似的假说。故它们具有相同的相关变量以及这些相关变量的潜在证伪能力的排序也是相同的。如，H：对于任何 x，如果 x 是蜜蜂，那么 x 是能够识别味觉的；H′：对于任何 x，如果 x 是蝴蝶，那么 x 是气味识别者。实验科学家在检验这两个假说时，对于假说 H′的检验序列应该完全可以按假说 H 的相关变量的潜在证伪能力的实验序列进行检验。同样，H 也可以按 H′的相关变量的证伪能力的顺序设计实验进行检验，简言之，这两个假说是实质相似的假说。

（ⅰ）如果实验报告 E 表明，假说 H 一直抗拒相关变量 v_i 的证伪，而 H′一直抗拒相关变量 v_j 的证伪，这里 $j \geq i$。那么 H ∧ H′也一定抗拒相关变量 v_i 的证伪。（ⅱ）如果 E 并不表明 H 抗拒某个实验的证伪，那么 H ∧ H′也一定不能通过该实验的检验。所以，合取式 H ∧ H′的归纳支持随着 H 的归纳支持等级而改变。另外，据可检验假说定义，H ∧ H′不属于可检验假说的范畴，但原理（1）表明，复合假说 H ∧ H′的归纳支持等级完全可用合取支的归纳支持等级推出。该原理明显地表明，上述两个独立假说合取的归纳支持度与帕斯卡概率中的独立事件的合取律是完全不同的。

当两个假说 H 和 H′不是相互独立的，而是两个相互独立假说的代入例的情形。这种情形的合取的归纳等级可以通过下列原理来刻画：

原理 2.（等值原则）如果根据某些非偶然真的规则，如数学的或者逻辑的定理，H 与 H′等价且 E 与 E′等价。那么有 S［H，E］= S［H′，E′］且 S［H］= S［H′］。

柯恩并没有给出该原理的严格的证明，但是他给出接受这个原理的陈述。他说："我们不能合理地希望两个相互等价命题中的一个命题给出比

另一个命题的可靠性（reliability）高，也没有理由希望一个命题比另一个命题等级支持度低，同样没有理由希望两个相互等价的命题提供全然不同的证据支持。"① 接着，他又说，"尽管可靠性对于相互等值命题而言是恒定不变的，但是相互等值的归纳可靠性并不一定始终相等。因为，尽管命题在逻辑上是可以相互等价的，但是，根据相互等价的命题所构造的可以检验假说可能是完全不一样，所涉及的相关变量以及相关变量序列也许根本没有任何关系。因而，相互等价命题的归纳支持度也许是不同的。"② 柯恩是将命题的实验归纳支持等级与命题的可靠性相区分。前者完全依赖于实验报告，而后者是依据命题之间的逻辑关系。实际上，柯恩是放弃了逻辑完全辩护的思想，代之以实验为基础的局部辩护的方法，从而得出，相互等价命题尽管从逻辑的角度，它们的可靠性是一样的，但是，科学家往往是从实验的局部辩护的角度来探究它们的支持关系的。这样，原理（2）也就避免了例如像亨普尔的确证悖论的责难。该原理应该严格表述为——在实质相似的假说集上，两个相互等价的命题应该具有相同的可靠性等级支持度。

原理 3.（一致性原则）对于任意 U，P 和 E，如果 U 是一阶全称量词条件概括句，P 仅是 U 的一个代入例，那么有 S［U，E］= S［P，E］且 S［U］= S［P］。

证明：这里 P 仅是 U 的一个代入例，是指 P 是通过对 U 中出现的不同的约束变元用不同的个体常元代入而得到。即一个全称概括句的代入例指称论域中某个或某些个体，除了仅涉及个体外，没有超出全称概括句所断言的更多的信息。否则，我们可从下例中构造悖论。例如：这个妇女是由于服用避孕药而致死的。由于如果某两个个体之间的某些因果联结的概括既非是决定性的连接也非是恰当地一致，那么概括将是无效的。上例中：通常认为，服用避孕药并不能导致死亡，尽管该例没有指出该妇女其他信息，但也隐含着该妇女的死亡肯定还与其他隐含的相关信息有关，因此这里概括无效。据一阶谓词概括原理分别有：（∀ -）如果 Σ ⊢ ∀xA(x)，则 Σ ⊢ A(t)；（∀ +）如果 Σ ⊢ A(t)，t 不在 Σ 中自由出

① Jonathan Cohen, *The Probable and The Provable*, Clarendon Press Oxford 1977. p. 170.
② Jonathan Cohen, *The Probable and The Provable*, Clarendon Press Oxford 1977. p. 170.

现，则 $\Sigma \vdash \forall x A(x)$。也即，$(\Sigma \vdash \forall x A(x)) \rightarrow (\Sigma \vdash A(t)) \Leftrightarrow (\Sigma \vdash A(t)) \rightarrow (\Sigma \vdash \forall x A(x))$。据原理 2，相互等价命题有相等的归纳支持。因此，有 S [U，E] ＝S [P，E] 且 S [U] ＝S [P]。该原理实质是：一个单称命题与它的相应的全称量化命题具有相同归纳支持。

我们知道，归纳支持最终是从全称量词条件句的实验报告得出的。由全称量词概括句的代入例可知，该归纳支持可以从单称代入例的实验报告中得出。所以，如果 U 是某个实验科学中的关于某些因果关系的恰当形式的概括句，并且 P 是 U 的一个代入例，那么既然 P 逻辑等价于 U，根据原理 2，我们有理由断言原理 3 的正确性。例如，如果在某个时候，一个蜜蜂的触角的切除足够导致该蜜蜂嗅觉丧失的话，那么在其他的地方也将同样如此。也就是说，假如相关变量的这样或那样的环境足够导致某个概括句的代入例的证伪的话，那么这样的环境也一定足够导致任何其他的代入例的证伪，同样地，如果某个环境不能证伪某个代入例的话，那么这个环境也不能证伪其他任何的代入例。

但是，关于因果一致性的这种概括模式并不适用于其他类型的概括句——例如，那些描述的是能力方面的联结而不是因果方面的联结。因为因果联结的概括一般来讲具有必然的特点，而其他的非因果联结的概括一般只是统计规律的特点。所以对于原理（3）中的概括句，应该作出必要的限制，即必须限制于因果联结的概括，而不能是任意种类联结概括句及其代入例。尽管这样，关于因果概括的这种假定可以间接地为一般的全称概括的归纳支持等级测度提供帮助。因为，尽管 U 本身也许不是因果联结假说，然而关于 U 的每个实验都是探究可能的因果联结。通过典型的因果探究方式探讨特定的环境的组合是否足够导致 U 被证伪。因此，如果就抗拒特定相关变量的组合的证伪来赋予归纳支持，且如果 P 恰好与 U 具有同样地抗拒证伪的能力，则有理由赋予 P 和 U 相同的实验归纳支持。所以，从抗拒证据证伪的角度来讲，一致性原理 3 适用于相对比较宽泛种类的全称假说。

进一步地，一旦我们接受原理 3，就没有理由不接受代入例的原理 1。考虑情形：H 和 H′分别是两个不同的全称量化概括句 U 和 U′的代入例。那么将总存在概括句 U″：表示 U 和 U′合取的同样的关系。并且也总存在 U″的代入例 H″：相应地表示 H 和 H′合取的同样的关系。据原理 1

和一致性原则 3，既然 H 和 H′分别是两个不同的全称量化概括句 U 和 U′的代入例，那么有 S［U′，E］= S［H′，E］，S［U，E］= S［H，E］，S［U″，E］= S［H″，E］；并且按照等值原理 2，有 S［U′∧ U，E］= S［U″，E］和 S［H′∧ H，E］= S［H″，E］；所以可得：如果 S［H′，E］≥ S［H，E］，那么 S［H′∧ H，E］= S［H，E］。

　　进一步地，据上段论述，还可得结论：（1）充当实验证据的任何合法部分都是可复制的；并且（2）归纳支持不可能用枚举归纳法得到。[①] 因此，在科学实验报告中，陈述"E 所描述的实验是支持 H 的证据"或者"E 所描述的实验是反驳 H 的证据"总蕴涵：E 所描述的实验结果总是再次地会发生，只要 E 中的实验条件再次出现。因此，事实上，更多的正面证据只起到了确证作用，对于提高概括句的归纳支持度不起作用。即仅仅重复同样的实验只是检验证据可复制的合法性，对于归纳支持度的提高没有作用。这与卡尔纳普的确证理论有着根本区别。卡尔纳普系统中，有 $c［H_2,H_1 ∧ E］> c［H_1,E］$. 即一个新的与 H_1 报告相同特征的实验报告 H_2 将会提高单称假说 H_1 的归纳支持度。

　　原理 4.（后乘原则）对于任意 E，H 和 H′，根据某些非偶然真的规则，如数学法则或逻辑法则，如果 H′是 H 的一个逻辑后乘，那么 S［H′，E］≥ S［H，E］。

　　证明：设 S［H，E］= i／（n＋1），因为 H′是 H 的逻辑后乘，所以 H 为真时，H′一定真；而 H 为假时，H′未必假。因此，根据假设，若 H 通过检验 T_i，H′必通过检验 T_i；H 没有通过 T_{i+1} 的检验，H′可能通过 T_{i+1} 的检验。所以，有 S［H′，E］≥ S［H，E］。

　　该原理的重要性很显然。在科学推理中，有时一个理论由于离实验太远，往往无法直接通过实验确定它的可靠度，但该假说又是另外科学假说的逻辑后乘，这样我们就可以通过该原理间接地获得该科学假说的归纳可靠性。实际上，现代的大多数科学假说都是以这种方式获得的。

　　原理 5.（否定原则）对于任意 E 和 H，E 是实验报告，如果 S［H，E］>0，则有 S［¬ H，E］=0。

　　证明：若 S［H，E］>0 且 S［¬ H，E］>0，据合取原理，有 S

①　Jonathan Cohen，*The Probable and The Provable*，Clarendon Press Oxford 1977. p. 175.

［H∧¬H，E］>0。然而，H∧¬H永假，H∧¬H不能通过任何实验检验，从而 S［¬H，E］=0。该原理还可得，对于一个实验报告 E，若 S［H∧¬H，E］>0，则实验报告 E 不真实，即 E 不可重复。另外，我们的知识集并非一定完全，H 和¬H 通常是反对关系，而并非矛盾关系，所以原理 5 并不同时拒斥 S［H，E］=0，且 S［¬H，E］=0。

也许有人这样反驳：在实验报告 E 下，假说 H_1 归纳支持度大于 0，E 既包括确证 H_1 的证据，也包括 H_1 的反常；假说 H_2 既消解了 H_1 的反常，又能解释 H_1 所能解释的所有事实，按归纳支持测度定义，有 S［H_2，E］>S［H_1，E］。然而，既然 H_2 消解了 H_1 的反常，则 H_2→¬H_1，由后乘原理得 S［¬H_1，E］>S［H_2，E］>0，这就同时有 S［H_1，E］>0 且 S［¬H_1，E］>0。故否定原则不成立。

对于上述的反驳，笔者认为，上述的推理过程本身没有问题。但是，当这种情况出现时，我们不能将此时的 E 看成一个恰当的实验报告，因为据 RVM 理论，既然，存在某个变量（记为 v）使得 H_1 被证伪，而 H_2 被确证，那么变量 v 相对于假说 H_1 和 H_2，应该是最重要的相关变量，由潜在证伪能力大小的排序，应该将变量 v 置于相关变量序列首位得到新的相关变量序列实验 E′，从而 S′［H_1，E］=0。即当仅有一个可能的理论假说 H_1 时，被认为是对于 H_1 反常的规则，现在已经不再这样认为了，因为有一个新的、能够解释这个反常的理论假说 H_2 的出现，就 H_1 和 H_2 来讲，v 被认为是最大的潜在证伪能力的因子，应置于相关变量序列的首位。经过这样的调整，假说 H_1 的支持度就是 0 了。

因此，从上面的关于反驳的消解的论述可以看出，否定原理也许应该被看作是为了修改相关变量顺序而建立的一种归谬法。总之，当实验报告 E 真实且相关变量的证伪顺序恰当，则 S［H，E］>0 和 S［¬H，E］>0 不能同时为真。否则，就要不断地对证据支持进行局部地调整。实际上，这也正体现了人们认识自然过程的动态过程，与卡尔纳普的静态的、先验思想有着根本的不同。

二 提高可检验概括句的归纳支持测度的两种可能的方法

据 RVM 理论，柯恩假设①：特定论域假说的归纳支持函数也应该适

---

① Jonathan Cohen, *The Probable and The Provable*, Clarendon Press Oxford 1977. p. 182.

用于该论域中的其他命题的归纳支持等级的刻画。具体地，当通过增加描写相关变量序列中的相关变量 v_2，v_3，$\cdots$ 或者 v_n 的谓词而得到更加丰富的假说时，原有的归纳支持函数同样适用。这是因为，相关变量序列中的任意一个成员也必定相关于这些被丰富了的假说。同时，当相关变量序列既包括变量 v_j 又包括 v_i 时，据相关变量定义，可得相关变量的相互独立意味着：v_j 的每个变素可以证伪某些不被 v_i 的每个变素证伪的概括句。从本体论讲，v_j 的每个变素都能证伪某些假说，即使在这些假说的前件中加入一些"只用于 v_i 的某个变素"这样的限制，倘若这些限制并不能真正阻止这些假说被证伪；并且，即使这些限制条件真正能够阻止这些假说被证伪，但当这些限制条件不出现时，v_j 的每个变素也能证伪某个假说。因此，变量 v_j 是相关于由增加描述 v_i 的谓词所扩充而得到的假说概括句。换言之，如果一个变量是相关于某个假说，那么它同样相关于通过增加描述另一个变量的谓词而进一步丰富了的假说。

所以，在这里，我们可以得到两种提高假说概括句的归纳支持等级的具体方法。假设一个可检验概括句 H 抗拒了实验 t_i 证伪，但被 t_{i+1} 证伪，我们总能够通过修改该假说，使得修改后的假说抗拒任何后续实验的证伪：

第一种可行的修改方案，就是在假说的前件中列举出已经排除了证伪该假说的相关变素的具体的环境。例如，设假说概括句" $\forall x(Rx \rightarrow Sx)$ "的证伪环境是相关变量 v_{i+1} 的变素 V_{i+1}^1，那么概括—— $\forall x((R \wedge V_{i+1}^2)x \rightarrow Sx)$ 就免遭证伪。实际上，当弗瑞斯茨发现蜜蜂不能区别所有颜色时，正是采用这种方式来修改假说以提高假说概括句的归纳支持等级的。

另一种修改方案，是以牺牲假说的适用范围而获得更大的归纳支持等级。这可通过在假说的前件中排除某些特定的相关变量的所有变素而达到。我们可用假说" $\forall x((R \wedge \neg V_{i+1}^1 \wedge \neg V_{i+1}^2)x \rightarrow Sx)$ "替换" $\forall x(Rx \rightarrow Sx)$ "达到更大的归纳支持等级，V_{i+1}^1，V_{i+1}^2 是相关变量 v_{i+1} 的所有变素。也即，我们可通过在假说的前件中限制相关变量 v_{i+1} 不出现来达到目的（ $\forall x((R \wedge \neg v_{i+1})x \rightarrow Sx)$ ）。这样的修改之所以总可行，是因为在归纳相关变量序列中的每个成员都不是逻辑穷竭的，对于相关变量序列中的每个相关变量，总存在某些非—相关环境——在这些环境中排除某个相关变量的任何变素的出现。例如，很可能特定的恶劣天气，如雨天、冰雹或者雪天影响某些昆虫对颜色的敏感性。所以，可将假说的成立条件限制为正常的天气条件。实际上，"正常的环境下"、"在其他条件不变的情况下"以及"在实验环境下"等术语是第二种假说修改方案惯用的形式。所以，如果我们想具体解释"正常的环境下"究竟是什么及该环境在归纳推理中所起到的作用时，将非—穷竭的相关变量引入归纳支持理论不仅可以规避假说被证伪且必须的。一个非—相关环境是与某个特定的相关变量的变素是同维度的且不相容的，非—相关环境之所以是"安全的环境"，或者说是"正常的环境"是因为它能使假说不被证伪。

　　上面讨论可得，非—逻辑穷竭的相关变量的价值在于——无论原始假说的归纳支持度多么地低，总能作出某些确定的断言。因为若" $\forall x(Rx \to Sx)$ "已通过实验 t_i ，但被 t_{i+1} 证伪，由相关变量序列，能够断言" $\forall x((R \land (\neg v_{i+1} \lor \neg v_{i+2} \lor \cdots \lor \neg v_n))x \to Sx)$ "得到充分的归纳支持。当然，若 i 很低时，这样的假说作为科学假说并没有多大价值。但对于归纳概率理论，认识到" $\forall x(Rx \to Sx)$ "具有 i 等级归纳支持度与赋予假说" $\forall x((R \land (\neg v_{i+1} \lor \neg v_{i+2} \lor \cdots \lor \neg v_n))x \to Sx)$ "的极大的归纳支持度之间的必然等价是关键的。换句话说，对于假说"在正常环境下， $\forall x(Rx \to Sx)$ "的反常的阀值直接与没有限制的假说" $\forall x(Rx \to Sx)$ "的归纳等级是相应地发生变化的。进一步地，如果已知每个相关变量 v 的某个变素 V 是安全环境，就能够在假说的前件中增加这些变素来获得具有充分支持度的假说" $\forall x((R \land V_{i+1}^k \land V_{i+2}^k \land \cdots V_n^k)x \to Sx)$ "；或者更进一步，在假说前件中，既增加那些安全的变素，同时又限制另外一些相关变量的出现，以获得充分大的归纳支持等级的假说" $\forall x((R \land V_{i+1}^k \land V_{i+2}^k \land \cdots V_j^k \land (\neg v_{j+1} \lor \neg v_{j+2} \cdots \lor \neg v_n))x \to Sx)$ "。

　　这里关于假说修改的方向都是提高假说的归纳支持度的，对于归纳支持函数的后承原理"如果 H' 是 H 的逻辑后承，那么 S［ H' ，E］≥ S［ H ，E］"显然是满足的。所以，柯恩认为，[①] 从归纳概率的合理重建角度，使假说归纳支持度提高的所有的关于假说的修改或者限制都是重要的。下面考虑修改后的假说不是提高而是降低其归纳支持度的情形：当

---

①　Jonathan Cohen, *The Probable and The Provable*, Clarendon Press Oxford 1977. p. 186.

"$\forall x(Rx \to Sx)$"抗拒t_i的证伪，但被t_{i+1}证伪时，在假说的前件中增加v_{i+1}的一个变素，使得该假说不是获得更大的归纳支持，而是其归纳支持变得更小。此时没有任何非—零的归纳等级可赋予修改后的假说，因为修改后的假说不能经受任何实验的检验。① 但是，没有未经修改的假说——$\forall x(Rx \to Sx)$却有大于0的归纳支持度，因为它已经通过了某些比较简单的实验的检验；并且未修改的假说逻辑蕴涵修改了的假说。这样，后承原则在这里就必须加以限制：我们不能总说，"某个假说H的逻辑后承的归纳支持等级大于或等于H的归纳支持等级"，这里，我们将如何看待后承原则呢？很明显，后承原则的本质含义是——一个命题置于什么样的检验环境以及遭受何种程度的证伪，那么它的后承命题也将置于何种环境，并且也将至少遭受同样的证伪。因此，后承原则应该这样表述：凡是H的后承命题遭受证伪的环境也同样使得H被证伪。所以，综合假说修改的正向支持和反向支持，笔者认为，在某个探究领域中，既适合于由基本词汇描述的命题，同时又适合于通过增加描述相关变量的谓词而扩充了的命题的后承原则应该是——

对于任何命题E，H和H′，按照某个非偶然假设——如逻辑原则以及数学原则等，H′是H的一个后承，如果，

或者（i）某个相关变量的变素不在H′中出现；或者（ii）H和H′都是可检验假说，或者是可检验假说的代入例，并且对于某个相关变量的每一个变素V来讲，如果H′断言其结论是基于V的出现为条件而作出的，那么H也断言其结论是基于V的出现为条件的，

那么$S[H',E] \geq S[H,E]$并且$S[H'] \geq S[H]$。

其实，对假说的修改不仅可通过在假说前件中增加描述相关变量的谓词来丰富假说，而且还可通过削减假说中的谓词描述来达到修改的目的。后者修改过程正是科学认识过程从特殊到一般的过程，从比较一般到更一

---

① 首先，既然对于修改后的假说来讲，v_{i+1}的某个变素出现在每一个实验t_1，t_2，$\cdots t_i$中，所以，实验序列t_1，t_2，$\cdots t_i$将是不恰当的；其次，由于相关变量的顺序是以潜在证伪能力从大到小的顺序排列的，以致较重要的相关变量的证伪能力不可能被较次要的相关变量的证伪能力完全抵消，所以实验t_{i+2}，t_{i+3}，$\cdots t_n$将证伪该修改后的假说。所以，当加入相关变量v_{i+1}的某个变素导致假说被证伪时，根据相关变量的潜在证伪能力的顺序［排列，该证伪变素所属的变量应该置于相关变量的首位，从而修改后的假说不能经受任何实验的检验，即归纳修改后的假说的归纳支持度为零。

般的过程。人类科学的最终诉求就是要达到对最一般的规律的把握。当然，从削减假说前件中的谓词描述而达到对更一般规律的进一步把握往往是以牺牲其归纳支持度而达到的。古希腊哲学中关于科学的原始初态"万物皆是……"，尽管这种对于宇宙事物的最高程度概括的归纳支持度也许很低的，甚至是不可测，但它毕竟是科学假说的某种形态。所以，笔者认为，科学认识活动可以通过增加或删减任意阶段形态的前件中的谓词而获得对事物或规律的进一步认识和把握。

三　归纳支持测度与帕斯卡概率之间的不可通约性

柯恩构造归纳概率逻辑理论的初衷是为了解决帕斯卡概率用于解释英美法律系统中证据推理而产生的悖论性结论，因此，归纳支持句法本身应该与帕斯卡概率公理有着本质的区别。下面我们将从两个方面考察二者确实不可相互归约。

（一）对科学假说的"反常"问题的态度

对于"反常"问题，归纳支持理论的态度：即使 E 和 H（全称条件句）矛盾，也可有 S［H，E］>0，因为 E 可报告 H 通过 t_i 但未通过 t_{i+1}；而帕斯卡概率对待"反常"的态度：当 E 和 H 矛盾时，则 $P_M(H, E) = 0$。因此，归纳支持函数与帕斯卡概率函数不可能具有相同的逻辑句法。

具体分析如下：[1]（主要是用归谬法分析的）

若 $S[H,E]$ 可归约为帕斯卡概率的某个函数，由于这里涉及到的命题变量只有 H 和 E，那么这个函数只能是以下面帕斯卡概率函数——$P_M(H)$，$P_M(E)$，$P_M(E,H)$，$P_M(\neg H)$，$P_M(\neg H,E)$，$P_M(H \wedge E,E)$，$P_M(H \wedge E,H)$，$P_M(H \wedge E)$，$P_M(H,E)$，$P_M(H,\neg E)$，$P_M(H,H \wedge E)$，$P_M(E,H \wedge E)$——为变元而组成的某个函数。但是，在通常情况下，当 $1 > P_M(E) > 0$ 时，$P_M(\neg H,E)$ 和 $P_M(\neg H)$ 分别是 $P_M(\neg H,E)$ 和 $P_M(\neg H)$ 的函数；$P_M(H \wedge E,E)$ 是 $P_M(H,E)$ 的函数；$P_M(H \wedge E,H)$ 是 $P_M(E,H)$ 的函数；$P_M(H \wedge E)$ 是 $P_M(H)$ 和 $P_M(E,H)$ 的函数；而 $P_M(H,E)$ 是 $P_M(E,H)$，$P_M(H)$ 以及 $P_M(E)$ 的函数（$P_M(H,E)$

① Jonathan Cohen, *The Probable and The Provable*, Clarendon Press Oxford 1977. p. 191.

$= (P_M[E,H] \cdot P_M[H])/P_M[E]$）；$P_M(H, \neg E)$ 是 $P_M(E,H)$，$P_M(H)$ 以及 $P_M(E)$ 的函数；$P_M(H, H \wedge E) = P_M(E, H \wedge E) = 1$。所以，若 $S[H,E]$ 是帕斯卡概率的某个函数，则它一定可以归约为以 $P_M(H)$，$P_M(E)$，$P_M(E,H)$ 为变量的某个概率函数表示，即存在某个函数 $f[\cdots, \cdots, \cdots]$，使得 $S[H,E] = f[P_M(H), P_M(E), P_M(E,H)]$。下面证明这是不可能的。

　　设 U 和 U′ 为两个逻辑独立的概括句，令 $P_M(U) = P_M(U')$（$P_M(U)$，$P_M(U')$ 分别为 U 和 U′ 的验前概率）；实验报告 E：t_i 证伪 U，但确证 U′，然而 U′ 又被 t_j 证伪，这里 $j > i$。所以由这里的假定及 RVM 理论，得 S $[U', E] > S[U, E]$ 且 $1 > P_M(E) > 0$。由于 E 同时与 U 和 U′ 矛盾，故有 $P_M(U,E) = P_M(U',E) = 0$。所以，对于任意函数 $f[\cdots, \cdots, \cdots]$，都有 $f[P_M(U), P_M(E), P_M(U,E)] = f[P_M(U'), P_M(E), P_M(U',H)]$。由此，得到矛盾。从而归纳支持函数 S $[\cdots, \cdots]$ 不能由帕斯卡概率函数来表达。当然，帕斯卡概率函数也不能规约为归纳支持函数 S $[\cdots, \cdots]$。

　　也许，帕斯卡概率主义者反驳上述的论证，他们认为，应该赋予 $P_M(U)$，$P_M(U')$ 不同的验前概率。笔者认为，这种反驳是荒谬的，因为按照主观概率主义的观点，所谓验前概率可以任意赋值的，只要理性的实验主体认为所赋的概率值满足帕斯卡概率公理就是合理的。我们已经假定了 U 和 U′ 是两个逻辑上独立的全称概括句，所以我们完全可以赋予这两个验前概率以相同的值。而帕斯卡概率主义者预设了验前概率不同，本身就是自相矛盾的。

　　从上述论证还可得，当假说遇到"反常"时，该假说的归纳支持度不仅不必是 0，还可能有很高的确证度；但是，帕斯卡的概率测度表明，假说一旦遇到反驳，我们必须抛弃该假说，帕斯卡概率的这种态度是不符合科学史的。因为，但凡科学理论，在其发展的初始阶段，都遇到大量的"反常"，然而我们未因此抛弃该假说，而是对该假说不断地进行修正以逐渐消解"反常"。且帕斯卡概率测度的科学评价标准不能够评价两个相继理论，当这两个理论都存在"反常"时，因为帕斯卡概率测度赋予它们的概率都是 0；相反归纳支持测度却能恰当地对这两个相继理论之间的优越性作出比较。

（二）从合取原则的角度（第一阶段）

除了从上面的关于科学假说"反常"的角度得出归纳支持与帕斯卡概率之间是不可通约的，如果从合取原则的角度可以得到同样的结论。

通常地，由帕斯卡概率的乘法原则得，两个命题的合取概率将小于合取支的概率；而由归纳支持测度理论，两个命题的合取的归纳支持度等于归纳支持度较小的那支。这表明，归纳支持函数不仅本身不是帕斯卡概率函数，而且也不是以帕斯卡概率函数为变元的函数。具体分析如下：①

由归纳支持测度理论"设 H 和 H′是同一类型（相同相关变量序列）的一阶全称条件句或它们的代入例，E 是任一个命题，若 S〔H′，E〕≥ S〔H，E〕，则 S〔H′∧H，E〕≥ S〔H，E〕"可直接得，既然要么是 S〔H′，E〕≥ S〔H，E〕，要么是 S〔H，E〕≥ S〔H′，E〕，所以就 H，H′和 E 来讲，要么有

（1）S〔H，E〕= S〔H′∧H，E〕，

或者

（2）S〔H′，E〕= S〔H′∧H，E〕，

或者（1），（2）都成立。

下面我们可以限制 H，H′和 E，至少使得（1）是成立的。（同样用归谬法证明）

如果 S〔H，E〕是以上面论证中的那些概率函数为变量的某个函数的函数值，那么存在函数 f，使得 S〔H，E〕= f〔$P_M(H)$，$P_M(E)$，$P_M(E,H)$〕，$1 > P_M(E) > 0$。所以，根据（1），有，f〔$P_M(E,H)$，$P_M(H)$，$P_M(E)$〕= f〔$P_M(E,H'\wedge H)$，$P_M(H'\wedge H)$，$P_M(E)$〕，又 $P_M(H'\wedge H) = P_M(H)\times P_M(H',H)$ 和

$$P_M(E,H'\wedge H) = \frac{P_M[E\wedge H\wedge H']}{P_M[H\wedge H']} = \frac{P_M[H'\wedge(H\wedge E)]}{P_M[H]\cdot P_M[H',H]} =$$

$$\frac{P_M[H\wedge E]\cdot P_M[H',H\wedge E]}{P_M[H]\cdot P_M[H',H]} = \frac{P_M[H]\cdot P_M[E,H]\cdot P_M[H',H\wedge E]}{P_M[H]\cdot P_M[H',H]} =$$

---

① Jonathan Cohen. *The Probable and The Provable*, Clarendon Press Oxford 1977. pp. 190—195.

$$\frac{P_M[E,H] \cdot P_M[H',H \wedge E]}{P_M[H',H]}，所以有$$

（3）$f\ [\mathrm{P}_M(E,H)，\mathrm{P}_M(H)，\mathrm{P}_M(E)]\ =f\ [$

$$\frac{P_M[E,H] \cdot P_M[H',H \wedge E]}{P_M[H',H]}，\mathrm{P}_M(H) \times \mathrm{P}_M(H',H)，\mathrm{P}_M(E)]。其中，$$

$P_M[H',H] > 0$。

考虑这样的情况，E既没有提高也没有降低H'关于H的概率。即

（4）$P_M[H',H \wedge E] = P_M[H',H]$，这种情况存在的假定是合理的，因为只要假说H能够预见某个新事实的存在，并且这新实验得到确证，如，爱因斯坦的相对论能够预见光线弯曲现象，并且这个现象后来得到了的验证，也就是说，当 H → E 时，（4）的假定就是存在的。由（3）和（4）得，

（5）$f[\mathrm{P}_M(E,H)，\mathrm{P}_M(H)，\mathrm{P}_M(E)]\ =f[\mathrm{P}_M(E,H)，\mathrm{P}_M(H) \times \mathrm{P}_M(H',H)，\mathrm{P}_M(E)]$。

显然，当$\mathrm{P}_M(H',H) = 1$时，即H逻辑蕴涵H'时，（5）式是平凡正确的。但是，通常情况下，H和H'之间并非具有蕴涵关系，它们可以是逻辑上相互独立的全称概括条件句，或者是概括句的代入例；或者H和H'也许是一些非因果联结关系的概括句（对于因果联结的概括句或它们的代入例之间一般具有逻辑蕴涵关系），那么所有这些情形下，H和H'的之间的任何蕴涵（或包含）关系都是可能的，所以有$1 > \mathrm{P}_M(H',H) > 0$。也就是说，在通常情况下，均有$\mathrm{P}_M(H) > \mathrm{P}_M(H) \times \mathrm{P}_M(H',H)$。但是，（5）均成立。如果当$\mathrm{P}_M(H)$非常小时，（5）式成立也许还是可能的，但是，当$\mathrm{P}_M(H)$较大时，（5）式两段的函数值将不可能相等的，除非函数f中的第二项是空项，即$\mathrm{S}[H，E] = f'[\mathrm{P}_M(E,H)，\mathrm{P}_M(E)]$（＊）。下面进一步证明（＊）式也是不可能的。

（三）合取原则角度（第二阶段）[1]

设$\mathrm{S}[H'，E] \geq \mathrm{S}[H，E]$，根据归纳支持函数有，$\mathrm{S}[H' \wedge H，E] = \mathrm{S}[H，E]$。假如，$\mathrm{S}[H，E]$可以表示成以概率函数为变元的二元函数的话，则应该存在函数$f'[\cdots，\cdots]$，使得

① Jonathan Cohen, *The Probable and The Provable*, Clarendon Press Oxford 1977. pp. 196—198.

$$(6)\, f'\,[\ P_M(E,H)\,,\ P_M(E)\ ] = f'\,[\ P_M(E,H \wedge H')\,,\ P_M(E)\ ]$$

但是这样的函数 f' 将是什么样的函数呢？很明显这样的函数具有这样的特征，即无论 H′ 是怎样的命题，只要 S [H′，E] ≥ S [H，E]，不管是将函数的第一项用 $P_M(E,H)$ 还是用 $P_M(E,H \wedge H')$ 替换，函数值均是相等的。这就是说，函数 f' 对于函数首项的变元反应是迟钝的，甚至没有反应，只要 S [H′，E] ≥ S [H，E]。从而二元函数 $f'[\cdots,\cdots]$ 退化为仅关于 $P_M(E)$ 的一元函数。

同样地，如果在 $P_M[H',H] > 0$ 时，我们可以得到同样的结论，根据 $P_M(E,H' \wedge H) = (P_M[E,H] \cdot P_M[H',H \wedge E])/P_M[H',H]$，上述（6）式可以变成

$$(7)\, f'\,[\ P_M(E,H)\,,\ P_M(E)\ ] = f'\{(P_M[E,H] \cdot P_M[H',H \wedge E])/P_M[H',H]\},\ P_M(E)\,。$$同样地，可以看出，无论是用 $P_M(E,H)$ 还是 $(P_M[E,H] \cdot P_M[H',H \wedge E])/P_M[H',H]$ 作为函数 $f'[\cdots,\cdots]$ 的第一变元，所得到的函数值都是相等的。

上面的论证可看出，如果归纳支持函数 S [H，E] 可归约概率函数，则它将最终可以 $P_M(E)$ 为变元的一元函数来表示，即仅仅用单独的证据命题来刻画的，然而，这个结论是很荒谬的。

第三节　归纳概率分级与逻辑句法

上文论述到，在科学实践中，人们往往提出一个或多个全称概括句形式的假说，然后通过观察和实验搜集支持假说的证据。这种证据对假说的支持往往不是演绎的关系。我们称，证据命题 E 与假说命题 H 之间的关系为"归纳支持"，记为 S [E，H]。同时，从柯恩的局部辩护观点，有理由从背景知识关于相关变量完全性的假定出发，承认实验室条件是自然条件的复制，从而有理由地承认 S [R，E] 到 S [R] 的跳跃。而一旦归纳支持的逻辑句法确定，我们就可以为归纳概率的概念提供合理重建。

一　归纳支持与归纳概率关系

归纳概率不是归纳支持的特殊形式。关于归纳概率和归纳支持的关

系，粗略地说，归纳支持测度 S 是度量一个可检验的全称条件量化句 $\forall(x)(Rx \to Sx)$ 的支持等级，而归纳概率是相应于测量可检验的全称条件量化句 $\forall(x)(Rx \to Sx)$ 的单称命题的 S（a）相对于单称命题 R（a）的推论有效性。换句话说，归纳支持测度关注全称量化条件句的归纳支持度，而归纳概率则关注这样的概括句（相对它们的前件）的特称命题的推理的可靠性。我们知道，不同的证明规则相应地就有不同的推论有效性标准。

考虑可以从关于事件的全称条件句得到的那些推理规则。例如，规则——

（1）从乌云密布出现推断即将下雨。

可以从以下全称条件句得到：

（2）对于任何 x，如果 x 乌云密布，则 x 即将下雨。

规则（1）的推论有效性程度显然依赖于后一相应的全称条件句的可靠性。这样一来，怎样评价像（2）那样的条件陈述呢？按照传统的看法，这种可靠性是归纳支持领域所要研究的内容。因此，要评价像（1）那种规则的推论有效性，就必须测定像（2）那样的相应条件陈述得到了多大的归纳支持。所以，在乌云密布的证据下，大雨将至的归纳概率就等于对（2）作适当观察而获得的归纳支持等级。这里的（1）和（2）可以分别形式化为，

（1′）$R(a) \to S(a)$

（2′）$\forall(x)(Rx \to Sx)$

根据一阶全称量化条件（2′）所具有的归纳支持度，有理由推出，单称命题（1′）的推理的有效性程度。也就是说，对于任何个体 $a_1, a_2, \cdots a_m$，可以从相应的全称量化条件句的归纳支持度中推出这些单称命题的可靠性的程度。而且，由于假定实验的可重复性，可以从二元支持函数 $S[\cdots, \cdots]$ 跳跃到一元支持函数 $S[\cdots]$。因此，归纳概率可定义如下：

定义（归纳概率）：设 $P_I[\cdots, \cdots]$ 表示归纳概率，$S[\cdots\cdots]$ 表示相应的归纳支持函数，则 " $P_I[Sa, Ra] = i/n$ " 是真的，当且仅当 " $S[Sx \to Rx] = i/n$ " 是真的。

从该定义可得，单称命题归纳概率测度依赖相应的全称条件句的一元归纳支持测度；而全称条件句的一元支持 $S[H]$ 是从二元归纳支持函数

S［H，E］分离得出，S［H，E］是根据实验证据作出的。由于实验者
认识能力的不完全性，其所得到的归纳支持应该是经验上可修正的，同样
由之而引申出的归纳概率测度也应可修正的。也正是归纳概率的测度
"寄生于"归纳支持的测度，所以莱维认为，归纳支持与归纳概率之间的
这种联系"束缚了归纳概率对科学研究中培根型相关变量方法的应用"，
从而"不必要地限制了归纳概率测度的可应用范围"①。但是，笔者认为，
不是二者的联系"束缚"或"限制"了归纳概率的应用性；而是由于二
者与实验科学方法的联系有直接与间接之分造成了表面上看来在应用范围
上有着差异。归纳支持是对实验自然科学方法的直接抽象；而归纳概率是
在归纳支持基础上进一步逻辑抽象和扩充。归纳概率服从于归纳可靠性就
像演绎性服从于逻辑真理一样。因为可从 R 推出 S 这个特定推论的概率
依赖于普遍原理的归纳可靠性（归纳支持等级），或者依赖于普遍原理从
可观察实在得到的支持；反之不然，培根型归纳支持并不依赖于培根型概
率。柯恩使培根型概率依赖于培根型支持，其初衷是顾及归纳概率逻辑的
恰当性。其目的是要把归纳概率逻辑建立在科学推理的基础上，不再像卡
尔那普等人那样——将归纳逻辑建立在哲学家的直觉基础之上。例如，卡
尔那普坚持认为，应该在先验的、本质上是直觉的理由基础上来接受确证
理论的一组特定的公理。他写到："给出接受归纳逻辑的任何公理的理
由……都是基于我们关于归纳合理性的直觉判断。"②因此笔者认为，柯恩
这样做是恰当的，因为他为归纳概率找到了可资利用的现实基础。但是，
我们也应该注意到，正因为归纳概率根植于现实，而不是抽象直觉，也会
导致培根型归纳逻辑往往以牺牲简洁性为特征。

　　另外，强调一下归纳支持函数 S［$Rx \rightarrow Sx$］是适当的环境下，以实
验报告或者观察报告为证据的，所以原则上，归纳支持的一个合理的证据
是可重复的或者是可以复制的；而单称命题的归纳概率的合理的前提将是
在具体的环境下相应的概括句的前件被满足且已知相应概括句的归纳支持
度。

---

　　① 柯恩和赫斯：《归纳逻辑的应用》，牛津大学出版社 1980 年版，第 26—27 页。

　　② R. Carnap, "Replies and Systematic Expositions", in P. A. Schilpp (ed.), *The Philosophy of Rudolf Carnap*, Paul Arthur Schilpp Northwestern University, 1887, p. 978.

二 归纳概率测度——以乌云密布预示将下雨为例

据上节得，如果一个概括句的归纳支持分了等级，那么就能测得相应单称命题的有效等级，柯恩称这个单称命题的有效等级为"归纳概率"。一个归纳支持理论一定能够导出一个归纳概率理论。而一个归纳概括句的培根支持等级是可以修正的，因此，相应的归纳概率等级也是可修正的。而且，一个概括句即使遇到了不利的证据，它的归纳支持等级仍然可以保持很高的等级，我们是通过下面的方式实现的：如果概括句 $\forall x(Rx \to Sx)$ 被某个实验证据 E 证伪，我们可以对概括句所使用的范围作适当地限制以避免概括句被证伪。即为了避免下面概括句被证伪

（1）$\forall x(Rx \to Sx)$

可将（1）转变为

（2）$\forall x(Rx \land Vx \to Sx)$

其中 V 表示（1）式中的概括句成立的论域，即将证伪（1）式概括句的证伪因子分别固定在不相关的位置上。这样，通过限制概括句的适用范围以保证概括句的归纳支持度。当然，通过以牺牲概括句的简单性以保证概括句的归纳支持度不减是科学家不得已的行为，因为科学总是诉求最一般的理论。由于概括句得到的支持度越高，那么由这个概括句得到的推论的归纳概率测度就越高。所以，如果概括句的高归纳支持度是必须通过在概括句的前件中插入充实的限制条件来保证，那么其相应的单称命题的归纳概率的提高就必须在这样的假定条件下得以保持。同时，一个全称概括句的归纳支持度的完全可靠性断言仅仅在这样的情况下才可以断言，即全称概括句的前件除了用相关变量集中的那些相关变量的各种组合表示外，不能用相关变量集之外的其他变量或者变量的任何组合表示。所以，相应地，概括句的相应的单称命题的归纳概率的完全可靠性的断言也必须在这样的情况下才可以，即单称命题的主项 a 不仅是 $R \land V_2 \land V_3 \land \cdots \land V_i$，而且 a 不可以用 $v_{i+1}, v_{i+2}, \cdots, v_n$ 中任何组合来表达。

下面以单称命题"乌云密布预示即将下雨"为例来分析归纳概率测度是如何获得的。

设 Rx 表示凡乌云密布，Sx 即将下雨；Ra 表示某时某地乌云密布，Sa 表示在此时此地将要下雨。由于概括句 $\forall x(Rx \to Sx)$ 具有一定的归纳支

持度，即 S（$\forall x(Rx \to Sx)$）> 0，所以相应的单称命题的归纳概率 P_I（Sa，Ra）> 0。即正常情况下，如果概括句（1）经过了实验 t_1 的检验，这里的 t_1 是除了满足概括句前件的相关变素出现外，其他不在前件中的相关变量均固定在各自的非相关变量位置上，此时有 S（$\forall x(Rx \to Sx)$）> 1/($n+1$)。那么根据归纳支持与归纳概率的关系，得：P_I（Sa，Ra）> 1/($n+1$)。这里的 n 是概括句 $\forall x(Rx \to Sx)$ 的相关变量总数。

　　但是，相关变量 V_2 = ｛海风的出现｝将证伪 "$\forall x(Rx \to Sx)$"，即在正常情况下，V_2 并不伴随下雨的出现，因此，在正常的情况下如果将海风的出现看成是第二个相关变量，那么 $\forall x(Rx \to Sx)$ 将被实验 t_2 证伪，即 S（$\forall x(Rx \to Sx)$）< 2/($n+1$)。即如果 V_2 被看成是相关变量，则在通常情况下，只能有 S（$\forall x(Rx \to Sx)$）= 1/($n+1$)；此时，相应地有 P_I（Sa，Ra）= 1/($n+1$)。换言之，S（$\forall x(Rx \wedge V_2(x) \to Sx)$）= 0，从而 P_I（$Sa \wedge V_2(a)$，Ra）= 0，表明，在证据 E_2（既乌云密布又海风）比在证据 E_1（仅乌云密布）的条件下，即将下雨更加不可几，即 P_I（Sa，$Ra \wedge V_2(a)$）< P_I（Sa，Ra）。我们可以说，"海风" 是 "$\forall x(Rx \to Sx)$" 的不利相关变量。

　　现在，也许相关变量 V_3 = ｛气压下降｝将阻止海风证伪概括句"乌云密布预示下雨来临"。具体讲，如果气压下降将阻止海风证伪"乌云密布预示下雨来临"，那么我们必须接受"如果没有其他的相关变量的出现，那么乌云密布且海风出现且气压下降将伴随着下雨将通过实验 t_3 的检验，如果这里的 V_3 被看成是有利的相关变量"。因此，相应地有 P_I（Sa，$Ra \wedge V_2(a) \wedge V_3(a)$）≥ 3/($n+1$)，并且 P_I（Sa，$Ra \wedge V_2(a) \wedge V_3(a)$）> P_I（Sa，Ra）。也就是说，在证据 E_3（乌云密布并且海风出现并且气压下降）比 E_1（仅仅乌云密布）下，下雨的可能性更大。

　　再次，若将 V_4 = ｛盛夏｝看成不利相关变量，那么即使更加严格的 "$\forall x(Rx \wedge V_2x \wedge V_3x \to Sx)$" 也是不成立的。具体说，若 V_4 作为第四个相关变量，则 "$\forall x(Rx \wedge V_2x \wedge V_3x \wedge V_4x \to Sx)$" 将不能通过实验 t_4 的检验，即 S［$\forall x(Rx \wedge V_2x \wedge V_3x \wedge V_4x \to Sx)$］= 0，相应有 P_I（Sa，$Ra \wedge V_2(a) \wedge V_3(a) \wedge V_4(a)$）= 0，意为：$V_4$ 倾向于抵消其他相关变量所提供的可几的力量。这种情况又将改变，如果将 V_5 = ｛轰隆的雷声被听见｝看成是第五个相关变量，因为相应就有：P_I（Sa，$Ra \wedge V_2(a) \wedge$

$V_3(a) \wedge V_4(a) \wedge V_5(a)) \geq 5/(n+1)$。

上面分析过程可看出，影响归纳概率测度的相关变量可分成两类：一类是利于"乌云密布预示下雨"的概括；另一类是不利于"乌云密布预示下雨"的概括。正是通过这样的有利的和不利的相关变量相互抵消，才得以确定概括的归纳概率，使得概括的归纳概率交替着增加或归为0。随着所参考的环境变量越多，控制的相关变量越多，前件的合取式越长，内容越丰富，推理的可靠性就越大。即对概括的前件越加限制和修饰，检验越复杂，论域的范围就越小，所作出的归纳概率的判断越准确。但是，这里出现了有利相关变量和不利的相关变量作用的不对称性，即当随着所考虑的证据越复杂，归纳概率被进一步地提高，这种提高是通过两个都有利于这个结果的情形实现的。但是，一个不可反驳的不利环境总是有相同的效果，即它总是给出0归纳概率，如例中$P_I(Sa \wedge V_2(a), Ra) = 0$，且$P_I(Sa, Ra \wedge V_2(a) \wedge V_3(a) \wedge V_4(a)) = 0$。

笔者认为，实际上，这种有利证据与不利证据之间的不对称性深深扎根于归纳支持的本质中。因为，单称命题的归纳概率会随着它的相应的全称概括句的归纳支持等级的变化而变化。一个命题的一个不可反驳的证据也许意味着，某个等级的潜在的困难已经被逾越，而这个潜在的困难本身也许会关闭概括句的某些应用领域。而一个不可反驳的不利环境却建立了这样的证据，即如此等级的困难还没有被逾越以及在这样的环境下，该概括句是不可应用的。换言之，不可反驳的有利证据会进一步提高归纳概率，而不可反驳的不利环境则会使得归纳概率立即降低为0。

由上面的分析，我们还可得到，这里的归纳概率实质上是凯恩斯的所谓"权重"。因为就归纳概率函数$P_I[S, R]$而言，对于证据R所陈述的所有相关的因素所施加的各自的影响相互抵消后的结果是支持S时，那么此时该证据多多少少是支持S的，就可赋予归纳概率测度大于0；而当这个"权重"不利S时，则这个证据就根本不支持S。这也反映出，归纳概率与帕斯卡概率有着本质的不同：因为，当有利证据和不利证据正好相互抵消时，证据既不支持命题，也不反驳命题时，那么这时有$P_I[S, R] = P_I[\neg S, R] = 0$，也就是说，在同样的证据R下，某个命题和它的否定命题都被赋予概率度为0；而这种情况在帕斯卡概率理论中不存在，因为那里有否定互补律：$P_M[\neg S, R] = 1 - P_M[S, R]$。换句话说，在归纳概率测度中有着不同的否定原则：当 $P_I[S,R] \geq 0$，则 $P_I[\neg S,R] = 0$。

三　归纳概率——证据信息量的等级测度

已经知道，如果对于下列假说

（1）任何事物，如果它是 R，那么它就是 S

有归纳支持度为 $i/(n+1)$ 的话。

那么就可以等价地赋予下列假说（2）确定的支持。

（2）任何事物，如果它是 R，并且没有被 $v_{i+1}, v_{i+2}, \cdots$ 或者 v_n 的任何变素刻画的话，那么它就是 S。

同样地，我们可以将具有归纳支持度为 $i/(n+1)$ 的全称概括句

（1′）任何事物，如果它是 R，且是 $V_j \wedge V_{j+1} \wedge \cdots \wedge V_i$，那么它就是 S。

等价地转化成具有确定支持的全称概括句（2′）

（2′）任何事物，如果它是 R，且是 $V_j \wedge V_{j+1} \wedge \cdots \wedge V_i$，但是不被 $v_{i+1}, v_{i+2}, \cdots$ 或者 v_n 的任何变素刻画的话，那么它就是 S。

上面两组中的每一组中的两个等价表达中的后一种表达都可以看成是前一种表达的更加精致的、分析性的表达。

如果将上面的归纳支持的这些特征移植到归纳概率中，那么可以得到：比如说，$P_I[S, R \wedge V_2 \wedge V_3] \geq 3/n$，我们在这样的假设——$v_4, v_5, \cdots$ 或者 v_n 中的任何变素都不出现在所涉及的前件中，能确定地从 $R \wedge V_2 \wedge V_3$ 中推出 S。或者用我们熟悉的语言来讲，能从"在假设其他环境条件正常的情况下，从可以得到的证据出发"以确定性推断出 S。因此，一个非—0 归纳概率的赋值也许可以解释成对这个"假设条件"的弱化程度的评价。即归纳概率越高，那么"其他情形相同的假设"就越弱，即需要加入到这个假说中内容就越少，证据陈述本身说的内容就越多。所以，较低的归纳概率是表明缺乏相关变量，而不是不利证据的占优。例如，若 $P_I[S,R]$ 非常小，则表明 R 中所陈述的相关变量的信息量很少，而不是 R 中的不利的证据的比率很大。这点与帕斯卡概率有着本质的不同。因为 $P_M[S,R]$（$P_M[S,R]$ =有利相关变量的数量除以总的相关变量的数量）是对"证据 R 究竟怎样有利于 S"而进行刻画的，而并不真正关心证据 R 究竟所包含的相关信息量的绝对量的多少，关注的是"有利的相关信息

量与总的信息量"的比率。而归纳概率函数 $P_I[S,R]$ 中的 R 关注的则是"整个相关事实中的有利于支持 S 的证据'权重'的实际部分以及整个的全证据"。另外,对于 $P_M[S,R]$ 中的各个相关变量之间应该是相互独立的,而在 $P_I[S,R]$ 中的证据 R 并非一定是相互独立的相关变量的合取命题,既然 $P_I[S,R]$ 的测度是按照假设与"其他情况不变的强度"相反方向变化的,所以只要 $P_I[S,R]$ 是大的,我们就能从 R 中尽可能地以确定的态度在相当确定的论域中推出 S,不必考虑 R 中所涉及的相关信息是否独立,只是表明在大量的相关变量环境中有利于支持 S 的相关环境被揭示出。

四 "全证据假设"问题

我们知道,科学理论都是诉求事物本质的最一般的解释。无论是归纳支持,归纳概率抑或是数学概率,都竭力从二元条件函数分离出一元的、无条件函数。从本质上讲,这种分离是演绎的:A $\wedge$ (A $\rightarrow$ B) $\vdash$ B,只要这里的 A 以及 A $\rightarrow$ B 的真理性得到保证。

下面分别考察归纳支持函数的分离规则、归纳概率的分离规则与数学概率的分离规则。

(1)归纳支持函数:E $\wedge$ ($S[H,E]$ = $i/(n+1)$) $\vdash$ $S[H]$ = $i/(n+1)$。根据柯恩的归纳支持函数的假设:实验证据 E 可重复,可复制。否则可以对可能潜在证伪假说 H 的相关变量集及这些相关变量的潜在证伪能力的顺序进行重新调整。因此,只要 E 的可重复的特征具备,那么就有理由接受 $S[H,E]$ = $i/(n+1)$,因为,既然 E 的可重复性的条件具备,表明假说 H 的相关变量集以及这些相关变量的潜在证伪能力大小的顺序是恰当的,而 $S[H,E]$ 正是根据这些因素设计实验所得到的归纳支持测度。从而在 E 的可重复性的假定下,根据逻辑演绎的分离规则,我们就可以从二元归纳支持函数 $S[H,E]$ = $i/(n+1)$ 分离出一元归纳支持函数 $S[H]$ = $i/(n+1)$。

(2)数学概率函数:R $\wedge$ ($P_M[S,R]$ = r) $\vdash$ $P_M[S]$ = r。数学概率函数测度用"有利于 S 发生的变量的个数与整个相关变量的个数的比率"加以定义的。其一个重要的原则就是否定互补律:$P_M[\neg S]$ = $1-P_M[S]$。该原则预设了"全证据"假说,即在进行概率推理时,假设已经知道关于命题 S 所有的相关变量。也就是说，$P_M[S]$ 推理是在论域完全性假定下进行的，因而是关于完全系统中的推断等级的测度函数。卡尔纳普的概率函数就是预设这种"概率全知"与"全证据"假设的典范。根据数学概率的这种预设，可以得出，要么证据 R 是逻辑真的，要么 S 的所有可能结果都在 R 中。因而，只要 R 是真实的，我们就可以合理地接受分离规则：$R \wedge (P_M[S,R] = r) \vdash P_M[S] = r$。

（3）归纳概率函数：$R \wedge (P_I[S,R] = i/(n+1)) \vdash P_I[S] = i/(n+1)$。根据二元归纳概率的定义："$P_I[S,R] = i/(n+1)$"是真的，当且仅当"$S[R \to S] = i/(n+1)$"是真的。可得，二元概率函数的前件是已经知道的相关变量；而在归纳支持函数中，前件是"可以假定为具有重复性的实验证据"。由于二者的推理前件不同，所以，不能根据归纳支持函数具有的分离规则就一定能够推出二元归纳概率函数具有类似的分离规则。再者，由"归纳概率是相关变量的信息量的等级"的刻画的论述可知，这里的 R 一般这样的叙述：假设在其他相关变量正常条件下……。而随着 R 的"其他相关变量"的个数逐渐减少时，R 所包含的信息量将越来越大，因而，对假说 S 的归纳概率的断言将更加确定。但是，相关变量集是否完全是无法确切知道的，而且在柯恩看来，我们必须放弃这种完全性假设，代之以实验为基础的局部假定。因此通常情况下，我们无法保证这里的相关变量 R 的完全性，从而也就无法根据 R 以及 $P_I[S,R] = i/(n+1)$ 分离出 $P_I[S] = i/(n+1)$。但是，科学家为了尽可能地得到比较可靠的归纳概率，往往规定了一个归纳概率的门槛，使得当归纳概率大于这个门槛时，就可以合理地接受：在 R 的条件下，一元归纳概率 $P_I[S]$ 的值等于 $P_I[S,R]$。因为，随着 R 所陈述的信息量越多，对概括的前件越加限制和修饰，对概括的检验越复杂，论域的范围就越小，归纳概率当然就越准确。实际上，二元归纳概率函数正好就是度量这种信息量的测度。因而可以选择适当的阀值 $i/(n+1)$，使得当 $P_I[S,R] \geq i/(n+1)$ 时，在 R 的假设下，可以合理地接受 $P_I[S] \geq i/(n+1)$。

五　归纳概率的逻辑句法

由于归纳概率测度刻画的是证据 R 中所包含的信息量的等级，而数学概率刻画的却是证据 R 中有利的相关变量与总的相关变量的比率。因而，二者应该遵循不同的逻辑句法运算。但是，并不排除二者之间也有着某些相似之处。本节接下来探讨二者在逻辑方面的相似与不同。

1. 归纳概率与数学概率的相似性

第一，对称性原理。二元归纳支持的一致性原理：S［P，E］= S［U，E］。这里的 E 是任意命题，U 是任意一阶全称量化条件句，P 是 U 的任何代入例。当 E 报告的是对 U 做最严格检验而得到的真陈述时，就可以从 E 以及二元支持函数分离出一元支持函数的一致性原理：S［P］= S［U］。因此，如果 P_1 与 P_2 均是同一个概括 U 的代入例，则 S［P_1］= S［U］= S［P_2］。相应地，有关于归纳概率的对称性原理：$P_I[Sa,Ra] = P_I[Sb,Rb]$。这里的"a"，"b"都是指称同一个体或者不同个体的不同表达的填充项。类似的对称性原理在数学概率测度中同样是存在的。

注意，这里对称性原则只适用于一阶概率函数测度，高阶情况不存在对称原理。这是因为相关环境的同一组合对于独立变量的每个变素也许没有同样的因果影响。[①]

第二，后乘原理。对于两个命题 S′和 S，如果按照某个非偶然真原则，S′是 S 的逻辑后乘，即：S → S′；"R 与 S 关系"以及"R 与 S′的关系"并不一定具有逻辑上的蕴涵关系。那么 $P_I[S',R] \geq P_I[S,R]$。该结论是很显然的。因为，既然 S′是 S 的逻辑后乘，令概括句 H = "R ⇒ S"，H′= "R ⇒ S′"，这里符号"⇒"仅表示以 R 为前件，S 为结论，并非二者之间一定具有逻辑上的演绎关系。那么根据 RVM 理论，在实验证据 E 下，凡是 H 所抗拒的实验，H′都能抗拒；但是 H′所抗拒的实验检验，H 未必也抗拒该实验的检验。因而，有 S［H′，E］≥ S［H，E］，S［H′］≥ S［H］。再根据归纳概率与归纳支持的关系，从而有 $P_I[S',R] \geq P_I[S,R]$。在数学概率测度中，也有类似的后乘原理成立。

注意，这里 $P_I[S,R]$ 的含义应与日常所使用的逻辑蕴涵"R → S"的概率测度相区别。严格讲，前者可表述为：$R \to P_I[S]$；而后者可表述为：$P_I[R \to S]$。即前者是在证据 R 下，对结论 S 发生的概然性测度，而后者是对整个概括句"R → S"的概然性测度。一般地，由于 R 与 S

①　Jonathan Cohen, *The Probable and The Provable*, Clarendon Press Oxford 1977. p. 172 脚注 6.

的逻辑蕴涵关系不同，所以二者的测度一般是不相等的。如果 R 逻辑蕴涵 S，则有下面赋值方法。

第三，演绎概括句赋值原理。设 R 逻辑蕴涵 S。由于一个逻辑真的概括句不可能被相关变量的任何组合所证伪，并且作为一个必然真的事实，这种"不可证伪性"被实验证据结果的任何陈述所逻辑蕴涵。任何证据结果可以给一个逻辑真的概括句一个极大的支持度。所以，$P_I[S,R]$ $= n/(n+1)$。类似地，在数学概率中，当 H 逻辑蕴涵 S 时，有 $P_M[S,R] = 1$。但是，在二元归纳支持函数中，即使 E 逻辑蕴涵 H，也有可能得到：$S[H,E] = 0$。这是因为，二元支持函数是建立在相关变量实验基础上，而"$E \to H$"并非一定是可检验概括句，例如，在"逻辑矛盾蕴涵任何命题"时或者"前件论域是空集的逻辑蕴涵即虚拟条件句"时，我们就无法通过实验来刻画全称概括句的支持度。

第四，逆否原则。尽管 $\forall x(Rx \to Sx)$ 逻辑等值于 $\forall x(\neg Sx \to \neg Rx)$，但是，对于数学概率而言，则 $P_M(S,R) \neq P_M(\neg R, \neg S)$（除非 $P_M(S,R) = 1$）[1]，例如，令 R：甲居住在南京；S：甲是江苏人。那么，¬ R：甲不居住在南京；¬ S：甲不是江苏人。此时很可能有：$P_M(S,R) > P_M(\neg R, \neg S)$。但是，如果令 R：甲是南京人，S：甲是江苏人；那么 ¬ R：甲不是南京人，¬ S：甲不是江苏人。则有 $P_M(S,R) = P_M(\neg R, \neg S)$；二元归纳支持函数中也有 $S[\forall x(Rx \to Sx), E] \neq S[\forall x(\neg Sx \to \neg Rx), E]$（除非有：$\vdash (S \leftrightarrow^i \neg R)$，其中 $i \geq e$）。因为，如果没有预设定论域，尽管 $\forall x(Rx \to Sx)$ 与 $\forall x(\neg Sx \to \neg Rx)$ 是逻辑等值的，但是一般具有不同的相关变量集，所以，从 RVM 角度看，二者是属于非—实质相似的假说，既然两个概括句属于不同的相关变量集上的，当然它们的归纳支持度一般而言是不可比较的。究其原因，在没有预设定全论域时，二者所涉及到的相关变量并不具有互补关系，因而后者的相关变量集不可用前者的相关变量的补集来表达，从而二者在相关变量集上一般是不可比较的。例如，亨普尔确证悖论中：尽管命题"所有非黑的皆非乌鸦"逻辑等值于"所有乌鸦皆黑色"，但是根据二者的所设计的相关变量集本质上

① H. Reichenbach, *The Theory of Probability*, The University of California Press, Berkeley, 1949. p. 435.

却不是相似的，因而，从 RVM 角度，尽管一个白色手帕确证"非黑色的非乌鸦"但并不确证"所有乌鸦皆黑色"。然而，特殊情况下，当 $\vdash$ $(S \leftrightarrow^i \neg R)$，（其中 $i \geq e$）时，有 $S[\forall x(Rx \to Sx),E] = S[\forall x(\neg Sx \to \neg Rx),E]$。这是因为，"$S \leftrightarrow^i \neg R$（其中 $i \geq e$）"实际上表示的是：概括句"$\forall x(Rx \to Sx)$"与"$\forall x(\neg Sx \to \neg Rx)$"的论域在物理世界中正好是互补的，因而二者的相关变量集可以相互用另一个相关变量集的补集来表示，因此在这样的情况下，二者应该是属于实质相似假说集上的逻辑等价命题，因而有 $S[\forall x(Rx \to Sx),E] = S[\forall x(\neg Sx \to \neg Rx),E]$。二元归纳概率函数与二元支持测度函数相似。

2. 归纳概率与数学概率之间的差异性：

第一，一元和二元函数之间的关系。考虑逻辑等式：$\forall x(Rx \to Sx) = \forall x(\neg Rx \vee Sx)$。据归纳支持合取原则及后乘原则，有：$S(\forall x(Rx \to Sx)) \geq S(\forall x(\neg Rx))$ 且 $S(\forall x(Rx \to Sx)) \geq S(\forall x(Sx))$。再由归纳概率与归纳支持之间的关系，有 $P_I[S,R] \geq P_I[\neg R]$ 且 $P_I[S,R] \geq P_I[S]$，其中，$R \to S$ 是 $\forall x(Rx \to Sx)$ 的代入例，这类似于真值函数蕴涵怪论，但它们却不是怪论。① 这是因为：首先，根据可检验概括句的定义可知，这里的 $\forall x(\neg Rx)$ 不是可检验概括句，因而这样的概括句不能用通常的方式得到归纳支持，只有在特定情况下，根据与其他的可检验概括句的逻辑关系间接地得到归纳支持。因此，在正常情况下，我们应该有 $P_I(\neg R) = 0$，并且不能从 $P_I[S,R] \geq P_I[\neg R]$ 得出 $P_I[S,R]$ 的值，这里，$P_I[S,R]$ 与 $P_I(\neg R)$ 只是具有这种关系，而并非意为 $P_I[S,R]$ 的值是由 $P_I(\neg R)$ 的值推算出。其次，从 $P_I[S,R] \geq P_I[S]$ 以及 $P_I[S] = S[S]$，可推出，如果 S 在任何情况下都有一定的归纳支持等级，那么在任何相关证据上，S 至少具有该归纳概率等级。但是，$P_M[R] > 0$ 时，$P_M[S]$ $= 0$ 蕴涵着 $P_M[S,R] = 0$；对于归纳概率以及归纳支持函数中，却不存在这样的原则。因为，$P_I[S] = 0$ 仅仅意为，相信 S 的先验的归纳理由不存在，而并不意为，相信非—S 的先验的归纳理由的存在。如果在归纳的

① 在数学概率系统中，该原则不成立是显然的；而对于归纳支持函数中，当实验证据 E 报告的是不可反驳的证据时，即实验证据具有重复时，我们有 $S[H,E] = S[H]$，其中 $H = \forall x(Rx \to Sx)$。

基础上，我们通过特殊的理由相信 S 的话，那么我们就可能得：$P_I[S]$ = 0 及 $P_I[S,R] > 0$。

第二，合取原则。归纳支持函数中有：若 S［H′］≥ S［H］，则 S［H′∧H］= S［H］。据归纳概率与归纳支持关系，得：若 $P_I[S',R] \geq P_I[S,R]$，则 $P_I[S' \wedge S,R] = P_I[S,R]$。在数学概率中，一般地有 $P_M[S' \wedge S,R] < \mathrm{Min}\{P_M[S',R], P_M[S,R]\}$，（除非当 S 逻辑蕴涵 S′ 时，才有 $P_M[S' \wedge S,R] = P_M[S,R]$）。

第三，否定原则。归纳概率与数学概率之间本质的区别也体现在否定原则上。对于归纳概率来讲，有：若 $P_I[S,R] > 0$，且 $P_I[\neg R] = 0$，则 $P_I[\neg S,R] = 0$；数学概率中，则有：$P_I[\neg S,R] = 1 - P_I[S,R]$。因为：（归谬法分析）假设 $P_I[\neg S,R] > 0$，那么根据已知条件 $P_I[S,R] > 0$，以及归纳概率的合取原则，我们有 $P_I[S \wedge \neg S,R] > 0$。但是，由于 $S \wedge \neg S$ 是逻辑矛盾的，因而在任何证据基础上，都不能得到大于 0 的归纳支持等级的（除非证据 R 本身是不一致的），因而得到矛盾。所以假设不成立。笔者认为，正是该否定原则说明了归纳概率测度是作为不完全系统的推理测度。

六　归纳概率与数学概率之间的不可通约性

前面已谈过归纳支持测度与数学概率之间不可通约性。尽管归纳概率测度是以归纳支持测度定义的，但是归纳概率并非就是归纳支持，它们在逻辑句法上还是存在着一定的差异，所以有必要讨论归纳概率与数学概率之间也是不可通约的。

柯恩认为，既然归纳概率是对相关证据的权重的等级刻画，那么归纳概率标准与数学概率标准之间应该存在着某种关联性。例如，根据归纳概率函数，凡是有利的证据通常情况下对于数学概率而言也是有利的，尽管不是必然的。[①] 也就是说，如果 $P_I[S,R] > 0$，那么 $P_M[S,R] > P_M[S]$。而且，如果 $P_I[S,R]$ 是高的话，$P_M[S,R]$ 通常也是高的，尽管不必然的。

---

① 说明：在归纳概率中，所谓有利的相关证据，是指这样证据的权重有利于所考察事件的发生，即 $\Omega P(H,E) > 0$；而在数学概率中，所谓有利的证据是指，这样的证据的出现使得后验证据大于先验证据，即 $P_M[S,R] > P_M[S]$

尽管二者之间存在着这种关联性，它们仍是不可相互归约。

（1）从归纳概率与数学概率所各自描述的有利相关变量的基准来看。归纳概率是为相关证据的权重分级，而数学概率是根据先验概率与后验概率之差来对相关程度进行分级。对数学概率而言，单独的一个有利证据也许可以在先验概率与后验概率之间作出明确地区别；但是，单独的一个有利证据并不一定能够提高多大的归纳概率。例如，根据某人是近30岁的职业哲学家的证据来推测他活到70岁的概率，按照数学先验概率与后验概率之差来推测，这个证据对他活到70岁来说是很高的正相关，但是这一证据的权重却可能是很低，而且随着进一步地了解他目前的健康状况，他父母死亡的年龄，他的活动爱好，他的抽烟习惯以及驾车记录后，对他的寿命的看法还会发生相当大的改变。

另外，具有很高的归纳概率的一些特定的因果法则的作用有时还可能被具有很低的数学概率的偶然因素的介入而抵消。例如，设R：与患有天花的病人接触，S：被传染天花疾病。那么，由于很少有什么相关环境能够阻止"与天花病人接触时不被传染上天花这种疾病的"，所以归纳概率 $P_I[S,R]$ 的值是应该是比较高的，但是，在这样的环境下——被注射天花疫苗后，再与患天花的病人接触时，被感染天花病毒的可能性将是很低的。也即特定的因果法则在某些相关环境，例如，被注射疫苗的条件下，可能失效。尽管这"某些相关环境"在整个的相关环境中所占有份额（即数学概率）也许很少的。相反，数学概率在遇到这种情况时，其概率值一般不会出现这种几乎完全抵消的现象。实际上，二者之间的这种差异的出现并不令人奇怪，这是因为：归纳概率涉及特定单个事件的证据与该事件之间的概率关系，而数学概率除了这样，还考虑外延因素，即类的一些因素[①]，例如，与这种概率的一个融贯集合中特定事件的概率相联系，或与一个参照类中特定事件的频率相联系，或者与前提和结论均为真的可能世界集相联系，或与根据这种事件的样本来估计的习性（propensity）相联系，等等。

（2）从逻辑句法来看。前面论述过，归纳支持函数 $S[H,E]$ 不可归

---

　　① 任晓明：《当代归纳逻辑探赜——论柯恩归纳逻辑的恰当性》，成都科技大学出版社1992年版，第107页。

约为以数学概率——$P_M[E,H]$，$P_M[H]$ 以及 $P_M[E]$——为变元的任何数学函数表达。而归纳概率测度 $P_I[S,R]$ 又是根据归纳支持函数来定义的，所以归纳概率测度不可能用——$P_M[E,H]$，$P_M[H]$ 以及 $P_M[E]$——为变元的函数来表示。但是，这并不能排除归纳概率函数 $P_I[S,R]$ 不能够用——$P_M[R,S]$，$P_M[S]$ 以及 $P_M[R]$——为变元的某个函数来表示。但是下面的论述表明这种表达也是不行的：

首先，这种论述不能采用类似于归纳支持中[1]反数学概率主义的那种来论述。这是因为，归纳支持中的那种论述是基于这样的事实：即使当证据 E 报告一个与 H 反常的、或者与 H 矛盾的证据，归纳支持函数 S[H，E] 测度也可能大于 0。但是，当 R 与 S 矛盾时，与数学概率一样，归纳概率函数 $P_I[S,R]$ 通常情况下其值为 0。这是因为：在 R 与 S 矛盾时，即 R 必然蕴涵 ¬ S 时，则有 $P_I[\neg S,R] = n/(n+1)$[2]；并且，因此，如果 $P_I[\neg R] = 0$，那么就有 $P_I[S,R] = 0$（归纳概率否定原则）。

其次，在论述归纳支持函数与数学概率函数的不可通约性的第一阶段与第二阶段时，我们是基于归纳支持函数的合取原则进行的。既然归纳概率的合取原则与归纳支持的合取原则具有精确的同构性，那么有理由希望归纳概率与数学概率之间的不可通约性可以采用类似的方法来论证。实际上，只要进行适当的修改，关于归纳支持函数与数学概率函数之间不可通约性的论证是完全适合于归纳概率与数学概率之间的不可通约性的论证的。所以这里，我们可以得到结论：归纳概率 $P_I[S,R]$ 的值不可用相应的数学概率——$P_M[R,S]$，$P_M[S]$ 以及 $P_M[R]$——的某个函数来表达，除非归纳概率的应用范围受到不可容忍地限制，要么是只给证据命题的数学概率函项（即 $P_M[R]$）赋值。因此，归纳概率不可能用数学相应的数学概率的任何数学来表达。

（3）可列可加性角度。我们知道，数学概率是以集合论为基础的，而集合中元素之间是无序的，且当全集给定时，事件的所有可能结果的数量就严格地决定了该事件发生的数学概率，因而，可以说数学概率具有可列可加特征；相反，归纳概率只是关于事实问题的一种等级划分。对于可

---

[1]   Jonathan Cohen, *The Probable and The Provable*, Clarendon Press Oxford 1977. p. 188.

[2]   Jonathan Cohen, *The Probable and The Provable*, Clarendon Press Oxford 1977. p. 219.

列可加性的特征，坎贝尔（Campbell）在很早以前就论述到："在本身可以通过测量的那些物理特征（例如，物体的重量）与本身不能通过测量的那些物理特征（例如，物体的颜色）之间的差异是产生于这些物理量本身是否具有可加性。这里的可加性是指：如，两个同样重的物体叠加在一起可以得到两倍于其中一个物体的重量的物体。同样地，我们可以将一个坛子中的红球的比例加倍而得到红球被抽到的概率变成原来的二倍。"①根据坎贝尔的论述，可列可加系统必要条件：（1）两个特征值之和一定大于每个特征值；（2）等量之和必相等。由此可得，可列可加的系统的特征值必定仅仅依赖于所加的特征值的大小，而与——如加法的顺序，加法之间的相互关系等无关。所以，如果归纳概率具有类似于数学概率那样的测量特征，那么要么存在类似于上述的加法过程，要么归纳概率可以用其他的具有加法特征的物理特征来定义或者表示。并且，我们知道，归纳概率是通过归纳支持来定义的，所以如果上述假设是正确的话，那么归纳支持测度也应该是可列可加的。下面笔者论述，归纳概率或归纳支持函数不满足可列可加系统中的必要条件。

　　从认识论角度。若归纳概率系统存在可列可加性，则归纳支持测度赖以建立的实验一定这样：当已有一个或几个相关变量起作用时，再引入新的相关变量，则这种作用会被加强，即归纳支持的测度将变大。但是只有待检验概括句成功地抗拒了新的相关变量的证伪，归纳支持测度及归纳概率测度才会增加；如果概括句没有抗拒证伪，则归纳支持测度不增加；而在新的相关变量的证据下，归纳概率测度却为 0。也就是说，只有当证据有利于概括句，可列可加系统的必要条件（1）才勉强被满足。

　　但是，可列可加系统的第二个条件却不能被满足。因为，当引入新的相关变量时，结构特征值不仅依赖于原来的实验结构的特征值及那个新的特征值，还依赖于它们所相加的顺序及所叠加的方式。一般地，我们不可以在归纳支持的各种等级之间比较，除非这些归纳支持是来自于同一概括句越来越复杂的实验序列的测度。而且，归纳支持测度所依据的实验序列是基于这样的假设：潜在证伪假说的相关变量的能力大小是既定的。进行这样预设的一个理由是：不同的相关变量在证伪假说的能力上存在本质差

---

　　①　N. R. Campbell, *Physics, the Elements*, Cambridge University Press, 1920, p. 277.

异。所以，即使在不同的归纳支持之间的等级可以作出比较，我们也不能在已经设计好的相关变量的实验序列之间随心所欲地选择两个或者三个相关变量来组建实验，因为不同的相关变量在实验序列中位置是固定不动的。进一步地，即使各个相关变量的潜在证伪能力是相等的，也不能随心所欲地选择几个相关变量来组建实验。因为自然界的构成本质上往往是这样的：就证伪假说而言，某个相关变量的一个特定的相关变素与另一个相关变量的特定的变素的组合的证伪能力往往大于两个相关变量中的其他的任意两个变素的组合的证伪能力。例如，在检验某种药物的安全性时，药物的剂量与病人的体重相组合所产生的证伪能力一般要大于病人的性别与病人的职业相组合所产生的证伪能力，即使药物剂量、病人体重、性别以及职业各自地具有相等的证伪能力。

根据上面的论述，本文认为，无论是归纳支持测度还是归纳概率测度都不具有可加系统的特征，即它们在本质上是不可计算的。这种不可计算性特征并不是因为在实际操作过程中计算的困难性，而是由于归纳的可靠性以及因果过程本身的复杂性导致它们的测度本身就是不可计算的。后面将会看到，也正因为归纳支持以及归纳概率的不可计算性导致在许多数学概率不能解释时，或者用数学概率概率解释会产生悖论时，归纳概率表现出它的强大的适用性。

第四节　柯恩—归纳概率的形式系统

培根的有无表，休谟的建议——通过新的实验来探究前面的实验中的每个特殊的环境是否真正相关于所探讨问题，威歇尔强调的归纳的一致性以及密尔的契合差异法等，都以不同的方式对排除归纳法的逻辑特质的探讨作出了重要的贡献。这些古典的归纳逻辑学家大多是以纯定性的方式来考察归纳论证结论的：即一个假说的正确性要么被认为是最终被确证的，要么被认为是最终被否证的，要么被认为是悬置的。然而，从柯恩所做的工作可看出，一个假说的结论的可靠性具有比较的、量化的特征并非绝对不可能。实际上，柯恩的归纳逻辑给出了这种可比较的、量化的排除归纳法理应遵循的一些基本句法。但同时，我们必须表明这些基本法则是可以形式化的，以致这些基本法则之间可以相互确证，否则这些基本句法仍然是模糊的，其合理性将会遭到质疑。而且，最好是能够将这些句法规约到我们已经熟知的逻辑系统内。我们知道，关于归纳论证第一个形式化系统是由卡尔纳普作出的，卡尔纳普系统包括概率演算及简单枚举归纳原则。该系统中，"如果 A，那么 C"的重复证据将提高"下一个 A 将是 C"的概率，然而，卡尔纳普系统的重要缺陷是——当论域中的个体无限多时，"如果 Ax，那么 Cx"的重复例证并不能提高"下一个 A 也是 C"的概率。尽管，辛迪卡推广了卡尔纳普系统，使得无限全称论域中的个体的先验概率非—0，以及该全称假说概括句可用枚举归纳法来确证。但是，卡尔纳普—辛迪卡系统是关于枚举归纳论证的形式系统。而培根型传统的归纳法是排除归纳法，因此，如果该归纳法能够形式化的话，那么将应该有别于卡尔纳普—辛迪卡的枚举归纳法的逻辑系统。根据柯恩的关于归纳支持和归纳概率所遵循的逻辑句法可以看出，它们的逻辑基础应该是刘易斯—巴坎模态逻辑 S4 系统的推广。本节研究这个 S4 的推广系统——O4 系统，[①] 以及 O4 系统与 S4 系统的关系。

在已构造的 S4 模态系统中，系统的初始元素只有一个不加定义的模态必然算子（□）以及一些非模态逻辑谓词常量。该 S4 系统可以推广以及一般化，扩充的系统不仅可表达标准模态"……是逻辑必然的"，而且还能够表达其他的特定的模态——"……是物理必然的"，也能够区别任何非—外延（non-extensionality）上不同的模态。这样的系统将如何建立？与刘易斯系统中的原始符号只包括一个模态算子不同，这里可以包括任何多个的模态算子，每个模态算子在其右上角标有不同的数字，即 $\Box^1$，$\Box^2$……$\Box^n$。那么当模态算子被扩充时，刘易斯的公理相应地也被扩充了。将扩充后的系统记为 O4。例如，在 O4 系统中，有公理模式：$\Box^n A \to^d \Box^n \Box^n A$，这里的 $B \to^d E$ 表示 $\Box^d \neg (B \wedge \neg E)$，$d$ 表示某个已被指派的正整数；该公理模式对应于 S4 中的公理模式：$\Box A \to \Box \Box A$（4 公理）。还有公理模式：$\Box^n A \to^d \Box^m A$，（这里的 $d \geq n = (m+1)$），根据这个公理模式，能够进行所需要的所有的等级模态算子的蕴涵推理，$\Box^d$ 表示最高等级模态算子，该公理模式相应于 S4 系统中的 $\Box A \to \Diamond A$（D

① 关于 O4 系统的详细论述，参见 J. N. Cohen *A Logic for Evidential Support* (I) and (II)，*British Journal for the Philosophy of Science*，17（1966：May—1967：Feb.）p. 21.

公理）。还有公理模式：$\Box^n \forall x(A) \rightarrow \forall x(\Box^n A)$（Barcan 公式）[①]。

那么 O4 系统中，等级模态算子下限是什么？实际上，在 O4 中，任何合式公式 A 都容许被标记为 $\Box^0 A$，以致公理模式 $\Box^n A \rightarrow^d \Box^m A$ 本身就包含着公理模式 $\Box^n A \rightarrow^d A$。即任何合式公式 A 都至少具有"0 级支持"，在这个模态等级序列中，没有"A"的位置，而是用"$\Box^0 A$"代替它。就像"……是逻辑真的"或者"……是分析真的"的模态等级强于"……是自然法则"的模态等级一样，同样，存在模态等级弱于"……是自然法则"的模态等级。例如，如果我们说，"至少存在 2/3 的理由使得某个人接受 A 是真的"的话，实际上，我们"既不是断言 A 是真的，也不是断言 A 是假的，而是暂时搁浅 A 的真假"。据这里的分析，我们可以将 O4 系统中对 A 所描述的模态等级从低到高排序：$\Box^0 A$，$\Box^1 A$，$\Box^2 A$ ……$\Box^c A$，$\Box^d A$。位于序列后面的模态等级蕴涵前面的模态等级。其中，

$\Box^d A$：A 的最强模态（逻辑真或分析真）；

$\Box^c A$：仅次于最高级的模态（充分的归纳可靠性或得到 n 级的支持），类似于自然法则；

$\Box^i A$（$0 < i < n$）：A 具有 i 级归纳支持；

$\Box^0 A$：表示 A 具有 0 级可靠性，即任何命题 A 本身都容许被赋予的归纳等级。

0 表示这样的模态等级：没有言说有利于某个陈述的断言；c 表示模态等级：存在足够地理由认为某个陈述是可信的；d 表示模态等级：逻辑真的。关于等级"c"究竟表示什么数字，没有统一规定。例如，为了方便，可令 $c = 1$，这样 $\Box^{i/n}$ 表示"在 n 个证据中，至少有 i 个证据使得有理由接受 A。"这种赋值下，通常的确证函数同样有效，即若 C［H，E］＝1，则 H 是真的。但是，这种赋值绝非是必然的。例如，可令 $c = 100$，那么 $\Box^n$ 可解释为"100 个证据中，至少存在 n 个证据使得接受 A"。有时，索性将 $\Box^c A$ 作为 A 本身，既然 $\Box^c A$ 蕴涵着 A 是真的，即在模态等级序列中用 A 代替 $\Box^c A$，这样，定理模式 $\Box^n A \rightarrow^d \Box^m A$（$d \geq n > m$）本身仍然蕴涵 $\Box^n A \rightarrow^d A$（$n > c$）；且仍能证明 $A \rightarrow \Box^n A$（$c > n$），但此时，对于该定理是否隐含着存在理由去接受 A 则是不太清楚的。因为，

---

① S. A. Kripke, "Semantic Considerations on Modal Logic", *Act. Phil. Fenn.* xvi, p. 90.

在适当的情形下，对于"A是逻辑真的，或者A是分析真的，或者A是自然法则"则蕴涵着——例如，至少2/3的理由足够接受A是真的。但是，对于"A是真的"能够蕴涵"至少存在2/3的理由"接受A是真的吗？我们知道，"A是逻辑真的，分析真的，或者是自然法则"意味着要么存在着先验的理由必然接受A是真的，要么存在着完全充分的证据理由接受A是真的。然而，"A是真的"则对于究竟是存在先验的理由还是后验的理由的言说则是不清的：A的真既可以是归纳真的，即一个全称命题的前件与后件在各种情况都被例证；也可能是全称概括句的前件是空集，等等。为了避免这种蕴涵上的模糊性，在模态序列中，排除"A是真的"这种本身是非模态的状态。再者，由于一般的确证函数测度所采取的恰当形式应该是属于经验科学的，而不是形式逻辑的问题，而经验所关系到的论域也许是无穷的，所以，如果容许有无限的、可数的模态必然算子作为初始必然算子，也许是更加便利的。

"$\Box^0 A$"的解释：对于任何A而言，既然A要么是错的，要么应该得到某个证据支持，所以规定$\Box^0 A$至少存在0个证据证明A是真的。这样，$\Box^0 A$就作为模态序列中的最低模态等级。

"$\Box^n A$"表示，所有证据中有n个证据证明A是真的。同时必须注意到这种解释是就整体而言的，即所有证据中存在n个有利的证据。然而，在实际的证据确证过程中，往往需要表明证据的具体信息。确证函数应该告诉我们：从特定的证据陈述可推出"$\Box^n A$"，因此，确证函数C[H，E]≥n（n>0）应该定义为"$E \to^c \Box^n H$"，而不是"$E \to \Box^n H$"。这是因为：对于后者定义而言，对于任何E和H，如果E是错误的，那么C[H，E]≥n对于任何n都是真的，即可以从一个无关的或者错误的证据中，获得一个假说的无限等级的支持。为了避免陷入这种实质蕴涵怪论，将确证函数定义为前者。

同样地，可定义：

C[H，E]>0 $=^{def}$ ∃$\Box^x$（E$\to^c \Box^x H$），

C[H，E]=0 $=^{def}$ ¬（C[H，E]>0），

C[H，E]≥0 $=^{def}$ C[H，E]>0 ∨ C[H，E]=0；

C[H，E]≤n $=^{def}$ ∀$\Box^x$（（E$\to^c \Box^x H$）→（$\Box^n H \to^d \Box^x H$）），

C[H，E]=n $=^{def}$（C[H，E]≥n）∧（C[H，E]≤n）；

$$C [H, E] \geq C [I, F] =^{def} \forall \Box^x ((F \to^c \Box^x I) \to (E \to^c \Box^x H)),$$

$$C [H, E] > C [I, F] =^{def} — (C [I, F] \geq C [H, E]),$$

$$C [H, E] = C [I, F] =^{def} (C [I, F] \geq C [H, E]) \wedge (C [H, E] \geq C [I, F])。$$

O4 系统是刘易斯—巴坎系统的一般化。下面对 O4 系统进行具体的讨论。

初始符号:

"P"、"Q"、"R"、"S" 等:表示一元或者多元一阶谓词符号;

"x"、"y"、"z" 等:表示个体变元;

"$\Box^d$"、"$\Box^c$"、"$\Box^m$":表示模态常项算子;

"$\Box^x$"、"$\Box^y$"、"$\Box^z$":表示模态变量算子;

"( )"、"¬"、"∧"、"∃":分别表示括号、否定、合取以及存在量词;

有时,个体变元、模态变元也可以无差别地用 ν 和 ω 来表示;并且,必要时可以用数字上标来表示对初始语言符号普遍化。

合式公式(wff):

当 P 为 n 元谓词时,$Px_1x_2 \cdots x_n$ 是一合式公式;如果 A 和 B 是合式公式,那么 ¬ A、(A ∧ B)、∃ ν (A) 以及 $\Box^x$A 为合式公式;用 "A"、"B"、"C"、"D"、"E"、"F" 等代表合式公式。

定义模式:

1. $(A \to B) = df ¬ (A \wedge ¬ B)$

2. $(A \leftrightarrow B) = df ((A \to B) \wedge (B \to A))$

3. $(A \vee B) = df (¬ A \to B)$

4. $(A \to^n B) = df \Box^n (A \to B)$

5. $(A \leftrightarrow^n B) = df ((A \to^n B) \wedge (B \to^n A))$

6. $\Diamond^n A = df ¬ \Box^n ¬ A$

7. $\Box^0 A = df (\exists \Box^x (\Box^x A) \vee ¬ \exists \Box^x (\Box^x A))$

8. $(A \to^0 B) = df \Box^0 ¬ (A \wedge ¬ B)$

9. $\forall \nu (A) = df ¬ \exists \nu (¬ A)$

10. $C [H, E] > 0 = df \exists \Box^x (E \to^c \Box^x H)$

11. C〔H，E〕＝0＝df¬ C〔H，E〕＞0

12. C〔H，E〕≥0＝df（C〔H，E〕＂＞0）∨（C〔H，E〕＝0）

13. C〔H，E〕≥n＝df（E→^{e}□^{n}H）

14. C〔H，E〕＜n＝df¬ C〔H，E〕≥n

15. C〔H，E〕≤n＝df∀□^{x}（（E→^{e}□^{x}H）→（□^{n}H→^{d}□^{x}H））

16. C〔H，E〕＞n＝df¬ C〔H，E〕≤n

17. C〔H，E〕＝n＝df（C〔H，E〕≥n）∧（C〔H，E〕≤n）

18. C〔H，E〕≥C〔I，F〕＝df∀□^{x}（（F→^{e}□^{x}I）→（E→^{e}□^{x}H））

19. C〔H，E〕＞C〔I，F〕＝df¬ C〔I，F〕≥C〔H，E〕

20. C〔H，E〕＝C〔I，F〕＝df（C〔H，E〕≥C〔I，F〕）∧（C〔I，F〕≥C〔H，E〕）

定理模式：[①]

如果一个合式公式 A 是一个定理，则可简单记为：⊢A。

21. 如果 A 是逻辑真，则⊢A。

22. 如果⊢A 且⊢A→B，则⊢B。

23. 如果⊢A，则⊢□^{d}A 且⊢◇^{n}A，这里 $c > n$。

24. ⊢（A→^{n}B）→（□^{n}A→^{n}□^{n}B），这里 $n \geq c$。

25. ⊢（A→^{n}B）→（□^{n}A→□^{n}B），这里 $c > n$。

26. ⊢□^{n}A→□^{m}B，这里 $n > m$。

27. ⊢□^{c}A→A。

28. ⊢□^{n}A→□^{n}∀$_x$（A）。

29. ⊢A→∀$_v$（A），这里 v 不在 A 中自由出现，或者 v 是□^{x}。

30. ⊢∀v（A）→B，除了 x 的自由出现，或者□^{n}的出现外，无论 A 有无 v 的自由出现，B 与 A 都是一样的。

31. ⊢∀v（A→B）→（∀v（A）→∀v（B））。

32. 若⊢A，则⊢∀x（B），除了 x 在 B 中的自由，y 在 A 中的自由出

① 关于这里所列举的定理以及某些定理的证明参见：L. Jonathan Cohen, *A Logic for Evidential Support*（*II*），The British Journal for the Philosophy of Science, Vol. 17, No. 2（AUG.，1966），pp. 116—126.

现外，B 与 A 是一样的。

33. 若 $\vdash$ A，且 $\square^n$E 在 A 中出现；且，如果在某种情况下，$\square^n$E 出现在 A 中且对于所有的 m，有 $\vdash$B，（这里，除了 $\square^m$E 出现在 A 中外，B 和 A 是一样的）；那么有 $\vdash$C（这里除了 $\square^x$ 自由出现在 C 中外，C 与 A 是一样的）。

（34——37 是辅助规则）

34. 若 $\vdash$ A $\wedge$ B，则 $\vdash$ A 且 $\vdash$ B。

35. 若 $\vdash$ A 且 $\vdash$ B，则 $\vdash$ A $\wedge$ B。

36. 若 $\vdash A_1 \to A_2$，$\vdash A_1 \to A_3$，……$\vdash A_{n-1} \to A_n$，则 $\vdash A_1 \to A_n$。

37. 若 $\vdash$ A，则 $\vdash \square^n$ A。

（38——40 是模态算子中的特定特征）

38. $\vdash \square^n$ A $\to$ A，这里 $n \geq c$。

39. $\vdash$ （A $\wedge$ （A $\to^n$ B））$\to$ B，这里 $n \geq c$。

40. $\vdash$ A $\to \diamondsuit^n$，这里 $n \geq c$。

（41—62 是模态算子表现出的另一些标准特征）

41. $\vdash$ （A $\to^n$ B）$\to$ （$\square^m$ A $\to \square^m$ B），这里，$n >$。

42. $\vdash$ （$\square^n$ A $\wedge$ （A $\to^n$ B））$\to \square^n$ B。

43. $\vdash$ （A $\to^n$ B）$\to$ （$\neg$ B $\to^n \neg$ A）。

44. $\vdash$ （（A $\to^n$ B）$\wedge$ （B $\to^n$ C））$\to$ （A $\to^n$ C）

45. $\vdash$ （（A $\to^n$ B）$\wedge$ （A $\to^n$ C））$\to$ （A $\to^n$ （B $\wedge$ C））

46. $\vdash \square^n$ A $\leftrightarrow$ （$\neg$ A $\to^n$ A）

47. $\vdash \square^n$ A $\to$ （B $\to^n$ A）。

48. $\vdash \square^n \neg$ A $\to$ （A $\to^n$ B）。

49. $\vdash \square^n$ （A $\wedge$ B）$\to$ （$\square^n$ A $\wedge \square^n$ B）

50. $\vdash$ （$\square^n$ A $\wedge \square^m$ B）$\to \square^m$ （A $\wedge$ B），这里 $n \geq m$

51. $\vdash$ （$\square^n$ A $\wedge \square^n$ B）$\leftrightarrow \square^n$ （A $\wedge$ B）

52. $\vdash \square^n$ A $\to \square^n$ （A $\vee$ B）

53. $\vdash$ （$\square^n$ A $\vee \square^m$ B）$\to \square^m$ （A $\vee$ B），$n \geq m$

54. $\vdash$ （A $\wedge \neg \square^n$ A）$\to \neg \square^n$ （A $\wedge \neg \square^n$ A）

55. $\vdash \diamondsuit^m$ A $\to \diamondsuit^n$ A，这里 $n \geq m$.

56. $\vdash \neg \square^n$ （A $\wedge \neg$ A）

该定理表明，没有合法的理由支持自身矛盾的陈述.

57. $\vdash \neg\ (\Box^{n}A \wedge \Box^{m}\neg\ A)$，这里 $n > m$

58. $\vdash \neg\ \Box^{n}A \vee \neg\ \Box^{m}\neg\ A$，这里 $n > m$

59. $\vdash \Box^{n}A \to \Diamond^{m}A$. 这里 $n > m$

该定理表明，如果整个证据都有利于 A 的话，那么就不可能有利于 $\neg$ A.

60. $\vdash \Box^{n}\ (A \wedge \neg\ A) \to B$.

61. $\vdash (\Box^{n}A \wedge \Box^{n}\neg\ A) \to B$.

62. $\vdash (\Box^{n}A \to^{d} \Box^{m}A) \vee (\Box^{m}B \to^{d} \Box^{n}B)$

应用于模态算子中的迭代定理：

63. $\vdash \Box^{n}A \to \Box^{n}\Box^{m}A$，这里 $n \geq m \geq c$

64. $\vdash \Box^{n}\Box^{m}A \to \Box^{n}A$，这里 $m \geq c$

65. $\vdash \Diamond^{n}\Box^{m}A \to \Diamond^{n}A$，这里 $m \geq c$

$\Box^{0}$ 具有与初始模态算子的某些或全部具有相同的特性：

66. $\vdash (A \to^{0} B) \to (\Box^{0}A \to \Box^{0}B)$

67. $\vdash (\Box^{0}A \wedge (A \to^{0} B)) \to \Box^{0}B$

68. $\vdash ((A \to^{0} B) \wedge (B \to^{0} C)) \to (A \to^{0} C)$

69. $\vdash \Box^{0}A \to (B \to^{0} A)$

70. $\vdash \Box^{0}(A \wedge B) \leftrightarrow (\Box^{0}A \wedge \Box^{0}B)$

71. $\vdash \Box^{0}A \leftrightarrow \Box^{0}\Box^{0}A$

$\Box^{0}$ 也有自己殊性：

72. $\vdash \Box^{0}A$

73. $\vdash \Box^{0}A \wedge \Box^{0}\neg\ A$

74. $\vdash \Box^{0}(A \wedge \neg\ A)$

75. $\vdash \Box^{n}A \to \Box^{0}A$

含有量词的标准特征：

76. $\vdash \forall \nu(A \wedge B) \leftrightarrow (\forall \nu(A) \wedge \forall \nu(B))$

77A. $\vdash \forall \nu(\neg\ A) \to \neg\ \exists \nu(A)$

77B. $\vdash \forall \nu(A \to B) \to (\exists \nu(A) \to \exists \nu(B))$

含有量词的殊性：

78. $\vdash \Box^{n}A \to \forall x(A)$，这里 $n \geq c$

79. $\vdash \forall x (\square^n A) \rightarrow \square^n \forall x(A)$

80. $\vdash \square^n \forall x(A) \rightarrow \forall x (\square^n A)$

81. $\vdash \exists x (\square^n A) \rightarrow \square^n A$

82. $\vdash \Diamond^n A \rightarrow \forall x (\Diamond^n A)$

83. $\vdash \Diamond^n \forall x A \rightarrow \forall x (\Diamond^n A)$

关于 0 度证据的确证函数的逻辑句法：

84. $\vdash C [H, E] \geq 0$

85. $\vdash \Diamond^e E \rightarrow (C [H, E] > 0 \rightarrow C [\neg H, E] = 0)$

排除归纳法中的关于确证函数的否定原则可与卡尔纳普的否定原则 $C (\neg h, e) = 1 - C (h, e)$ 比较：

86. $\vdash \Diamond^e E \rightarrow (C [H, E] = 0 \vee C [\neg H, E] = 0)$

87. $\vdash \Diamond^e E \rightarrow (C [H, E] = C [\neg H, E] \rightarrow C [H, E] = 0)$，可以与卡尔纳普的否定原则比较：若 $C (h, e) = C (\neg h, e)$，则 $C (h, e) = 1/2$。

88. $\vdash \Diamond^e E \rightarrow (C [H, E] > C [\neg H, E] \rightarrow C [\neg H, E] = 0)$

89. $\vdash \Diamond^e E \rightarrow (C [H, E] \geq C [\neg H, E] \rightarrow C [\neg H, E] = 0)$

90. $\vdash C [H, E] = 0 \rightarrow C [H \wedge I, E] = 0$；卡尔纳普原则：如果 $C (h, e) = 0.$ 则 $C (h \cdot i, e) = 0.$

91. $\vdash C [H \vee I, E] = 0 \rightarrow C [H, E] = 0$；卡尔纳普原则：如果 $C (h \vee i, e) = 0$ 则 $C (h, e) = 0.$

关于非 0 证据支持的一般原则，可以与相应的卡尔纳普原则比较：

92. $\vdash C [H, E] \geq 0 \wedge C [H, E] \leq d$；相应的卡尔纳普原则：$0 \leq C (h, e) \leq 1$。

93. $\vdash C [H, \square^n H] \geq n$。

94. $\vdash C [H, E] \geq n \rightarrow C [H, E] > 0$。

95. $\vdash C [H, E] > C [I, E] \rightarrow C [H, E] > 0$。

96. $\vdash C [H, E] \geq n \vee C [H, E] \leq n$。

97. $\vdash C [H, E] \geq C [I, F] \vee C [I, F] \geq C [H, E]$。

98. $\vdash (E \wedge C [H, E] \geq n) \rightarrow \square^n H$。该分离规则可以通过目标语言中的确证函数的定义推出；可以比较卡尔纳普的元语言函数。

有时关于不同证据支持之间的比较的传递规则也是可以证明的。例如对于"大于等于"关系：

99. ├C［H，E］≥ C［I，F］∧ C［I，F］≥ C［J，G］→ C［H，E］≥ C［J，G］。

100. ├［（C［H，E］≥ n ∧ C［I，F］≤n）→ C［H，E］≥ C［I，F］。

101. ├（C［H，E］≥ C［I，E］∧ C［I，F］≥ n）→ C［H，E］≥ n

102. ├（C［H，E］≤n ∧ C［H，E］≥ C［I，F］）→ C［I，F］≤n

对于"大于"关系，我们相应地有定理：

103. ├C［H，E］> C［I，F］∧ C［I，F］> C［J，G］→ C［H，E］> C［J，G］。

104. ├（C［H，E］> n ∧ C［I，F］< n）→ C［H，E］> C［I，F］。可以用 62 证明。

105. ├（C［H，E］> C［I，F］∧ C［I，F］> n）→ C［H，E］> n

106. ├（C［H，E］< n ∧ C［H，E］> C［I，F］）→ C［I，F］< n

对于" = "关系，我们有定理：

107. ├C［H，E］= C［I，F］∧ C［I，F］= C［J，G］→ C［H，E］= C［J，G］。

108. ├（C［H，E］= n ∧ C［I，F］= n）→ C［H，E］= C［I，F］

109. ├（C［H，E］= C［I，F］∧ C［I，F］= n）→ C［H，E］= n

用"0"替换"n"还可以相应地证明：101，105，108 以及 109。

我们只关心确证函数对于全称概括句的排除归纳法的支持强度的逻辑句法。肯定的支持最终总是可以通过对关于全称假说实验的有利的反映以及不利的反映的缺失而得到（证据相关性条件）。因此，如果 E 在以某种方式支持 H，并且 F 支持 ¬ H 的话，那么 E 和 F 将不可能同时真：

110. ├（C［H，E］> 0 ∧ C［¬ H，F］> 0）→ □^{c} ¬ （E ∧ F）。在相关证据条件基础上，可以将该定理与定理 130 进行比较。

对于具体 H 和 E 来说，无论 E 是否给出 H 的证据支持度，都有：

111. ├□^{n}H → C［H，E］≥ n ，这里，n ≥ c 。比较卡尔纳普的规则：如果 h 是 L – 真的，则 c（h，e）=1 。

112. ├□^{n}H → C［H，E］>0 ，这里 n ≥ c 。

113. $\vdash \square^n \neg H \rightarrow (\diamond^c E \rightarrow C[H, E] = 0)$，这里 $n \geq c$。可以与卡尔纳普的规则比较：如果 h 是 L-假的，那么 c（h, e）=0。

114. $\vdash \square^n E \rightarrow (C[H, E] > 0 \rightarrow C[H, F] > 0)$，这里 $n \geq c$。

115. $\vdash \square^n \neg E \rightarrow C[H, E] \geq 0$，这里 $n \geq c$。该定理是说，如果某个陈述的否定至少是与我们的确证标度是一样合理的，那么该陈述也许支持任何假说。可以将之与卡尔纳普的论证比较：在 E 是 L-假的时，如果可以赋予 C[H,E]任何真值的话，那么我们通常地就有 C[H,E]=1。

关于 H 和 E 之间的某些限制规则：

116. $\vdash (E \rightarrow^n H) \rightarrow C[H, \square^n E] \geq n$，这里 $n \geq c$。

116A. $\vdash C[H, E] \geq c \rightarrow (E \rightarrow^c H)$

117. $\vdash \diamond^c \square^c E \rightarrow ((E \rightarrow^n \neg H) \rightarrow C[H, E] = 0)$，这里 $n \geq c$。

在 116 中的所描述的规则与卡尔纳普的规则，即如果 $\vdash e \rightarrow h$，那么 c（h, e）=1，相比较并不是显得有什么重要之处，既然这里确证理论不是测度 E 与某个假说相矛盾到 E 蕴涵该假说这样的跨度，而是测度从根本不存在支持假说到蕴涵该假说这样的跨度. 然而，在 117 中，可以将它与卡尔纳普的规则，即如果 $\vdash e \rightarrow \neg h$，那么 c（h, e）=0。这里与卡尔纳普主要不同的是：即 117 中的 $\diamond^c \square^c E$，这是因为：在排除归纳法中，我们对于 U 的反证据——证伪 U 的各种情形——本身必须是一个潜在的自然法则或者是自然法则的一个结论：理论上讲，没有理论被排除，只有更好地支持另一个理论。

两个假说之间的关系规则：

118. $\vdash (H \rightarrow^d I) \rightarrow (C[I, E] \geq C[H, E])$。这就是所谓的后承原则。卡尔纳普相应的后承原则是：如果 $\vdash e \cdot h_1 \rightarrow h_2$，那么 $C(h_1, e) \leq C(h_2, e)$。118 的证明可以借助 37 的模态命题特征，并且在 118 的帮助下，可得假说的一个等价原则：

119. $\vdash (H \rightarrow^d I) \rightarrow C[H, E] = C[I, E]$。卡尔纳普相应的等价原则：如果 $\vdash h_1 \leftrightarrow h_2$，那么 $C(h_1, e) = C(h_2, e)$。

特殊的相应的条件也是成立的：

120. $\vdash (H \rightarrow I, E) = d \rightarrow C[I, E] \geq C[H, E]$。卡尔纳普相应的规则：如果 $C(h_1 \rightarrow h_2, e) = 1$，那么 $C(h_1, e) \leq C(h_2, e)$。

121. $\vdash (H \leftrightarrow I, E) = d \rightarrow C[I, E] = C[H, E]$。卡尔纳普相应

的规则：如果 C $(h_1 \leftrightarrow h_2, e) = 1$，那么 $C(h_1, e) = C(h_2, e)$。

从 118 的后承原则，可分离得：

122. $\vdash C\ [H \rightarrow I,\ E] \geq C\ [I,\ E]$

123. $\vdash C\ [H \rightarrow I,\ E] \geq C\ [H,\ E]$

124. $\vdash C\ [H,\ E] \geq C\ [H \wedge I,\ E]$。可以与卡尔纳普相应的规则比较：$C(h \cdot i, e) \leq C(h, e)$。

125. $\vdash C\ [H \vee I,\ E] \geq C\ [H,\ E]$。可以与卡尔纳普相应的规则比较：$C(h, e) \leq C(h \vee i, e)$。

与 124 相对应，我们还有：

126. $\vdash C\ [H \wedge I,\ E] = n \rightarrow C[H, E] \geq n$

127. $\vdash C\ [H \wedge I,\ E] > n \rightarrow C[H, E] > n$

同样地，相应于 125，我们也有：

128. $\vdash C\ [H,\ E] = n \rightarrow C[H \vee I, E] \geq n$

129. $\vdash C\ [H,\ E] > n \rightarrow C[H \vee I, E] > n$。

如果用"0"替换"n"同样可以证明 126，127 以及 129。

据证据陈述的一个后承条件可以得到：

130. $\vdash (E \rightarrow^n F) \rightarrow C\ [H,\ E] \geq C\ [H,\ F]$，这里 $n \geq c$。如果 H 是一个全称假说，那么，在与 H 不相关时，E 和 F 一定要么报告关于 H 的反例，要么报告关于 H 的一个逻辑后承的反例。因此，在 E 蕴涵 F 的情况下，就不可能是 F 是与 H 相关的，而 E 是与 H 不相关的。相反地，要么 E 和 F 都是与 H 无关的，要么 E 和 F 不都是与 H 相关的，或者 E 和 F 都是与 H 相关的，所有这些情形都必然推出 130。如果 H 不是一个全称假说，那么 E 和 F 都不能给 H 肯定的支持，除非通过某个与 H 相关的全称假说，就像 133 那样。

从 130，我们得到关于证据陈述的一个等价规则：

131. $\vdash (E \leftrightarrow^n F) \rightarrow C\ [H,\ E] = C\ [H,\ F]$，这里 $n \geq c$。比较卡尔纳普的相应的规则：如果 $\vdash e_1 \leftrightarrow e_2$，那么 $C(h, e_1) = C(h, e_2)$。

在 28 和 118 的帮助下，我们可以得到关于全称陈述的支持与它们的例证的支持之间关系的一些特殊定理：

132. $\vdash C\ [\ \forall x_1 \forall x_2 \cdots \forall x_k H,\ E] = C\ [A,\ E]$，这里 A 不同于 H 之处仅仅在于：H 有 x_1 时，A 有 y_1；H 有 x_2 时，A 有 y_2；……H 有 x_k

时，A 有 y_k。

133. ⊢C［$\forall x_1 \forall x_2 \cdots \forall x_k$H，E］> C［$\forall x_1 \forall x_2 \cdots \forall x_k$I，F］↔ C［A，E］> C［B，F］，这里 A 不同于 H，以及 B 不同于 I 的均类似于 134 情形。

例证的比较规则的版本（就像 133 那样）是不限于证据陈述这方面的。例如，对于 E 来讲，可以将 E 指称 y_i 的元素，F 可以指称 z_i 的元素，这与通常中所要求是有区别的，我们不必局限于证据的全称陈述，就像在 116 中出现的那样，即使 133 中的 B 和 F 是相同的，我们从这个相同中得到的是 C［B，$\Box^c$F］的真值，而不是 C［B，F］的真值。

根据模态算子法则 50，可以证明确证函数的概括原则：

134. ⊢C［H，E］≥C［I，E］→C［H∧I，E］= C［I，E］。比较 Carnap 法则：c（h.i，e）= c（h，e）× c（i，e.h）.

134A. ⊢C［H∧I，E］= C［I，E］→ C［H，E］≥C［I，E］.

相应于 134，有：

135. ⊢（C［H，E］≥n∧C［I，E］=n）→ C［H∧I，E］= n

136. ⊢（C［H，E］≥0∧C［I，E］=0）→ C［H∧I，E］= 0。

据 136 和 120，可得假说的分离规则：

137. ⊢C［（H→I），E］≥C［H，E］→C［I，E］≥C［H，E］

137A. ⊢C［H，E］≥C［H→I，E］→C［H，E］≥C［I，E］。

138. ⊢C［（H→I），E］≥C［H，E］→（C［H，E］≥n→C［I，E］≥n）。

据 132 和 134，可证明例证的合取原则：

139. ⊢C［$A_1 \wedge A_2 \wedge \cdots \wedge A_k$，E］= C［$A_i$，E］，这里 A_i 不同于 A_j 的仅仅在于：当 A_j 有 y_1 时，A_i 有 x_1；……；当 A_j 有 y_r 时，A_i 有 x_r。

据 132，也可证明：如果证据与某个全称假说不相关，那么它也与该假说的任何代入例不相关，反之也然：即

140. C［$\forall x_1 \forall x_2 ... \forall x_k$H，E∧F］= C［$\forall x_1 \forall x_2 ... \forall x_k$H，E］ C［A，E∧F］= C［A，E］。

最后,也很容易表明:在 O4 中所定义的确证函数也满足这样的标准定理——这些定理是为了表达简单的对偶集,例如正整数,关于量级的比较等。（如果从初始模态算子的上标所表示的整数而言,这也许并不奇怪）。

Birkoff 给出了下面关于对偶方面的公理：

P1：对于所有 X，X≥X。

P2：如果 X≥Y，并且 Y≥X，那么 X = Y。

P3：如果 X≥Y，并且 Y≥Z，那么 X≥Z。

P4：给定 X 和 Y，要么 X≥Y，要么 Y≥X。

用 C［H，E］代表 X，用 C［I，F］代表 Y，用 C［J，G］代表 Z，对应 P3，我们有元定理 99，P4 对应于 97。而 P1 和 P2，分别对应于：

141. C［H，E］≥C［H，E］

142. （C［H，E］≥C［I，F］∧C［I，F］≥C［H，E］）≥C［H，E］= C［I，F］。

第五节　对非帕斯卡归纳概率逻辑的评价

一　沙克尔潜在惊奇理论与柯恩归纳逻辑的内在一致性

前面我们已论述过，沙克的潜在惊奇理论是第一个非帕斯卡概率系统。用 K 表示知识集，$b(h)$ 表示对 h 的信念度，$d(h)$ 表示对 h 的不信念度，沙克认为，潜在惊奇理论遵循规则：

（B1）：如果 $K\vdash\neg g$，那么 $b(g)=0$ 并且 $d(g)=1$。

（B2）：如果 $K\vdash g$，那么 $b(g)=1$ 并且 $d(g)=0$。

（B3）：$b(h\wedge g)=min(b(h)，b(g))$，并且 $d(h\wedge g)=min(d(h)，d(g))$。

（B4）：对于知识集 K 而言，一个既相互排斥又穷竭的假说集 $D(U)$ 中，至多存在着一个元素具有正的信念值 $-b$，并且也至多存在着一个元素具有正的不信念值 $-d$；同时，也至少有一个元素具有 0 度的 d-值，并且至少有一个元素的否定具有 0 度的 b-值。

之所以沙克尔潜在惊奇测度遵循上述这些测度规则？莱维认为，[1] 从人们的直觉角度来讲，X 对 $h\wedge g$ 信念度应该等于 $b(h)$ 和 $b(g)$ 中较小的信念度，这种思想是如此强悍以致使得那些建议将信念度看作数学概

---

① "Applications of Inductive Logic", *Proceedings of a Conference at The Queen's College*, Oxford, 21—24 August 1978. Edited by L. Jonathan Cohen and Mary Hesse, Clarendon Prees. Oxford 1980. p. 8.

率的人不得不放弃数学中的乘法原则。莱维进一步说，尽管直觉思维未必都正确，但可以肯定的是——贝叶斯主义者要求理性人用单点效用函数来处理信念状态肯定是错误的。并且莱维进一步地认为，沙克尔的测度对理性人的行为选择起着非常重要的作用，随着更多的信息加入到证据中来，对所要探究的问题所作出论断的权重将是更加充分。

实际上，沙克—莱维的测度方法在柯恩的归纳概率测度那里得到了进一步的贯彻。尽管在后者与前者之间有些重要的区别：（1）在本质上，前者函数目的在于鉴别这样的信念度——即在既定前提下，以接受规则的最低的信念度来提供相信某个信念的理由，如果该信念被接受为知识的话，这种函数是通过接受规则来加以定义的；后者函数，即培根型函数关注的是事实问题（而不是信念），这种函数是通过这样的强度——即某个适当的概括句经受住相关变量的干扰或者证伪的能力——来定义的。沙克—莱维函数关注的是现实问题，而培根型函数关注的是对于现实的观念问题，类似于帕斯卡概率的倾向性解释与主观概率解释关系。（2）培根型归纳概率必须用相关变量法来加以评价，而沙克—莱维函数并不固定于一种评价标准——例如，$Hacking_k$[①]，$Levi_k$[②] 以及 $Kyburg_k$[③] 等都可以作为评价标准。当然也可以用相应的培根概率来评价沙克—莱维函数：给定 R 的条件下，相信 S 的理由可以转化为"给定 R 条件下的 S 的培根概率"。但是，柯恩的归纳概率与沙克—莱维的理论测度之间最重要的是它们具有

---

　　① $Hacking_k$：令 U 中的元素表示假说集，D（U）表示 U 中元素所有可能的析取的集合，K 由背景知识 b 组成，e 陈述实验的结果以及由实验结果的演绎后承所组成。根据 e，U 中所有可能的假说都被给定。根据 e，h^* 是 U 中具有最大可能的假说，h_i 是 U 中另一个假说。h_i 被拒绝（¬ h_i 被接受），当且仅当 L（h_i；e）/L（h^*；e）<k。D（U）中的 g 被接受，当且仅当 g 等于 U 的某个子集的元素的析取以致以致所有这些析取肢都属于 U 的被拒绝的子集。（关于 $Hacking_k$ 的具体论述可参阅 I. 哈金,,《统计推理的逻辑》（1965），第89—91页。）

　　② $Levi_k$：令 B 表示信念状态，根据 B 来对于 U 中的所有元素进行先验地概率 Q - 函数分布；R 是 U 的元素的概率分布的另一个凸集（称为 M - 分布）。这些都是决定概率函数的信息。拒绝接受 h_i，当且仅当对于 B 中每个 Q - 函数以及 R 中 M - 函数，有 Q（h_i）<kM（h_i）。接受 D（U）中的 g，当且仅当，对于 K 来讲，¬ g 等于 U 中被拒绝的元素的析取。（关于 $Levi_k$ 的具体论述，可以参见 I. Levi, 'Information and Inference', Synthese 17, 1967, pp. 369—91.）

　　③ $Kyburg_k$：令 $m = k/2$，这里的 m 的范围 [0, 1]。接受 D（U）中的 g，当且仅当 Q（g）>$1 - m$；拒绝 g，当且仅当 $1 - Q$（¬ g）= $\overline{Q}$（g）<m。（关于 $Kyburg_k$ 的具体论述，可以参见 H. E. Kyburg, *Probability and the Logic of Rational Belief.*, Wesleyan University Press, 1983.）

了相同的逻辑句法：非否定互补律，合取不减律以及析取不增律等规律；并且也分享同一个形式结构（即模态逻辑 S4 系统的扩充）。

二 对柯恩归纳逻辑理论的评价与辩护。

柯恩的非帕斯卡概率逻辑与帕斯卡概率逻辑有着本质的区别，并且该归纳概率系统能够在逻辑学的大家族中取得自己的合法地位；同时柯恩声称他的归纳概率系统有着广泛的应用领域。尽管这样，仍然有不少学者对此归纳逻辑系统提出了质疑，这表现在可应用性方面和理论本身的一致性方面。本段将探讨这些问题，并对柯恩的非帕斯卡概率作适当的辩护。

（一）可应用性方面

F. 施科曼（Ferdinand Schoeman）的评价：

我们知道，柯恩的归纳逻辑是源于数学概率在英美法律论证推理中的失效而发展起来，并且柯恩标榜自己的理论能够成功地摆脱数学概率用于法律推理过程中所遭遇的困境。例如，关于合取原则的应用，柯恩的理论表明，如果我们认为 P_M 能够正确地刻画由许多独立因素组成的法律论证的话，当我们增加新的因素时，如果使用乘法原理，这必然将每次削减论证的强度。但是，如果我们使用 P_I 的话，那么对于每增加新的因素时，我们不是像 P_M 那样来组合新的因素，而是使得最低确证度的论点被确证。这意味着如果每个论点已经被表明是占优证据的话，那么这些分论点的合取也必然是占优。如果确证度最低的分论点没有满足占优的话，它们的合取也就不是占优的。柯恩认为，之所以出现合取概率不减的规律乃是因为随着新的证据因素的增加，我们将改变具有普遍规律的概括句，或者说使用越来越精致的概括句。所以，例如，如果某个案件要求建立 A，B，C 和 D 四个论点才能得出结论 S 的话，那么我们只要求这样的一个概括句，该概括句断言——凡是 A，B，C 和 D 的东西，也是 R。这样，在确定证据 R 时，我们就能够确定 A，B，C 和 D，并且从中我们就能够得出结论 S。

然而，施科曼（1987）认为，"这种随着新因素的增加，将不断地考虑不同的具有普遍规律的概括句并不能减少分论点合取的结果的错误的可能性。因为随着条件句的前件变得越来越复杂，要想确定某个既定的情形都表示该条件句的前件的一个例证将会更加困难。如果我们沿着柯恩的思路走下去，那么我们排除那些不确定的结果所依据的论断的水平将仅仅是把概括句的前件使用于现实的状态。但是，这只有当审判员们知道哪种概括是相关以后，他们才能知道哪种论断被作出"[1]。因此，施科曼认为，尽管柯恩标榜自己的理论可以用于解释法律论证中的概率问题，但是实际上是不恰当的。

笔者认为，尽管施科曼对柯恩的理论应用法律论证的批判是有道理的，但是，我们必须注意柯恩的理论本身就是放弃那种先验的概率全能或逻辑全能的形而上学的思辩，代之以局部的、实验的方法为归纳逻辑进行辩护的，因而其必须扎根于实验的结果，并且必须随着实验结果而可能进行必须的修改。因此，从这种角度讲，柯恩的理论尽管有时表现的复杂些，但依然不失其理论价值和应用价值。

布兰克伯（Blackburn）的评价：布兰克伯认为，根据"柯恩理论中合取原则——如果 H 和 H' 是两个独立的假说，并且 $P_I(H) > P_I(H')$，那么 $P_I(H \wedge H') = P_I(H')$"，可得，$P_I(H \wedge H')$ 的值仅仅随着 $P_I(H')$ 的值的增加而增加。进一步到：如果一个案件 C 包括几个论点（H_1，H_2，……，H_N），假设存在这样的两种情形——分别被标有归纳概率 $P_I(..)$ 和 $P_I'(..)$。如果 $P_I(H_1)$ 略小于 $P_I'(H_1)$，但是 $P_I(H_i)$ 远大于 $P_I'(H_i)$ 的话，那么将得到 $P_I(H_1 \wedge \cdots \wedge H_N) < P_I'(H_1 \wedge \cdots \wedge H_N)$。[2] 布兰克伯认为，这种结论无论如何都是令人费解的。他设想了夫妻争夺孩子抚养权的案例——比如，双方在每个可能的论点方面都提供证据证明自己有能力获得抚养权，如孩子对自己都不恐惧，从来不虐待孩子，都为孩子的幸福着想等等。布兰克伯说，"我根本看不出法官将会对夫妻双方的抚养权力作出等可能的判决，如果一方的各个论点中只有一个论点是几乎等于另一方中的最低的论点，而其余的论点均是远远高于另一方中的其余的论点。"

实际上，针对布兰克伯的关于归纳概率的合取原则的质疑，笔者回应：在上述布兰克伯的想象的案例中，被建立的每个事实的归纳支持的度

---

[1]　Ferdinand Schoeman. "Cohen on Inductive Probability and the Law of Evidence", *Philosophy of Science*, Vol. 54, No. 1 (Mar., 1987), pp. 76—91.

[2]　L. Jonathan Cohen and Mary Hesse, *Applications of Inductive Logic*, The Queen's College, Oxford, 21—24 August 1978. pp. 190—191.

将是多少——他们具有什么样的抚养方式，他们被孩子爱的的程度，具有
怎样的和蔼，怎样的魅力等等，很明显，法官必须将这些因素的不同的程
度综合到一起变成单一的论点，而不是像布兰克伯描述的那样变成几个对
等的分论点，它们并非是真正意义上的相互独立的。这里，所有这些各个
论点的所谓的不同的证据概率实际上应该理解成监护人的"人格魅力"
的不同，从这个角度理解的话，实际上，所有的所谓不同的证据其实是同
一个因素在各个方面的表现，因而，并非是真正相互独立的不同的因素。
所以，法官是根据最后的加权的结果作出裁决的。

（二）理论本身的恰当性方面

R. G. 斯维布因（R. G. Swinburne）的评价。在柯恩的理论中，柯恩
认为，不仅根据证据 e 的关于假说 h 支持度 s（h，e）不等于数学概率 P_M
（h，e），而且根本不能用数学概率——P_M（e，h），P_M（e），P_M（h）的
任何函数来表示。这个论证是基于他的证据支持原则。然而，斯维布因认
为[1]，柯恩的证据支持原则是反直觉的：先简略回顾一下有关的原则：关
于等值原理和例证相似性原则。等值原理：对于任何命题或陈述 e，f，h
和 i，根据某种非—偶然假设（如逻辑法则或数学法则），如果 e 等值于
f，并且 h 等值于 i，那么 s（h，e）=s（i，f）。例证相似性原则（the In-
stantial Comparability）：对于任意 e，e'，p，p'，u 和 u'，如果 u 和 u'是
……概括句，p 和 p'分别仅仅[2]是 u 和 u'的代入例，e 和 e'分别表示探究领
域中的证据，那么 s（u，e）>s（u'，e'），当且仅当 s（p，e）>s（p'，
e'）。该原则表明，一个概括句"∀x（Ax→Bx）"比另一个概括句"∀x
（Cx→Dx）"得到更好的支持，当且仅当前者概括句的一个特例的预测
"A 将是 B"比后者概括句的一个特例的预测"C 将是 D"得到更好的支
持。斯维布因用下列实验来表明柯恩的归纳支持函数与数学概率函数之间
是不可通约的：令 U^1 表示"所有乌鸦都是黑色"，U^n 表示"所有 n – tup-
les 乌鸦是 n – tuples 黑色的鸟"，并且 P^1 表示"第 i 只乌鸦将被观测到是
黑色"。我们假定至少有 n 只乌鸦，那么 U^1 等值于 U^n。因此，根据等值

① R. G. Swinburne, Cohen on Evidential Support, *Mind*, New Series, Vol. 81, No. 322. （Apr.，1972），pp. 244—248.

② 这里的"仅仅"一词意为——按照柯恩的理解，是根据 p 和 p'所给出的所有可能的相关信息而作出的。

原则，"由某个证据 e 给 U^1 的支持度"将等值于"由同样的证据 e 给 U^1 的支持度"。但是，从例证的相似性原则，可以得到，如果特定的证据给两个概括句的支持度相等的话，那么该证据给这两个假说概括句的代入例的支持度也是相等的。因此，证据 e 给 P^1 "第一只乌鸦将被观察到是黑色的"的支持度应该等于合取判断——$P^1 \wedge P^2 \wedge \cdots\cdots \wedge P^n$（即下列 n 只乌鸦均被观察到是黑色的）支持度。可以形式表示为：$s(P^1, e) = s(P^1 \wedge P^2 \wedge \cdots\cdots \wedge P^n, e)$。很显然，$P_M(P^1, e)$ 不等于 $P_M(P^1 \wedge P^2 \wedge \cdots\cdots \wedge P^n, e)$，所以，$s(P, e)$ 不等于 $P_M](P, e)$。而且进一步地论述表明，$s(P, e)$ 不可能是 $P_M(e)$，$P_M(P)$ 以及 $P_M(e, P)$ 的函数。斯维布因认为，柯恩的论证尽管是严格的，但是对于该论证的前提条件"例证的相似性原则"却要保留意见，因为该原则的正确性要依赖于柯恩对"支持"概念一词的理解。关于支持一词的论述，恰恰在柯恩的理论中显得有些轻描淡写。例如，柯恩曾经提到过，"归纳支持的一种类型的例证至少对于每个人都是熟悉的，并且经常地被描述为：在自然科学中，当关于某个问题的某种解答的假说已经被实验检验，并且实验报告是支持该假说的"。斯维布因认为，如果这就是柯恩理论中所理解的"支持"一词的含义的话，那么他的例证相似性原则就是错误的，并且他的反帕斯卡概率结论也是不正确的。按照柯恩的理解，"观察到第一只乌鸦将是黑色的"与"观察到任意给定的 n 只乌鸦将是黑色的"对于某个假说可以具有相同的归纳支持度，那么顺着这种理解发展下去，这将意味着：对于"下一个乌鸦被观察到是黑色的"与"下面一万亿个乌鸦被观察到将是黑色的"具有相同的预测度。然而这是多么地荒谬！例如，如果我们观察了六只乌鸦，其中五只是黑色的，另一只是非黑色的，那么这个证据将很可能产生这样的预测：下一个乌鸦将是黑色的，但不太可能产生这样的预测：下面一万亿个乌鸦将是黑色的。所以，斯维布因认为，柯恩的理论中的这个反直觉的前提的存在是显得有些勉强。进一步地，斯维布因根据这个反直觉的前提，断言柯恩理论中的大部分原则（如合取不减原则等）都有反直觉的嫌疑。

然而，笔者认为，斯维布因的批评也许有些道理，但是，斯维布因却忽略了柯恩的理论的一个基本假定：即实验结果可重复性原则。如果说，实验结果是可重复的话，当然一个实验结果与相同条件下的多个实验结果其对于假说的支持度以及对下面的一个或几个的事例的预测度应该是没有区别的。我们知道，实验的可重复性假说并没有违反直觉，并且这个假说也是实验科学家们严守的基本准则。至于斯维布因的反驳例证也许可以这样理解：根据实验报告"在六只乌鸦中有五只是黑色的"，按照实验结果的重复性原则，我们只能作出预测大约每六只乌鸦中就可能有五只是黑色的，而不能作出其他的不同陈述的预测。

　　赫尔皮因（Hilpinen）的评价。赫尔皮因论述到，[①] 根据柯恩的理论，在形式上，归纳支持一词类似于必然性的概念，因而（培根的）归纳支持逻辑能够被看成是可能世界中的模态逻辑。柯恩在他的著作中详细地论述了后者，但关于前者的论述则有些暧昧。

　　按照柯恩理论，一个概括句的支持度依赖于它"通过越来越严格的实验检验"，即抗拒越来越复杂的实验的证伪。一个假说被某个实验证伪，当且仅当，该假说与实验的结果不协调；一个假说抗拒某个实验的证伪，意为"假说与实验结果相容"。赫尔皮因说，在这里，支持的"培根"逻辑实际上属于模态逻辑；但这里所涉及的支持概念更加类似于可能的概念，而非必然的概念，同时支持概念既不满足合取原则，也不满足否定原则和一致性原则（这些原则都是柯恩极力辩护的原则）。可以承认，这些原则在某些特殊的情形下可以是正确的，如，实验所检验的某个简单的全称概括句——$\forall x\,(Rx \to Sx)$，或者该概括句的修改式——$\forall x\,(Rx \wedge C_i \to Sx)$，这里的 C_i 是各种相关变量的某种组合。然而，如果合取原则和否定原则被看作是支持逻辑的普遍法则的话，那么就很难去理解赫斯所说的"判决性实验"的逻辑。[②] 因为，判决实验是用来排除竞争性理论的。

　　同时，按照柯恩的支持逻辑理论，一个实验陈述 E 也许将给与证据 E

――――――――

　　① 　L. Jonathan Cohen and Mary Hesse, *Applications of Inductive Logic*, Proceedings of a Conference at The Queen's College , Oxford, 21—24 August 1978. p. 191.

　　② 　赫斯在《科学推理的结构》一书的第九章谈到，一个理论的确证包括该理论所使用的环境的相似性判断。这实际上是枚举归纳法的延伸，然而，乍看起来也许发展排除归纳法是更加适合的。因为，假如我们将理论用所熟悉的演绎形式加以表达，并且进一步假设我们所关注的只是相互竞争的理论的话，那么"判决性实验"可以这样来建立：即该实验证伪这些竞争理论中的某些，并且提高了剩余理论的析取的后验概率，理想情况下，直到剩下一个理论，而其余竞争理论均被排除，那么该没有被排除的理论的确证的概率就是 1。

不一致的假说 H 正的归纳支持度。这种结果反映了这样的事实：即使证据 E 表明假说 H 是错的，也能够说明 H 具有某种程度的可靠性，即在某个可能的环境组合中是成立的。所以，赫尔皮因认为，在这方面，柯恩的归纳支持概念与波普尔的"似真性"（verisimilitude）概念是一样的，这也同时表明，支持逻辑应该类似于可能的逻辑，不应类似于必然的逻辑。但是，"似真性"概念并不满足柯恩的合取原则和否定原则：因为两个相互排斥的假说也许都具有很高的似真度。

所以，在赫尔皮因看来，归纳可靠性的等级（即通过相关变量而获得的）是通过各种可能的等级，而不是通过较低的必然度逐渐上升的。

下面来分析赫尔皮因对柯恩的理论批评是否是恰当的。众所周知，波普尔的似真性概念已经遇到了严重的困境，[①] 而培根型归纳支持概念恰恰可以摆脱这个困境。第一，我们知道，培根型的归纳支持是基于实验推理的相关变量法而建立的自然法则。因此，达到了某个中间状态（即获得了部分支持的假说）实际上就是处于向自然必然性攀登的正确的路径上。因此，任何可以被接受的支持函数必须确保两个具有正的确证度的理论假说的合取命题具有正的支持度；并且，既然对于一个矛盾命题不可能有正的支持度，所以按照某个可以接受的支持函数，两个相互矛盾的理论不可能都具有正的支持度。然而，培根型的评价支持的方法，在经验上是可以修正的；并且，当证据看起来好像同时支持两个相互矛盾的理论假说时，那么这将必定表明这里的支持函数是不可以被接受的或者需要修改的。因此，在关于任何实验的评价中，判决性实验必须被引入；并且，按照这个新的实验结果，两个竞争理论中的之一将获得支持度为 0。第二，实际上，只要我们将实验科学看成是通过相关变量法来发现自然规律的话，那么培根型的归纳支持概念就一定是必然性的概念。而可能主义的等级术语所刻画的科学理论将呈现出完全不同于科学探究的概念，该科学探究态度的本质特征就是——每个真的命题具有几乎极大的正的支持度，因此，一旦我们发现某个理论存在反常时，我们就认为该理论的否定具有极大的正的支持度，即使这个被反驳的理论本身具有无限的适用领域；并且这里也许表现出悖论性的结论，即根据某个非常不足道的反常，理论的否定被接

---

①　即假说一旦遭到反驳，必须被放弃。

受，而理论本身被拒绝，但是在重要性方面，理论本身却可能远远超过其否定。即重要的理论因出现微不足道的反常而被拒绝，而去接受仅仅因为通过了微不足道的反常的检验，但可能没有价值的陈述。然而，这种因为某些非常不足道的反常而表现出的这种优越性与理论本身的具有巨大的适用范围、很强的解释力和预见力相比较却显得有些不足道。而所有这些困境在培根型归纳支持理论那里却是可以避免的。因此，可以说，自然法则可以视为越过每一个较低的培根型支持等级（即必然的）的门槛而达到，而一真的命题必须被想象成越过每一个较抵的可能的门槛而达到。

　　玛伽特（Margalit）的评价。玛伽特论述到，"概率的各种解释——逻辑主义解释、主观主义解释、频率主义解释、倾向主义解释等，都遵循共同的演算公理，即柯尔莫戈洛夫形式化的帕斯卡概率公理系统，而柯恩所建立的归纳逻辑却不遵循这个公理系统。类似于几何学中存在欧氏几何与非欧几何那样，不能断定概率理论中不容许非帕斯卡概率的存在。但是，我相信有很好的理由接受柯尔莫戈洛夫的公理系统，只要人们是理性的，除非理性也变成了一种教条。"[1]　实际上，玛伽特用上述的论断来拒斥柯恩的非帕斯卡概率理论是基于下面的两个理由：（1）按照菲尼蒂（De Finetti）的定理（大弃赌定理），信念函数是一致的，当且仅当它满足经典的概率逻辑公理（即柯尔莫戈洛夫系统）。（2）柯恩之所以提出非帕斯卡概率逻辑，主要原因是，他认为数学概率不适用来解释英美法律推理，例如在关于"逃票者悖论"的解释上，柯恩认为，数学概率解释之所以出现悖论性的结论，是因为数学概率采取了考虑唯一可能的证据——先验概率的缘故。但是，如果从柯恩的相关变量法理论出发，就可以避免这种解释的困境。然而，为什么先验概率不可以作为证据而被采纳，而必须要求关于嫌疑人的特殊的证据（哪怕是很弱的）呢？玛伽特认为，我们可以在考虑先验概率的同时再增加某些法律假设，例如，无辜者假设（the presumption of innocence），道德直觉占优假设（the prevalence of the 'moral' intuition）等，这样就不至于偏离数学概率法则了。[2]　总之，在玛伽特

---

　　①　L. Jonathan Cohen and Mary Hesse, *Applications of Inductive Logic*, Proceedings of a Conference at The Queen's College , Oxford, 21—24 August 1978. pp. 194—195.

　　②　不能根据某人犯有某种错误来推断其他人也犯有同样的、同等的错误。

看来，理性的思维应该就是满足帕斯卡概率公理系统的。

笔者认为，玛伽特对柯恩的理论的批评是不恰当的：首先，主观主义概率的适用必须具备两个必要条件，一是所有证据必须被考虑，二是至少在原则上打赌的结果是可以解决的。例如，对将来的某个事件：如对某场比赛谁是赢家进行打赌，这是主观概率适用的典型例子。但是，过去所发生的信念状态不满足这两个条件，因为如果堵商的选择是基于所有可能的证据的话，那么不再有新的证据来决定打赌的结果。当然，也许会有这样的情形：打赌某一方在先期也许没有获得所有相关证据，而后来增加的新的证据可以有助于解决打赌的结果。但是，在这种情形下，通过赌商来测量主观信念度的合理行为将是按照打赌双方所无知的相关信息的重要性（即凯恩斯理论中的"权重"）和程度而按反向变化的。因此，你的信念函数将不可能拯救你处于不败境地，如果你的对手了解相关信息比你多的话。其次，玛伽特所建议的"在数学概率框架下，适当地增加一些法律假设（如，无辜者假设，道德直觉占优假设等）可以解决'逃票者悖论'"。当然，这种解决办法是可以接受的，但问题是，对于不同的法律问题，将需要增加怎样的假设却没有同一的标准，这实际上有点"削足适履"之嫌。相反，培根型分析不需要这些特别的假设。

鞠实儿的评价：如果说，上面的所有这些质疑都可以用柯恩理论的本身可以消解的话，那么鞠实儿的质疑也许是深刻的。鞠实儿在他的著作中，提到柯恩的理论存在这样几个不一致性：[1]

（1）归纳支持分级不一致。令 $S[H_1, E] = j/(n+1)$，$S[H_2, E] = i/(n+1)$（$j > i > 0$），根据这一假定和否定原则，可得 $S[\neg H_1, E] = S[\neg H_2, E] = 0$。根据析取律[2]，有 $S[H_1 \vee \neg H_1, E] = j/(n+1)$，$S[H_2 \vee \neg H_2, E] = i/(n+1)$。因此，$S[H_1 \vee \neg H_1, E] \neq S[H_2 \vee \neg H_2, E]$。但是，$(H_1 \vee \neg H_1) \Leftrightarrow (H_2 \vee \neg H_2)$，根据等价原则，有 $S[H_1 \vee \neg H_1, E] = S[H_2 \vee \neg H_2, E]$。因此，归纳支持分级句法不

---

[1] 鞠实儿：《非巴斯卡归纳概率逻辑研究》，浙江人民出版社1993年版，第150—151页。

[2] 如果 H_1 和 h_2 是同一类型（相同相关变量序列）的一阶全称条件句或是它们的代入例，E 是证据；那么 $S[(H_1 \vee H_2), E] = Max\{S[H_1, E], S[H_2, E]\}$。该原则是鞠实儿后加入到柯恩归纳支持句法中的一个原则，而在 Cohen 的经典著作中从未得到明确地表达过。见鞠实儿《非巴斯卡归纳概率逻辑研究》，浙江人民出版社1993年版，第138页。

一致。

（2）归纳支持概率句法不一致。令 $P[\neg R]=0$，$P[R \to S_1]=i/(n+1)$ 和 $P[R \to S_2]=j/(n+1)$ $(j>i>0)$；根据否定原则，有 $P[R \to \neg S_1]=0$，$P[R \to \neg S_2]=0$；根据析取律[①]，有 $P[R \to (S_1 \vee \neg S_1)]=Max\{P[R \to S_1], P[R \to \neg S_1]\}=P[R \to S_1]=i/(n+1)$；$P[R \to (S_2 \vee \neg S_2)]=Max\{P[R \to S_2], P[R \to \neg S_2]\}=P[R \to S_2]=j/(n+1)$。于是，这两式不相等。但是，$(S_1 \vee \neg S_1) \Leftrightarrow (S_2 \vee \neg S_2)$，$R \to (S_1 \vee \neg S_1) \Leftrightarrow R \to (S_2 \vee \neg S_2)$，故由等价原则，有 $P[R \to (S_1 \vee \neg S_1)]=P[R \to (S_2 \vee \neg S_2)]$，显然前后矛盾。故柯恩概率支持句法不一致。

（3）柯恩的形式系统的不一致性。在柯恩的形式系统中，有定义模式：$(S[H]=i/(n+1))=^{def}(S[H] \geq i/(n+1)) \wedge (S[H] \leq i/(n+1))$；$S[H] \geq i/(n+1)=^{def} \Box^i H$ 以及语义解释：一个可检验概括句 H 被称为至少有 i 级归纳支持，仅当它在任何 W_i 世界中为真，记为 $\Box^i H$。因此，若 $S[H]=i/(n+1)$ 时，那么 $\Box^i H$ 和 $\neg \Box^j H$（不妨令 $j=i+1$）同时成立。依据语义解释，$\Box^i H$ 成立仅当 H 在所有的 W_i 世界中为真，$\neg \Box^j H$ 成立仅当 H 在某个 W_j 世界中为假。于是，按照 W 上自返、传递关系 R 的定义及其逆否：如果 H 在 W_{i+1} 中为假，那么 H 在 W_j $(j=i+1)$ 中为假。根据题设，有 H 在 W_{i+1}，W_{i+2}，……，W_n 中为假；H 在 W_1，W_2，……，W_i 中为真。但是，S4 中否定赋值算子定义规定：H 在任一世界 W_i 中为真仅当 $\neg H$ 在 W_i 中为假。因此，$\neg H$ 在 W_1，W_2，……，W_i 为假；进一步，又根据 R 的定义之逆否，$\neg H$ 在 W_{i+1}，W_{i+2}，……，W_n 中为假。从而矛盾，所以，柯恩理论的形式系统是不一致的。

笔者对鞠实儿之"柯恩理论评价"之评价。如果从逻辑证明的角度讲，鞠实儿对柯恩理论中的不一致性的批评的确无懈可击。可是，鞠实儿的批评却是徒劳的：首先，鞠实儿认为柯恩理论存在归纳支持句法和归纳概率句法上的不一致性，但是，鞠实儿的证明过程却是依赖于他自己所后

[①] $P[(S_1 \vee S_2), E]=Max\{P[S_1, E], P[S_2, E]\}$，同样地，该原则也是鞠实儿后加入到柯恩概率支持句法中的一个原则，而在柯恩的经典著作中从未得到明确地表达过。见鞠实儿《非巴斯卡归纳概率逻辑研究》，浙江人民出版社 1993 年版，第 148 页。

引入的析取原则，而无论是归纳支持中的析取原则还是概率支持中的析取原则都没有在柯恩理论中明确表述。我们根据柯恩的理论中的后承原则：对于任意 E，H_1 和 H_2，如果 H_2 是 H_1 的后承，那么 $S[H_2, E] \geq S[H_1, E]$，只能得到弱的析取原则——$S[(H_1 \vee H_2), E] \geq Max\{S[H_1, E], S[H_2, E]\}$，而不是鞠实儿的强析取原则——$S[(H_1 \vee H_2), E] = Max\{S[H_1, E], S[H_2, E]\}$。因此，对于在上述鞠实儿的批评的证明中，"$S[H_1 \vee \neg H_1, E] = j/(n+1)$，且 $S[H_2 \vee \neg H_2, E] = i/(n+1)$" 并非严格正确，而应该是 "$S[H_1 \vee \neg H_1, E] \geq j/(n+1)$ 且 $S[H_2 \vee \neg H_2, E] \geq i/(n+1)$"。所以，鞠实儿论证中的 "$S[H_1 \vee \neg H_1, E] \neq S[H_2 \vee \neg H_2, E]$" 并非严格地成立，所以 "$S[H_1 \vee \neg H_1, E] = S[H_2 \vee \neg H_2, E]$" 并非一定构成矛盾。另外，即使鞠实儿的强析取原则是正确的，根据柯恩的理论，逻辑等价的命题，并不一定能够得到相同的归纳支持，因为逻辑等价命题并不一定能构造成相同的相关变量集，也许很可能属于非常不同的研究领域，在这种情况下，无法进行归纳支持等级的比较，这也正是亨普尔悖论没有考虑不同的相关变量集中的假说的支持度不可比较而产生的原因。所以，鞠实儿在批评柯恩理论时，所应用的等值原则没有考虑其语义条件。同理可以消解鞠实儿对支持概率句法的不一致性的质疑。其次，鞠实儿在质疑柯恩理论的形式系统的不一致时，是通过语句 "H 在 W_{i+1}，W_{i+2}，……，W_n 中为假" 与 "$\neg H$ 在 W_{i+1}，W_{i+2}，……，W_n 中为假" 相矛盾而作出的。表面看来，这确实与 $S4$ 系统中的否定赋值算子定义矛盾。实际上，并非如此。相反，恰恰正说明了柯恩所刻画的归纳理论是非完全系统中的归纳支持的逻辑函数。我们知道，在科学探究领域中，由于探究者的背景知识并非一定完备，因而并不能保证依据该背景知识构造的假说是完全的，即可能存在假说 H 和 $\neg H$ 均不能通过某个实验的检验。

结语：归纳逻辑有两个关键的思想：一个与归纳证据的性质有关，另一个与证据究竟证明什么有关。第一个思想在古典归纳哲学家——培根的有无表、密尔的求同—差异法、威歇尔的一致性以及赫歇尔的自然哲学中都有体现，而在柯恩理论中则是用 "相关变量法" 来表示的。第二个思想是归纳可靠性的分级，该思想在 Whewell 理论中暗示过，但没有展开，而在柯恩这里是基于这样的依据：确定关于归纳可靠性分级的陈述的逻辑句法，类似于在刘易斯—巴坎演算 S4 标准解释中关于必然性陈述的逻辑句法，这既是对凯恩斯关于归纳概率是论证的可靠性的度量的思想的发展，又是拉卡托斯的关于"一个科学纲领可以在'反常的海洋'中进步"的思想具体体现，同时还避免陷入类似于波普尔的境况之中（即"证认"概念给任何完全被证伪的理论分配零级的证认）。因此，本章从三个方面对上述归纳逻辑的两个思想进行研究：（1）相关变量法（RVM）理论。我们知道，无论是自然规律还是因果关系都诉求在任何条件下起作用，但是我们并不知道所有的相关条件，也无法判断我们已有的相关条件是否是完全的。唯一可做的只能是在一定的条件下进行检验。所进行检验的不同条件就构成了相关变量序列。我们考察的相关条件越多，进行检验越彻底，那么抗拒证伪的假说就越接近自然规律。这就在实验的相关环境序列与似规律性之间存在着一种对应关系。而实验所从事的相关变量的复杂程度是可以通过实验加以刻画的。（2）归纳支持等级句法。（3）归纳支持概率句法。无论归纳支持等级句法还是归纳支持概率句法都表现出与帕斯卡概率不可通约的特征，因为在这里有不同的否定规则和不同的合取规则。在本章的最后，论述了柯恩的非帕斯卡逻辑实际上可以看成是对经典模态逻辑和可能世界语义学理论的扩充，并将柯恩的形式系统和卡尔纳普的形式系统进行了比较研究。

第五章　柯恩的非帕斯卡归纳
概率逻辑的应用研究

　　任何一种理论的创立都是为了解决已有的理论不能解决的问题，或者使得现有的问题解决起来更加简单。同样，柯恩的相关变量法以及他的非帕斯卡概率逻辑也不例外。本章将对柯恩的理论应用进行研究。

第一节　密尔"五法"的相关变量法解读

　　密尔是古典归纳法的集大成者。他总结和发展了培根以来的研究成果，建立了以寻求因果联系的五种方法（契合法、差异法、同异合用法、共变法和剩余法）为中心的归纳逻辑理论。密尔标榜自己的方法是寻求一切因果联系的普适方法，而招致许多逻辑学家、哲学家及科学家的反驳。他们反驳的理由主要集中在两点：一是归纳法论证应该作为科学假说检验或假说评价的方法，而不应作为科学发现的方法，因为归纳的发现只能提供"概然"的，而不能提供"必然"的，归纳的结论无法在逻辑上得到保证，这部分学者主张从根本上放弃密尔归纳发现方法（如，休谟、波普尔等）；二是在抛弃密尔的"归纳主义的哲学态度"的条件下，致力于对密尔方法中的因果联系语言的含混性的精确化处理，他们在重建密尔法过程中，严格地将"因果联系"的概念加以细化和精确化，并在归纳推理中引入了动态辩证的思想，使得穆勒方法在现代逻辑视野下获得了新生，如，赖德（Georgevon Wright）以及我国学者江天骥、马雷等。本书立足于新的视角——柯恩的相关变量法——搁浅密尔的"归纳主义"思想，而对他的归纳方法进行重新辩护。因为，尽管密尔方法是基于他的"归纳主义"的产物，但如果我们撇开他的哲学思想而隔离地考察他的方法，那么这些方法在科学研究中，尤其在科学实验中，仍然具有重要的方法论价值。就像在很久以前，凯恩斯就这样评价过，① 就归纳法而言，培根—密尔法的重要性不在于他们关于科学发现的方法论的哲学观点，而是在于他们对归纳法的逻辑的贡献；并且密尔本人也坚持认为，即使他的归纳方法不是因果发现的方法，这些方法也仍然有逻辑的价值。

一　基本假设

密尔是依"自然齐一性"假定用实验来寻求因果联系的。密尔说道："我们首先必须看到，在关于什么是归纳法的论述中，隐含着一个原则，一个关于自然进程及宇宙秩序的假定，这个原则就是：自然中存在着相同的情形，曾经发生过的东西，在相似程度足够的情形下将再发生，并且还不仅如此，在这样的情况下它还将永远发生。我认为，这是每一个归纳都需要的假设……这样一个普遍事实，作为我们由经验所作推论的保证，已经为不同的哲学家以及不同形式的语言表述出来，比如，自然进程是齐一的，宇宙为普遍的规律所支配，等等。不论什么是对它最恰当的表达方式，自然进程是齐一的这个命题乃是归纳法的根本原则和总的原理。"② 即如果从分析现象序列（事例）出发，得出被考察现象与序列中的某现象之间存在着因果联系的结论，断言这两个现象在为观察到的现象序列中，也有这种相继出现的关系。

但是，"自然齐一性"的假定既不是逻辑真理，也不是科学事实，它至多只是认知者的心理预期（休谟语），因此该假定的合理性遭到了逻辑学家们的质疑。同时由于寻求因果联系的认知主体本身在实际的认知过程中所表现的有限理性以及认知偏差的特点，人们在实际寻求因果联系时，往往放弃因果联系的终极追求，代之以具体的、与实验者的知识背景相关的、暂时的命题之间的支持关系，并且这种支持是可以用实验加以确定的。柯恩正是基于这样的假定来建立他的"相关变量法"的归纳支持理论的。柯恩指出："自然规律是要在任意条件下都起作用的。而我们不知

①　Cf. J. M. Keynes, *A Treatise on Probability*, Longon: Macmillan, (1921), p. 265, and J. S. Mill, *A System of Inductive Logic*, 8th edn. (1896), Bk. III, CN. Viii.

②　密尔：《逻辑学体系》，严复译，商务印书馆 1981 年版，第 184 页。

道所有的有关条件，只知道我们是在一定条件下进行检验的，在这里有一个序列，理论越是接近自然的必然性，考虑更多的条件，检验得更彻底，理论就更接近于自然规律。"① 因此，若将一组实验条件看作一个可能世界，根据复杂程度排列的条件组序列则可看作可能世界序列。如果假说在序列中的所有实验条件下成立，那么它是自然规律，同时也在这一可能世界序列中推理有效；反之，假说在某一组实验条件下不成立，那么它不是自然规律，仅在某种程度近似自然规律，进而仅在某一范围内推理有效。因此，假说近似自然规律的程度即似规律性与推理有效性之间有一种对应关系。由此，可以通过界定假说成立的范围即似规律性的实验方法来确定假说的推理有效性程度，度量假说的归纳概率。

二　密尔五法新解读

1. 契合法

密尔的契合法规则：

"如果被考察现象的两个或多个事例只有一共同点，那么此共同点就是该现象的原因（或结果）。"② 规则中所谓的被考察现象也就是我们寻求其原因（或结果）的现象。被考察现象的事例在这里是指包括了该现象的现象序列。可用符号图示如下：

前件	后件
A、B、C	a、b、c
A、D、E	a、d、e
……	

a 是 A 的结果（若被考察现象是 A）

或 A 可能是 a 的原因（若被考察现象是 a）

在运用契合法寻求被考察现象的原因时，往往需要考察大量的事例，这样能使结论的可靠程度提高。因为随着事例的增加，我们在每个事例中

① 柯恩：《培根系统，真理近似度，自然规律逼近度》，载于《自然科学哲学问题》NO.4，1983。

② 密尔：《逻辑学体系》，严复译，商务印书馆1981年版，第257页。

都漏掉某个前件的可能性会减小，被考察现象在不同的事例中为不同的前件所引起的可能性也会减少。

柯恩的相关变量法解读：

从相关变量法的角度看，作为证据支持评价的标准，契合法的意义在于，该方法从各种可能的相关环境中，证据排除了被考察现象的其他可能解释。随着报告的相关变量的环境越多，假说的解释所得到的支持度就越大。所以，密尔契合法的潜在逻辑结构可描述为：当面临被考察现象时，实验者据被考察现象的具体特征及实验者自己的知识背景设想出与被考察现象的"相关变量集"，并且据将这些相关变量的证伪能力从强到弱的顺序设计的实验序列来发现被察现象的原因或者结果，对这个原因或结果进行评价。密尔的契合法在柯恩的相关变量法中对应两个阶段：其一，据被考察现象具体特征及实验者本身的知识背景提出各种可能的相关假说，即对被检验现象的原因或结果进行初步解释，这个过程对应于柯恩相关变量法中的实验 T_1。T_1 控制 V_1 变量使其变素逐个出现，同时其余变量不出现，且各自固定在同名变量的非相关条件上。例如，观察到一个固体接入通电电路中，发现电流表指针发生偏转时，且此时被接入电路的固体棒是一根铁棒，那么我们也许会根据所掌握的知识背景得出假说"所有金属是电的良导体"。为检验该假说，可构造全称概括检验句：$\forall x (Px \rightarrow Qx)$。该概括句的谓词集合可分为：$V_1 = \{$铁、铜、铝……$\}$ 及目标谓词 $= \{$……是导电的、……是非导体、……$\}$。在 T_1 中，设计的实验序列：控制 V_1 变量，使得 V_1 中的变素逐个出现，而暂时将其他的变量补充。例如，温度、湿度等等因素，根据我们的知识的背景也许也会影响导电性能，但将它们固定在 T_1 实验序列的非相关条件上，这就是通常所说的"在通常的条件下，$\forall x (Px \rightarrow Qx)$"的含义。换言之，实验 T_1 是寻求被考察现象的可能因果联系的一个初始阶段。其二，当假说抗拒了实验 T_1 的各种实验序列的证伪时，就进入到 T_2。该阶段是将 V_1 变量中的各种变素与相关变量 V_2 中的各种变素进行所有可能的物理组合构成实验序列对假说进行检验。这里的变量 V_2 在上述的导电例子中，可以表示湿度，也可以表示温度等相关变量，但究竟是表示哪个，也许与不同的实验者的认知偏好有关，设 V_2 表示"湿度"，则 V_2 包括一系列的变素，即 $V_2 = \{$湿度大的、湿度适中的、湿度小的……$\}$。与 T_1 实验一样，而暂时将其他的相关变量（如温度等）固定在各自非相关条件上，即"除了湿度以外，其他条件正常情况下，$\forall x\ (Px \to Qx)$"。若假说抗拒了 T_2 的证伪，则进入到实验 T_3，在 T_3 中，将 T_2 的各种实验组合与相关变量 V_3 的各种变素进行所有可能的物理组合构造实验序列。这样过程可一直进行下去，直到该假说在某个实验阶段被某个相关变量所设计的实验证伪为止。随着假说通过抗拒证伪的实验越多，该假说得到的支持度就越大，且它就更加接近于该领域中的自然规律，换言之，若某个可检验假说被称得上是因果规律，则它必须抗拒所有相关变量所设计的最严格的实验的检验。用可能世界语义学来讲，在我们所已知的所有相关的可能世界中，该假说得到了极大的支持度。与此同时，我们也应注意到，当假说抗拒了 T_i 实验，但被 T_{i+1} 所证伪，那么根据模态逻辑语义学理论，该假说在可能世界 W_i 中是必然正确的，而在可能世界 W_{i+1} 中至多是可能真的。由可能世界基本定理 $\vdash \Box^j H \to \Box^i H,\ (j \geq i)$ 以及相关变量的实验序列的特征可得，假说在 W_1，W_2，$\cdots W_i$ 是必然正确的，所以此时的假说得到了相应的归纳支持度是大于 0 且小于极大支持度的。这里的 W_i 指这样的世界，即由 V_1、V_2、$V_3 \cdots \cdots V_i$ 各个变量的所有变素的所有可能的物理组合构成的世界，其中 V_1、V_2、$V_3 \cdots \cdots V_i$ 是按照证伪假说能力由强到弱顺序的相关变量序列。用图示可以将上述的关于密尔的解读表示如下：

相关变量		被考察现象
T_1:	V_1	a
T_2:	$V_1 V_2$	a
T_3:	$V_1 V_2 V_3$	a
$\cdots\cdots$		
T_i:	$V_1 \cdots\cdots V_i$	a
T_{i+1}:	$V_1 \cdots\cdots V_i V_{i+1}$	$\bar{a}$
$\cdots\cdots$		

　　则可得出："相关变量 V_1 与被考察现象之间有因果关系"具有的支持度可记为 $i/(n+1)$，n 是指实验者根据假说所能设想的 n 个可能证伪该假说的相关变量的个数。若支持度达到 $n/(n+1)$，则"相关变量 V_1 与被考察现象之间有因果关系"就可能看成是物理必然的，即所谓的自然规律。

2. 差异法

密尔的差异法规则：

"如果被考察现象出现的事例与它不出现的事例除一点以外，各方面情况都相同，这一点情况又在前一事例中出现，那么此二事例的不同情况就是该现象的结论或原因，或是原因的一个必要部分。"[①] 该方法可图示如下：

前件	后件
A、B、C	a、b、c
B、C	b、c

a 是 A 的结果（若被考察现象是 A）。

或者 A 是 a 的原因，或者 A 是 a 的原因的必要部分（若被考察现象是 a）。

柯恩的相关变量解读：

若密尔的契合法寻求的因果联系 $(\forall x (Px \rightarrow Qx))$ 可理解为是寻求被考察现象的充分条件，则他的差异法就可理解为寻求被考察现象的唯一原因，即 $\forall x (Px \rightarrow Qx) \wedge \forall x (\neg Px \rightarrow \neg Qx)$。从寻求被考察现象的唯一原因的角度可看出，对照实验在这里起到了关键作用。因此，据柯恩的相关变量法，可设计与假说 $\forall x (Px \rightarrow Qx) \wedge \forall x (\neg Px \rightarrow \neg Qx)$ 相应的谓词集合：V_1 谓词集合 = $\{P, \neg P\}$ 与目标谓词集合 = $\{Q, \neg Q\}$。例如，当考虑假说"蜜蜂是特定的花受粉的唯一原因"时，$V_1 = \{$蜜蜂，黄蜂，蝴蝶，等等$\}$，目标谓词集合 = $\{$已受粉，未受粉$\}$。在这里，如果仅从外延角度理解的话，"$\neg P$"与"P"的关系应该是这样的——即将所有的世界分为两个集合，其一是 P = $\{$蜜蜂$\}$，其二是 $\neg$ P = $\{$所有非蜜蜂$\}$；但是柯恩的相关变量法却不仅是从外延的角度进行分类的，而是将外延与内涵相结合，即根据认知者的知识背景而作出具体的分类，例如上面的 V_1 谓词中，"黄蜂"可以作为 V_1 的相关变素，但是，其他的个体，例如"石头"就不可作为 V_1 的相关变素。究其原因，从实验者既定的认知水平出发，"黄蜂"与我们实验是相关的，而"石头"与假说的正确与

① 密尔:《逻辑学体系》，严复译，商务印书馆 1981 年版，第 250—251 页。

否没有关联。基于相关变量法的这种分析，我们可设计实验 T_1，使得相关变量 V_1 中的变素逐个出现以检验假说抗拒实验证伪的能力，如果假说抗拒由 V_1 的越来越多的变素组成的实验的证伪，那么该假说就越接近自然规律。换言之，$S[\forall x (Px \rightarrow Qx) \wedge \forall x (\neg Px \rightarrow \neg Qx)]$ 越大。如果用可能世界语义学来分析，可看出，密尔的契合法与差异法的区别：前者是在世界 W_1 中检验被验假说的可靠性的，在 W_1 中，相关变素在外延上都处于同一层次的，并且随着被检验的相关变素越多，假说得到的支持度就越大；而后者，不仅检验假说抗拒 W_1 世界的证伪情况，而且检验了 W_i（$i>1$）中的变素对假说的证伪情况，此外还要检验 W_1，……W_i 各个世界中的变素的所有可能的物理组合所构成的实验对假说的证伪情况，随着检验的序列越来越复杂，假说得到的支持度将越来越大。一言以蔽之，前者是进行了 T_1 检验，后者进行了 T_i（$i>1$）检验。据上述分析可以用图示将穆勒的相关变量法解读表示如下：

V_1 相关变量集	后件	
T_1:　＿＿＿	$\neg q$	(1)
P	q	(2)
$\neg P_1$	$\neg q$	(3)
$\neg P_2$	$\neg q$	(4)
……		

（1）和（3）、（4）起到了对照实验组的作用，只有当（1）和（3）、（4）以及随后的所有对照组实验被检验，实验者才能据（2）得出：$\forall x (Px \rightarrow Qx) \wedge \forall x (\neg Px \rightarrow \neg Qx)$。而且随着抗拒对照组的实验证伪的数量越多，假说"$\forall x (Px \rightarrow Qx) \wedge \forall x (\neg Px \rightarrow \neg Qx)$"得到的支持度越大。

3. 共变法

密尔的共变法法则：

"当某一现象以特定方式发生变化时，如果另一现象也以某种方式发生变化，则后一现象乃是该现象的原因或者结果，或者以某种因果事实而与该现象相联系。"[1]

---

① 密尔：《逻辑学体系》，严复译，商务印书馆1981年版，第230页。

密尔是运用关于海洋潮汐与月亮引力之间关系的推理论述该规则的。他指出，既不能把月亮移开以便确定是否这样做便把潮汐也一起消除了，也不能证明月亮的出现是伴随潮汐的唯一现象，能够证明的就是潮汐随着月亮的变化而变化。正是这种"共变"证明了潮汐作用"通过某一因果关联的事实"同月亮每隔二十四小时五十分围绕地球一周的表观公转"相联系"。密尔的共变法是试图探究两个现象序列在各自的动态变化过程中所具有的因果联系。可表示如下：

前件现象 A	后件现象 B
A_1	B_1
A_2	B_2
……	

A 是 B 的原因（被察现象是 B）

或者 B 是 A 的结果（被察现象是 A）

柯恩的相关变量法解读：

用现代逻辑术语讲，若将密尔的契合法以及他的差异法看成是涉及两个事例之间的一阶量词的话，那么他的共变法涉及的就是二阶量词。因此，密尔的共变法实际上寻求的是这样的命题"$\forall x \forall y ((P(x) \land Q(y) \rightarrow (P_i(x) \rightarrow Q_i(y))) \rightarrow F(P, Q))$"，其中 $P_i(\cdot) \in (P(\cdot))$ 表示 $P(\cdot)$ 的变素，$Q_i(\cdot) \in (Q(\cdot))$ 表示 $Q(\cdot)$ 的变素。这样，密尔的共变法在柯恩的相关变量法中就转化为寻求命题"$\forall x \forall y ((P(x) \land Q(y) \rightarrow (P_i(x) \rightarrow Q_i(y))) \rightarrow F(P, Q))$"的极大支持度。这里的函数 $F(\cdots, \cdots)$ 表示现象序列 P, Q 之间的关系。以探究落体运动过程中的"速度与时间的关系"为例。根据相关变量法可以设计检验序列：从假说本身以及实验者的知识信念可得，风速以及海拔高度应该是影响假说成立的相关变量，但与此同时，假说本身的前件（如时间因素）更是检验假说的最相关要素。所以，由相关变量法理论可构造实验序列如下：T_1 控制时间变量；T_2 将时间序列中的每个变素与第二个相关变量（如风速或者高度）的每个变素进行所有可能的物理组合来对假说进行检验，如此等等。随着设计实验越复杂且假说抗拒了这些实验的证伪，则假说将得到越大的支持度。用可能世界语义学讲，在真值上，该假说逐渐由"可能"向"物理上的必然"逼近。所以共变法的相关变量解读可表示为：

相关变量集	后件现象	后承结论
T_1：P_{11}	Q_1	$F(P_{11}, Q_1)$
P_{12}	Q_2	$F(P_{12}, Q_2)$
……		
T_2：$P_{11}R_{21}$	Q_1	$F(P_{11}, Q_1)$
……		
$P_{1m}R_{2n}$	Q_m	$F(P_{1m}, Q_m)$
T_3：$P_{11}R_{21}R_{31}$	Q_1	$F(P_{11}, Q_1)$
……		

随着假说抗拒实验序列 $\{T_i\}$ 证伪的次数越来越多，假说 $\forall x \forall y ((P(x) \wedge Q(y) \to (P_i(x) \to Q_i(y))) \to F(P, Q))$ 将得到更大的支持度。上述表中的 P_{1i} 表示相关变量 P_1 的第 i 个变素；R_{2j} 表示相关 R_2 的第 j 个变素，而 $P_{1i}R_{2j}$ 表示由 P_1 的第 i 个变素和 R_2 的第 j 个变素所组成的可能世界。

4. 同异合用法

密尔的同异合用法法则：

"如果被考察现象出现的两个或者多个事例只有一共同情况，而该现象不出现的两个或者多个事例除了共同此情况外别的方面都不相同，那么使这两组事例区别开来的此情况便是该现象的结果或者原因，或者是一个必不可少的部分。"[1]

可形式表示为：

前件	后件
A、B、C	a、b、c
A、D、E	a、d、e
……	
F、G、H	f、g、h

---

① 密尔：《逻辑学体系》，严复译，商务印书馆 1981 年版，第 227 页。

I、J、K　　　　　　　　　　　i、j、k

……

A 是 a 的原因或原因的一个必不可少的部分（若 a 是被考察形象）。
或者 a 是 A 的结果（若 A 是被考察现象）。

并用法实际上是两次求同，一次求异，即分别求被察现象出现的不同事例之同以及该现象不出现的不同事例之同，然后再求这两类事例之异。从求同开始，以求异结束。穆勒把并用法称为间接求异法，即在求同基础上的求异法。这里可看出，同异法则是寻求自然律：$\forall x\ (P\ (x)\ \rightarrow Q\ (x))$（即寻找 $Q\ (\cdot)$ 的充分条件 $P\ (\cdot)$），及 $\forall x\ (Q\ (x)\ \rightarrow P_i\ (x))$（即寻找 $Q\ (\cdot)$ 的一个必要条件 $P_i\ (\cdot)$ $P_i\ (\cdot)$ 是 $P_i\ (\cdot)$ 的一个子集 $P\ (\cdot)$ 是 $Q\ (\cdot)$ 的所有充分条件组成的集合）。

柯恩的相关变量法解读：

按相关变量的术语，应该对密尔的同异法改述为：对于实验 T_1，若被察现象出现的两个或多个相关种类的变量中，只有相关变量的一个变素是共同的；不出现该相同变素的两个或多个种类的变量，对于实验 T_1 而言，该变量有一个适当的共同的变素（即在某种意义上具有共同性）。那么使这两组变量区别开来的此情况便是该现象的结果或者原因，或者是一个必不可少的部分。

用相关变量法对之考察时，应注意两点：首先，就像检验因果假说那样，需要一个控制实验来检验一个关于"在通常情况下，一个事件的出现是另一个事件出现的征候"的假说。例如，月亮引力将不是海洋潮汛出现的征候，如果无论是否有月光的照射，都有海洋潮汛出现的话。其次，若被检验假说是关于某事的征候或原因，则一个适当的控制实验可仅仅通过否定被假设的征候或者原因来完成。但是，如果，由于几个可能的原因或者几个征候被设想，而这个假说只是关于一个原因或者一个征候的话，那么这个控制实验必须排除可能的其他的原因或者征候而完成。例如，在调查"森林失火是由于某人抽烟所致"这样的假说时，所能设想的导致森林失火的所有可能原因包括——某人抽烟、雷击、战争原因等等，我们所要做的工作就是，不仅要排除雷击以及战争等其他导致森林失火的可能性，而且还必须保证——在没有发生其他导致失火的原因时，没有抽烟也不会发生火灾。从这里的论述可看出，控制实验的设计在同异法中起着关键性的作用，在这点上与差异法是相似的。同时也应看到，同异法与差异法也有一些区别：前者将契合法与差异法并用，因而兼有试探地发现因果，然后加以确证的双重作用；而后者侧重点是在对已有的因果假说进行确证。前者主要是用来辨别这样两件事情的方法，即（1）事件 A 是事件 B 的充分条件，（2）A 类的一个事件是 B 类的一个事件的必要条件；而后者主要寻找被察现象的唯一可能的原因，即通常所说的充分必要条件 $\forall x\,(P\,(x)\,\leftrightarrow Q\,(x))$。

根据柯恩的相关变量法，同异合用法可以形式地表示如下：

前件	后件
$T_1:\ V_1,\ V_2,\ \cdots V_n$	a
$\quad\ V_1,\ V_2,\ \cdots\neg\ V_n$	a
$T_2:\ V_1,\ V_2,\ \cdots V_{n-1}$	a
$\quad\ V_1,\ V_2,\ \cdots\neg\ V_{n-1}$	a
$T_3:\ V_1,\ V_2,\ \cdots V_{n-2}$	a
$\quad\ V_1,\ V_2,\ \cdots\neg\ V_{n-2}$	a
$\cdots\cdots$	
$T_i:\ V_1,\ V_2,\ \cdots V_{n-i+1}$	a
$\quad\ V_1,\ V_2,\ \cdots\neg\ V_{n-i+1}$	a
$T_n:\ V_1$	a
$\quad\ \neg\ V$	a

随着实验次数的增加，则相应的假说得到的支持度越大。认知者根据自己的知识背景可构造被考察现象的所有可能的征候或原因，并按这些可能的原因的由大到小的顺序排列设计实验序列。每个实验环节 T_i（$1\le i\le n$）中都由两个步骤组成：第一步骤是要确证该组相关变量集是被考察现象的一组充分条件；第二步骤是对照实验，目的是在这组充分条件中排除一个最不必要的可能的因素。随着实验次数的增加，被假设的可能的原因将得到越来越大的归纳支持。实验环节 T_i（$1\le i\le n$）：将相关原因 V_1，V_2，$\cdots V_{n-i}$控制在各自非相关条件上，只是对相关变量 V_{n-i+1}进行控制实验。实验序列中的最后一步，表明 V_1 是被考察现象 a 的充分条件，但如

果没有它的相应的对照实验的话，则很难说明 V_1 就是被考察现象 a 发现的真正原因。例如，如果下雨在夏季总是如期而至，即使没有乌云密布，那么乌云密布就不是夏季即将下雨的征候。所以对照实验就是进一步确证 V_1 是现象 a 的原因。当然，情况也许这样：由于认知者的背景信念以及认知偏好等不同，而没有考虑到真正的原因，也就是说，即使 V_1 不是考察现象 a 的真正原因，那么随着实验次数的增加，实验者对 V_1 是现象 a 的原因的归纳信念也是增加的。实际上，这个过程就是在认知者可能设想的有限可能的原因中，通过逐渐排除最不可能的原因，那么剩下的还没有排除的可能的准原因将是被考察现象 a 的真正的原因的信念可能性就更大。

5. 剩余法

密尔的剩余法法则：

"从一现象中除去通过先前归纳法已知为某些前件的结果的那些部分，该现象的剩余部分便是其余那些前件的结果"。[①]

可形式表示如下：

前件		后件	
A、B、C		a、b、c	
A	是	a	的原因
B	是	b	的原因

则 c 是 C 的结果

实际上，密尔的剩余法追求的是这样的归纳命题式：

$$((P_1 \wedge P_2 \wedge \cdots P_n \rightarrow p_1 \wedge p_2 \cdots p_n) \rightarrow ((P_1 \rightarrow p_1) \wedge (P_2 \rightarrow p_2) \wedge \cdots (P_{n-1} \rightarrow p_{n-1}) \rightarrow (P_n \rightarrow p_n))$$

当然，逻辑学家对于密尔的剩余法评价时，主要集中在上述命题式非逻辑有效。例如，考虑一个使用发动机的一个小汽车的各个功能部位与这些部位所使用的能量来源。我们已经知道，车灯与雨刷消耗的是电池中的电能，但并不能得到引擎只消耗的是汽油燃烧所产生的能量。然而，如果从认知心理学的角度，密尔的剩余法反映了人们在认识和探究自然规律的

① 密尔：《逻辑学体系》，严复译，商务印书馆 1981 年版，第 228 页。

一个心理历程，心理学研究表明，"一一对应"是人类认识过程的惯用的一个基本机制，尽管这个过程并非一定正确。就像密尔在论述剩余归纳法最喜欢举的"海王星发现"的例子。按照牛顿理论已经计算出已知行星的轨道。人们认为在这些计算的基础上天文学家能够预测任何行星在任何时刻的准确位置。对于除天王星以外的一切行星，这个假定被证明是正确的。但天王星的实际轨道同所计算轨道的差额太大，不能把它归入观察误差。法国天文学家勒费里埃（Leverrier）提出下面这个假说：天王星轨道的偏差是由在天王星轨道之外的另一个未知行星的引力所导致的。勒费里埃建议天文学家在他的计算所提示的一个确定位置上寻找这个新行星。过了不久，这个行星（后来命名为海王星）便几乎准确地在勒费里埃所指定的位置上被发现。密尔在该例中的推理是：天王星的大部分轨道能够根据太阳和太阳系内行星引力的总和计算出来；剩下来待说明的——"剩余"——需要另一个原因。所以，在用密尔的剩余法来寻求被察现象的因果联系时，至少说可以在"已知的一些原因与一些结果是相对应"的基础上，为寻求剩余的现象的可能原因提出一个非常可能的假说。所以尽管密尔的剩余法没有考虑到一因多果或者一果多因等情况，但至少说从某种意义上讲，该归纳法反映了人类在一定的情况下，探究特定现象的一个普遍的心理预期，因而该方法还是有它的实际价值的。下面用柯恩的相关变量法对之进行简要地解读。

柯恩的相关变量法解读：

设有两个现象集合：待考察现象 x_n 所属于的现象集 X = $\{x_1, x_2, \cdots x_n\}$，以及与集合 X 相对应的可能的因果联系集 Y = $\{y_1, y_2, \cdots y_n\}$。为了寻求与现象 x_n 具有因果联系的现象。我们可能形成许多假说，这些假说可以是在集合 Y 中任意选择一个或者几个元素的合取所组成的。例如，可以是这样的形式：$y_i \wedge y_j \wedge \cdots y_i \rightarrow x_n$，前件中究竟有几个合取支是无法准确地确定的。但是，实际上，在设计实验进行检验时，一般的程序通常是这样：认知者首先依据一定的规则对现象集 Y 中的元素进行排序，假设该顺序就是集合中所示的那样；先检验元素 y_1 将导致哪些现象出现，y_2 将导致哪些现象出现……。若实验结果是这样的，即在已经检验的实验中，发现 y_1 与 x_1 具有因果联系，y_2 与 x_2 具有因果联系……y_i 与 x_i 具有因果联系的话，则随着这种"一一对应"的实验结果出现的次数越多，假说"被考察现象 x_n 与 Y 中的某个元素具有一一对应的因果联系"得到越来越强的归纳支持。因为，一方面是我们的心理预期使然，另一方面，既然认知者能够将现象 x_1，x_2，$\cdots x_n$ 归结为同一个集合 X 中，而将现象 y_1，y_2，$\cdots y_n$ 归结为另一个集合 Y 中，那么一定意义上，X 中的元素是处于同等层次位置，Y 中元素也应具有同等层次位置，既然实验结果表明除了 x_n 以外的所有元素与 Y 中的元素都具有一一对应关系，那么 x_n 也应该与 Y 中所剩余的元素具有因果联系。该过程可表示为：

前件集合	后件集合
T_0: y_1，y_2，$\cdots y_n$	x_1，x_2，$\cdots x_n$
T_1: y_1	x_1
y_2	x_2
……	
y_n	x_n

随着实验次数的增加，"$y_n \rightarrow x_n$"作为认知者的信念将越大，即 S $[y_n \rightarrow x_n]$ 越大。实验 T_0 确定了 $\{y_1$，y_2，$\cdots y_n\}$ 是 $\{x_1$，x_2，$\cdots x_n\}$ 的充分条件；实验 T_1 的作用：既提出了假说"$y_n \rightarrow x_n$"，同时又为确证该假说提供了归纳支持，因为在 T_1 中，也许经过前面一些实验结果，实验者根据心理预期将会提出"$y_n \rightarrow x_n$"，然后随着实验的次数的增加，假说在认知者的信念中将得到进一步地确证。

笔者认为，尽管密尔五法与柯恩的相关变量法所依据的世界观不一样，但是他们都使用了实验法来试图寻找现象之间的因果联系。这是因为，他们都是使用排除归纳法来探究现象之间的某种联系的，尽管这种联系在前者表现出是"因果普遍联系"，因而按照密尔所依据的原理，抗拒实验的假说就是普遍因果律，对于不能抗拒实验的证伪时将被抛弃；而这种联系在后者表现出却是"相对于特定的认知主体和认知环境"，由于不同的认知主体的认知水平也许存在着差异，因而不同的认知所设计的实验序列也许不同，同一个假说所抗拒的实验情况就会有所不同，因而同一个假说就会得到不同的归纳支持，可以被赋予不同的归纳支持等级，而且即使假说抗拒了所有实验序列的证伪，也不能得出该假说就是普遍因果律，这是因为认知主体并不能确定他所设计的相关变量是否是完全的，即使此时相关变量已经是完全的，情况也是如此。当然为了实验结论具有权威性，他们在对排除归纳法进行实验操作时都强调实验的可重复性，这是因为，一个真正的实验结果总是可以在适当的误差范围内可重复进行，实验科学家也是将实验的可重复性特征看作是用实验的检验结果来构成证据的本质特征——无论这个实验结果是有利于被检验假说的，还是不利于被检验假说的。如果实验的可重复性被中断，则说明存在某个潜在的相关变量（该相关变量对于检验假说是至关重要的）没有被实验所考虑到，这时应该重新设计实验序列或者调整实验程序。从实验的可重复性这个要求可以得出一致性原理：即如果我们对于被检验假说所设计的相关变量集是正确的话，那么我们就有对于任意的 U、P 和 E，如果 U 是一阶全称条件句且与特殊个体常元无关；同时 P 恰为 U 的代换例，那么 S［U，E］＝S［P，E］。根据一致性原理，就可以减少实验所做的次数。从上面的论述可得，尽管密尔五法与柯恩相关变量法分别基于不同的世界哲学思想，但他们在寻求现象之间的联系时所借助的"方法"具有某种相同之处。因而，密尔五法完全可以用柯恩的相关变量法的视角加以解读，从而为密尔五法注入新的活力，赋予新的含义。

第二节   "拉卡托斯的'问题转换'"之"柯恩的'相关变量法'"解读

柯恩的相关变量法是在培根—密尔的归纳传统基础上发展起来的一种逻辑系统，该方法立足于科学实验，放弃形而上学的本体论承诺，从局部辩护的角度试图为刻画科学假说的等级可靠性寻找一种逻辑工具。拉卡托斯的研究纲领是基于科学史的研究，及对"整体辩护主义"、"朴素证伪主义"、"历史主义"和"无政府主义"等科学方法论的批判基础上，而发展起来的一种"精致证伪主义"方法论。尽管，柯恩关注的是科学理论的逻辑问题，而拉卡托斯关注的是科学理论的合理性问题，但是，前者的相关变量法完全可以为后者的科学方法论的合理性进行辩护。

一　拉卡托斯的研究纲领

科学发展的最重要的形式是理论的更替。关于相继理论之间的比较问

题，拉卡托斯在对辩护主义和朴素方法论证伪主义批判的基础上，提出了精致的方法论证伪主义，即科学研究纲领方法论：①

　　拉卡托斯精致的方法论证伪主义在其接受规则（或"分界标准"）以及证伪或淘汰规则两个方面都不同于方法论证伪主义。方法论证伪主义认为，任何能被解释为在实验上可证伪的理论都是"可接受的"或"科学的"。精致证伪主义认为，仅当一个理论比其先行理论（或与其竞争的理论）具有超余的、业经证认的经验内容时，它才是"可接受的"或"科学的"。方法论证伪主义认为，由于一个（"已经加强的"）"观察"陈述同一个理论相冲突（或他决定把该陈述解释为同理论相冲突），该理论便被证伪了。精致证伪主义者认为，当且仅当另一个具有下述特点的理论 T′已被提出，科学理论 T 才被证伪。T′的特点是：（1）与 T 相比，T′具有超余的经验内容，也就是说，T′预测了新颖的事实，即根据 T 来看是不可能的、甚至是 T 所禁止的事实；（2）T′能够说明 T 先前的成功，也就是说，T 的一切为被反驳的内容（在观察误差的界限内）都包括在 T′的内容之中；（3）T′的超余内容有一些得到了证认。实际上，精致证伪主义只是力图减少证伪主义中的约定成份，但不可能杜绝这一成份。我们知道，约定主义的方法论认为，任何实验结果都不能淘汰一个理论：通过一些辅助假说或适当地对该理论的术语重新加以解释，都可以从反例中挽救该理论。独断证伪主义者解决这一问题的方法是，在关键之处将辅助假说归属为不成问题的背景知识，把这些假说从检验情境的演绎模型中清除出去，从而迫使所选的理论处于逻辑孤立之中，在这种孤立中，所选的理论成为检验—实验攻击的死靶子。也就是说，精致证伪主义不像独断证伪主义那样，而是在评价任何科学理论时，必须同它的辅助假说、初始条件等等一起评价，尤其是同它的先行理论一起评价，以便看出该理论是经过什么变化而出现的。那么，我们评价的当然是一系列的理论，而不是孤立的理论。

　　以一系列理论 T_1、T_2、T_3……为例，每一个后面的理论都是为了适

---

　　①　Imre Lakatos, "Falsificationism and the Methodology of Scientific Research Programmes", in *Criticism and the Growth of Knowledge*, ed. I. Lakatos and A. E. Musigrave, Cambridge：The University Press. (1970), p. 91., esp. p. 116.

应某个反常、对前面的理论附以辅助条件（或对前面的理论重新作语义的解释）而产生的，每一个理论的内容都至少同其先行理论的未被反驳的内容一样多。如果每一个新理论与其先行理论相比，有着超余的经验内容，也就是说，如果它预见了某个新颖的、至今未曾料到的事实，那么就把这个理论序列说成是理论上进步的（或"构成了理论上进步的问题转换"）。如果这一超余的经验内容中有些还得到了证认，也就是说，如果每一个新理论都引导我们真地发现了某个新事实，那么就再把这个理论上进步的理论系列说成是经验上进步的（或"构成了经验上进步的问题转换"）。① 最后，如果一个问题转换在理论上和经验上都是进步的，便称它为进步的，否则便称它为退化的。只有当问题转换至少在理论上是进步的，我们才"接受"它们作为"科学的"，否则，我们便把它们作为"伪科学的"而"拒斥"。我们以问题转换的进步程度，以理论系列引导我们发现新颖事实的程度来衡量进步。如果理论系列中的一个理论被另一个具有更高证认内容的理论所取代，我们便认为它"被证伪了"。

进步的问题转换与退化的问题转换之间的这一分界对评价科学的说明或者进步的说明这个问题作了新的澄清。如果我们提出一个理论以解决一个先前的理论与反例之间的矛盾，这一新理论没能作出增加内容的（即科学的）说明，而只是作出了减少内容的（即语言上的）重新解释，那就是以纯粹语义学上的、非科学的方式解决了矛盾。只有一个新事实与一个给定的事实一起得到了说明，这个给定的事实才算被科学地说明了。

这样，精致证伪主义就由如何评价理论的问题转换到了如何评价理论系列的问题。只能说一系列的理论是科学的或不科学的，而不能说一个孤立的理论是科学的或不科学的：把"科学的"一词用于单个的理论是犯了范畴错误。这种理论系列中的成员通常被明显的连续性联系在一起，这一连续性把它们结合成研究纲领。

二　相关变量法对研究纲领方法论的评价标准的合理性的辩护

柯恩的相关变量法是根据弗瑞斯茨的蜜蜂识别颜色的实验发展来的。

---

① 假如我已知道命题 P_1："天鹅 A 是白的"，那么命题 P_w："所有天鹅都是白的"，就不算进步，因为它只可能导致发现更多的相同事实，如命题 P_2："天鹅 B 是白的"。所谓的"经验概括"不构成进步。新事实上必须是根据先前的知识所不可几的、甚至不可能的事实。

应该说，相关变量法更适用于对科学假说的比较低级层次的归纳逻辑的刻画，因为，当假说所探究的是一个具体的研究领域中的普遍规律时，相关变量及其潜在证伪能力的顺序是相对容易确定的，且可通过实验对竞争假说进行排除。例如，密尔的归纳法中所涉及的假说基本是这样的一些假说——死亡的原因，钟表摆动的原因等。然而，相关变量法不仅适用于一阶科学假说的等级描述，实际上也适用于高阶科学假说的等级刻画。例如，关于牛顿的经典力学，相对论以及量子力学等科学系统描述。这里，关键的一步是，在较低层次的科学假说的归纳刻画时，相关变量是在特定的具体领域中的一组相关环境，我们可以通过控制这些相关环境达到逐渐消除可能的竞争假说。这里的实验是简单易行的，这里的相关变量是一组客观的相关环境。而在高阶科学假说中，由于假说的进一步抽象，假说揭示的规律所涉及的论域更加普遍，在此情况下，要想确定科学假说的相关变量集及采用实验的排除法对不同的科学假说进行筛选和排除，绝非易事。例如，① 牛顿的经典力学不光要解释行星的摄动问题，还要解释季节的连续更替现象，这种所涉及到的论域看起来是如此之不同，给实验的排除法的设计带来了极大的困难，而且高阶科学假说往往是一个理论群，这个理论群构成了一个研究纲领，该研究纲领除了包括待检验的假说外，还包括所谓的一些"不成问题的"、具有"经验基础的观察"背景陈述。尽管这些背景陈述本质上也是一种科学假说，但是其正确性至少在科学共同体内部得到了一致的认同，所以每个规则都可以看成一个相关变量环境，实际上所有的这些背景陈述就组成了科学假说的相关变量集，如果一个科学假说能够解释的相互独立的规则的数量越多，那么这个科学假说的等级可靠性就越大。这样，相关变量法的逻辑结构就完全适合于所有级别的科学假说的等级推理。

1. 相关变量法对问题转换的解释

设 H_1 和 H_2 是拉卡托斯研究纲领方法论中的两个相继理论。$H_1 = \{U_1, U_2, \cdots\cdots, U_n\}$，其中 U_i（$1 \leq i \leq n$）互相独立地、具有"经验基础的"全称概括句，且按照适当的顺序排列的（该顺序类似于潜在证伪

① W. Whewell, *The Philosophy of the Inductive Science*, II, Routledge/Thoemmes Press, (1847), p. 66.

能力的大小顺序），并且都是可以由 H_1 推出的。同样地，$H_2 = \{U_1$，U_2，……，U_n，$U_{n+1}\}$ 其中 U_i（$1 \leq i \leq n+1$）也是互相独立地、具有"经验基础"的全称概括句，并且都是可以由 H_2 推出的。但是，H_1 推不出 U_{n+1}。E_1 报告：H_1 抗拒了所有相关概括句 U_1，U_2，……，U_n 的最严格的实验检验；E_2 报告：H_2 抗拒了所有相关概括句 U_1，U_2，……，U_n，U_{n+1} 的最严格的实验检验。根据归纳支持函数，有：$S[H_2, E_2] > S[H_1, E_1]$，且 $S[H_2, E_2] > S[H_1, E_2]$。事实上，如果 U_{n+1} 不仅不能从 H_1 推出，而且还与 H_1 不协调的话，那么 E_2 显然就证伪了 H_1。这样，我们不仅有 $S[H_2, E_2] > S[H_1, E_1]$，如果 E_2 是真实的话，我们还有 $S[H_2] > S[H_1]$。

如果 H_2 除了成功地解释了所有 H_1 能够解释的"经验"概括句，也能够解释与 H_1 不协调的概括句，同时，进一步地，还预测了一些新的还不太为人知的某些新颖的事实的话，即实验 E_3 报告：H_2 抗拒了所有相关变量 $\{U_1$，U_2，……，U_n，U_{n+1}，$U_{n+2}\}$ 所有可能的最严格组合的实验的证伪，其中 $\{U_1$，U_2，……，$U_n\}$ 是假说 H_1 已经成功解释的，U_{n+1} 是与 H_1 矛盾的"经验"概括句，而 U_{n+2} 则是 H_1 从未涉及到的新的未知领域。那么根据拉卡托斯的理论，H_2 较 H_1 则是进步的问题转换的。同样地，根据柯恩的相关变量法关于科学假说的测度方法，也有 H_2 可靠性的等级大于 H_1 的可靠性等级。因为，H_2 所报告的相关变量所涉及的领域多于 H_1 所报告的涉及的领域。换句话说，H_2 比 H_1 的概括性更高，且抗拒了所有已知的相关变量的证伪，这样 H_2 更加接近真理（如果存在真理的话）。进步的问题转换情形可以与退化的问题转换情形相比较。

对于研究纲领中的相继理论假说 H_1 和 H_2，从拉卡托斯关于问题转换的定义中，可以看出，退化的问题转换有两种可能：H_2 较 H_1 或者是理论上不是进步的，或者是经验上不是进步的。即：（1）反驳 H_1 的证据不能得到 H_2 的证认；或者（2）H_2 不能证认 H_1 所能证认的所有的证据，并且 H_2 不能预见某些新事实。

在（1）情况下，设 $H_1 = \{U_1$，U_2，……，$U_n\}$，U_i（$1 \leq i \leq n$）都是可以由 H_1 推出的，但 U_{n+1} 与 H_1 矛盾。也就是说，H_1 尽管抗拒实验 E_n 的证伪，但是被实验 E_{n+1} 证伪了。此时，H_2 既然不能证认 U_{n+1}，意即 H_2 假说不能对 U_{n+1} 作出任何解释，因而 U_{n+1} 某种意义上是与 H_2 无关的变

量，这样，H_2 并不比 H_1 提供更多的关于具有"经验基础"的全称概括陈述的认识，充其量至多与 H_1 具有相同的解释力。即至多只有与 H_1 相同的归纳支持等级。在（2）情形中，由于 H_2 不能比 H_1 预测更多的某些新的事实，因而 H_2 所涉及到的相关变量并不比 H_1 所涉及到的相关变量多，根据柯恩相关变量的等级测度方法，$S[H_2] \leq S[H_1]$，又由于 H_1 假说中，被 H_1 成功解释中有的相关"经验"概括句不能得到 H_2 证认或者与 H_2 是不一致的，因而，在（2）退化问题转换情形中，我们有 $S[H_2, E] < S[H_1, E]$，进一步地，我们有 $S[H_2] < S[H_1]$。

从上面分析，本文认为，拉卡托斯的进步问题转换与培根的归纳等级思想也是惊人地一致的。培根认为，科学假说的等级具有梯度，随着归纳范围的不断扩大，归纳的等级也不断地提高，其规律的普遍性也越来越大，这是通往真理的必然之路。在拉卡托斯这里，同样有：进步的问题转换不仅概括了我们所熟悉的相关变量环境的规律性，而且还进一步地阐述了一些未知领域的规律性，这就使得我们对自然界普遍性的认识进一步扩大，而且人类的认识的飞跃也恰恰体现在对未知领域的规律性进一步地把握上。总之，拉卡托斯科学的进步问题转换理论不仅体现了培根的归纳主义的等级思想的核心，而且还可以用柯恩的相关变量理论进行逻辑上的刻画，这既表明了柯恩的相关变量理论所具有的应用价值，同时也为拉卡托斯的关于进步问题转换理论的合理性进行了必要的辩护。

2. 相关变量法对反常问题的解释

（1）拉卡托斯的研究纲领由两部分组成：硬核和保护带。硬核是由这样的一些规则组成：即告诉我们要避免哪些研究道路（反面启发法）；保护带是由这样的一些规则组成：即告诉我们寻求哪些道路（正面启发法）。纲领的反面启发法禁止我们将否定后件式对准"硬核"，相反是将否定后件式对准"保护带"。正是这个保护带必须在检验中首当其冲，调整、再调整甚至完全被替换，以保卫硬化了的内核。换言之，根据拉卡托斯的理论，当纲领遇到反常时，我们不是立即抛弃该研究纲领，相反地，我们是针对反常，而不断调整保护带以及消除反常，这样纲领就在反常——修改保护带——反常——修改保护带……中不断地实现进步问题转换。当然，拉卡托斯的研究纲领理论也容许纲领出现坍塌的情况，那就是只要辅助假说保护带的业经证认的经验内容在增加，就不容许反驳将谬误传导到硬核。但是，当纲领不再能预见新颖的事实时，可能就必须放弃其硬核，即纲领的硬核是可以坍塌的。这里可以看出，导致研究纲领存在的关键因素，并非是否是出现反常，而是纲领是否能够预见新颖事实。也就是说，我们能否对科学理论的归纳领域作出更大范围的概括，能否作出更一般的结论。同样地，柯恩相关变量表明，一个理论 H 抗拒实验 E_i 的证伪，而没有通过实验 E_{i+1}，即实验 E_{i+1} 与理论 H 不一致时，我们并没有赋予 H 的支持度为 0，而是赋予 H 的支持度为 $i/n+1$。当然，正如拉卡托斯理论那样，当遇到反常时纲领不断地修改保护带一样，相关变量法在遇到反常时，也进行必要地修改，其调整方式通常是这样的：其一，如果 H 被证伪是由于，证伪因子被不恰当地提前的话，那么可以通过将该证伪因子置于相关变量集序列的后面，这样就可以保证假说进一步地免遭证伪；其二，如果假说被证伪是由于该假说的相关变量集的认识还不完备的话，那么科学家通常是通过限制假说的作用范围，即规定某些相关变量的变素固定在各自非相关的位置上，例如这样的术语——通常条件下，在其他条件不变的情况下，等等——是科学家通常所惯用的。这样就挽救了假说 H 被证伪；其三，假说 H 当然可以被摈弃，当同一领域中相互竞争的假说 H' 比 H 具有更大的支持度的话，即当 H' 中的某个被确证的相关变量证伪了 H 时，我们通过排除归纳法选择假说 H'。其实，此时的 H' 与 H 的关系，应该类似于拉卡托斯方法论中的先后相继理论序列关系，尽管我们放弃的是 H，但 H' 中仍然会含有 H 中的某些合理的成分。

（2）根据拉卡托斯的科学分界标准是进步问题转换的理论，一个其逻辑真值永远是 1 的假说也可以构成是退化的问题转换。例如，当词项是空集的假说条件句情形：$\forall x\,(Rx \rightarrow Sx) \wedge \neg \exists x\,(Rx)$，由于没有个体满足假说的前件，所以不论后件作出怎样荒谬的判断，其逻辑真值都是 1。如果是以这样的假说系列作为相继理论的话，那么这样的理论系列显然是一种平凡的假说系列，所以根本谈不上什么进步的问题转换。同样地，对于这样的空词项假说，根据相关变量法其支持度也应该是 0，其原因是——因为没有个体满足这样的假说的前件，因而也就无法构造相关变量集，从而这样的假说必须淡出我们的归纳视野而不予理睬。逻辑蕴涵（→）不是任何归纳概率刻度的上限，事例的反驳（不同于逻辑矛盾）也不是归纳概率刻度的下限。拉卡托斯的科学分界标准对于逻辑重言式同样是不屑一顾的，而对于事实的反驳同样表现出宽容性。实际上，科学史表明，如果一个理论一旦遇到反驳就必须被抛弃的观点是站不脚的；同样地，"一个理论一旦遭到某个'观察报告的'的反驳，其归纳支持度就是0"的观点也是错误的。

因此，本节得出这样的结论：无论是从柯恩的相关变量的角度为拉卡托斯的科学方法论的合理性辩护，还是从拉卡托斯的科学方法论角度为柯恩理论的合理性辩护，都说明了柯恩的相关变量法对于科学假说的归纳逻辑刻度的刻画既是恰当的，也具有其现实的应用价值。在一定意义上，可以说，拉卡托斯的科学方法论与科学归纳法是贯通的。它既体现了科学归纳法的经典作家关于归纳思想的核心——等级思想，同时也适用于归纳逻辑工具的刻画。

第三节　确证悖论的相关变量法解决方案

休谟是从"演绎主义"向度看待归纳问题的，因此，在他那里，归纳只是一种心里预期，归纳过程与归纳结果只能由心里的强弱来解释，而不能由合理性证据来辩护。他由此提出著名的归纳命题，即归纳的怀疑主义的论断。但是，即使我们从归纳逻辑本身的视角，即从归纳的显而易见的规则，并且同时承认"类比原则"的合理性的角度来研究归纳问题时，我们也会被自相矛盾、甚至是令人难以接受的归纳悖论所困扰。著名的美国科学哲学家亨普尔于 1945 年发现的确证悖论就是一例。自该悖论发现以来，在逻辑学界甚至在整个哲学界引起了广泛的讨论，并提出了许多解悖方案。其中，相干型解悖路径是目前较为成功的。本文仍沿着相干性解悖路径，用柯恩相关变量法来试图对亨普尔悖论进行消解。

确证悖论是几组直觉悖论和逻辑悖论的总称。确证悖论的得出有赖于我们广泛认同的尼科德确证标准和等值条件。在确证悖论中被讨论较多的是由亨普尔 1945 年发现的直觉悖论——乌鸦悖论，该悖论可以简单而又形象地表述如下：

（i）尼科德确证标准：对于任何"$\forall (x)(Px \to Qx)$"这种形式的假设（即普遍条件句形式的假设），（a）一个是 $P \wedge Q$ 的个体确证它；（b）一个是 $P \wedge \neg Q$ 的个体否证它；（c）一个是 $\neg P$ 的个体，即 $\neg P \wedge Q$

或¬ P∧¬ Q 的个体，与它无关；

（ⅱ）等值条件：如果假说 h 和事例 e 分别逻辑等值于 h′和 e′，并且
e 确证（否证或无关于）h，那么，用 e′替换 e 或者用 h′替换 h，原来的
确证关系不变；

（ⅲ）直觉合理性：一个白手帕并不确证假说"所有乌鸦皆黑色"。

这三个命题各自都具有直觉上的合理性，但是它们的合取却产生了悖
论性的结果。因为，根据（1），一个白手帕确证假说"非黑的即非乌
鸦"，再根据（2）它确证逻辑等值命题"所有乌鸦皆黑"。但是这与
（ⅲ）是不相容的。因此，可以得出，在这里，如果要呈现一组一致性的
归纳推理，则必须放弃或修改上述三个命题中的一个或几个命题。

不同的哲学家从不同的角度，对该悖论进行了不同方案的消解。有的
提出对"确证"概念的修改，如 Scheffler 用"选择性确证"① 概念来代替
尼科德的"确证"概念。按照"选择性确证"概念，一个证据确证某个
命题，当且仅当这个证据不仅必须满足这个命题本身，而且要反驳这个命
题的反面。由于"一个白色的非乌鸦"对于"所有非黑即非乌鸦"的选
择确证，并不能自动地传递到等值命题"所有乌鸦皆黑"，从而悖论得以
消解；有的对条件（ⅲ）进行质疑，如亨普尔本人的解悖方案，他接受
条件（ⅱ），但是将条件（ⅰ）看作是确证的充分而不必要的条件，他放
弃条件（ⅲ），亨普尔认为"所有 P 都是 Q"这类简单形式的假说所断言
的东西只是关于个体的某个有限的类（即 P 类个体）。但是在逻辑上来
说，这种形式的假说断定的是所有个体。所有个体可以分为两类：该形式
假说所禁止的那些个体所组成的类，即具有属性 P 但不具有属性 Q 的个
体：它所允许的个体类，即要么不具有属性 P，要么既具有属性 P 又具有
属性 Q 的个体组成的类。亨普尔认为，只要一个个体不违背一个假说，
它就确证这假说。② 这样，他就消除了乌鸦的直觉悖论；亨普尔的解悖的

---

① I. Scheffer, "The Anatomy of Inquiry". *Philosophical Studies in thw Theory of Science*（New York：Knopt, 1963），pp. 283—289.

② Carl G. Hempel, *Studies in the Logic of Confirmationation*, Mind, Vol. Liv（1945）. pp. 18—19. 转引自顿新国《归纳悖论研究》，南京大学博士论文 2006，第 38 页。

基本思想被迈奇（Mackie）等人所继承，① 但是在迈奇那里，是用"确证等级"的思想（即量的概念）来替换亨普尔的"二分法"确证思想对条件（ⅲ）进行质疑。为此，他提出了"反比原则"（Inverse Principle）。在"反比原则"中，迈奇引入了相关背景知识 K，他声称，在相关背景知识 K 中，一个观察报告 E 确证一个假说 H，当且仅当通过将假说加入到背景中时，该观察报告变得更加可几。也就是说，P（$E \mid H \wedge K$）必须大于 P（$E \mid K$），并且随着加入的假说 H 提高 E 的概率越大，那么 E 就越确证 H。迈奇根据这个标准，并且将概率按照所有乌鸦、所有非乌鸦等类的大小尺度进行分布，那么观察报告"一个黑色乌鸦"对于假说"所有乌鸦皆黑"的确证度将比观察报告"这是一个非黑色的非乌鸦"确证该假说大的多。因为"一只白色的手帕"对命题"所有乌鸦皆黑"的"确证度"是如此之小，以致我们能够很容易理解成这个确证是根本不存在，从而悖论得以消解。另外，如果根据贝叶斯定理也可以得出与迈奇根据"反比原则"得出同样的结论。贝叶斯定理可以用公式表示如下：P（$H \mid E \wedge K$）=（P（$E \mid H \wedge K$）· P（$H \mid K$））/P（$E \mid K$），根据这个定理，我们很容易看出，在其他条件不变的情况下，随着 P（$E \mid K$）越小，则 P（$H \mid E \wedge K$）越大，反之亦然。因为非黑色的非乌鸦是司空见惯的个体，具有很高的发生概率，所以它们对假说"所有乌鸦皆黑"的支持度的概率的提高几乎不起作用。而黑色的乌鸦是相对稀少的客体并且将大大地提高这个确证的概率。因此，确证悖论得以消解。

　　从上面可以发现，确证悖论的解决方案已经由情境缺失型方案向情境相干型方案转变，即从科学方法论的方案过渡到相干型方案。然而，上述的相干解悖方案并不能令这样的哲学家满意，即他们在直觉上确信"非黑的非乌鸦的观察报告"与假说"所有乌鸦皆黑"无任何确证关系。实际上，对于这些哲学家来讲，如果说上述相干解悖方案能够勉强地解释通的话，那就是建议将非常低的相关度解释成根本无关的。坚信上述相干解悖方案不合理的哲学家们也希望保留（2）条件，而别无选择地放弃（1）。我们试图用相关变量法（RVM）来给这种解悖提供依据。

　　① J. L. Mackie, "The Paradox of Confirmation", *British Journal for the Philosophy of Science*, 13 (1963), pp. 265—277.

RVM 的解悖方案 1——保留条件（ⅱ），同时放弃条件（ⅰ）。

按照 RVM，一个假说得到归纳支持有两种方式：要么关于假说的某个恰当设计的实验具有满意的结论，要么能够表明该假说是某些被试验检验正确的某些命题的逻辑后承。由此可以得出，在 RVM 的理论范式下，支持一个假说的证据应该由关于该假说（或者它的逻辑必然后承）的规范性设计的试验结果组成，而不应由满足该假说的前件和后件的偶然观察报告所组成。简单地说，"一个黑色乌鸦的观察报告"并不能提供支持假说"所有乌鸦皆黑"。同样地，"一个非黑的非乌鸦"的观察报告也并不能提供假说"所有非黑的皆非乌鸦"支持。这样，条件（ⅰ）就被放弃了。当然在 RVM 的范式下，也许有人说，可以将上述悖论的三个条件作如下改写，悖论依然存在：

（ⅰ′）在每个恰当选择的环境类型中，"任何既是 A 又是 B 的客体集"确证假说"凡是 A 即是 B"；

（ⅱ′）同（ⅱ）；

（ⅲ′）在（ⅰ′）的恰当选择的环境类型中，"白手帕的客体集"并不确证假说"所有乌鸦皆黑色"。

因为根据（ⅰ′）和（ⅱ′），在一个恰当的选择环境中，"一个白色手帕的观察报告"确证假说"所有乌鸦皆黑色"，而（ⅲ′）却否认这样的一组客体确证该假说。

然而，在运用 RVM 时，我们总是充分利用背景知识或者信念来考察究竟什么是关于被检验假说的相关变量。[①] 也就是说，如果我们没有相应的背景知识或者信念，我们就不能够恰当地检验该假说。既然我们可以有充分地理由知道与假说"所有乌鸦皆黑色"所属的类相关的环境，如气候、季节、饮食等等。因为根据我们的背景知识，这些环境具有潜在地改变乌鸦颜色的能力，因此据 RVM，这些环境可以作为检验假说——"所有乌鸦皆黑色"的相关变量。但是对于假说"所有非黑色皆是非乌鸦"而言，我们不能列出它的相关变量的清单，因为根据背景知识或者已知的一些科学知识，无法得到将"一只非乌鸦"变成"乌鸦"的相关变量。

---

① L. Jonathan Cohen, *The Philosophy of Induction and Probability*, Clarendon Press. Oxford, 1989. p. 195.

换句话说，在 RVM 理论范式下，我们可以设计一个恰当地环境，使得"一只黑色的乌鸦"可以看作是对假说"所有乌鸦皆黑色"的确证；但是我们不能设计出这样的环境使得将"一只非黑色的非乌鸦"看成是对假说"所有非黑色的皆非乌鸦"的确证，这是因为我们无法得到关于假说"所有非黑色的皆是非乌鸦"的潜在证伪的相关变量，尽管在各种环境中观察到白色的客体，这些客体也不能作为假说"所有非黑色的皆非乌鸦"的确证。这样，虽然假说"所有非黑色的皆非乌鸦"与假说"所有乌鸦皆黑色"在逻辑上是等值的，但是根据 RVM，在给定的证据下，这样的证据应该是关于后者假说的检验报告，而不应该是关于前者假说的检验报告。因此可以说，如果 RVM 是合理的，那么乌鸦悖论中的条件（ⅰ）是无效的，从而"一只白色的手帕"并不能对假说"所有非黑色的皆非乌鸦"确证，也就不能构成对该假说的逻辑等价命题"所有乌鸦皆黑色"进行确证，至此乌鸦悖论得以消解。

这里 RVM 解悖方案 1 的关键是，根据背景知识或者信念，将假说的所有环境分成相关环境和不相关环境，相关环境对假说具有潜在证伪的因子，而后者不具有对假说的潜在证伪的因子。之所以说，在恰当的环境中"一只黑乌鸦"可以看作对假说"所有乌鸦皆黑"的确证，是因为在这些环境中，乌鸦的颜色可以随着季节、饮食以及气候等因素的改变；而根据背景知识，我们找不出这样的环境——其中具有使得"一只非乌鸦"可以潜在地变成"一只乌鸦"，所以 RVM 不承认"一只非黑的非乌鸦"能构成对假说"非黑色的皆是非乌鸦"的确证。换句话说，RVM 认为假说"所有乌鸦皆黑色"的环境可以分为相关环境和非相关环境；而假说"所有非黑色的皆非乌鸦"不具有相关环境。

RVM 的解悖方案 2——放弃条件（ⅱ）

在 RVM 的解悖方案 1 中，我们是保留条件（ⅱ），而同时放弃条件（ⅰ）。在本段我们将从 RVM 理论的另外的角度放弃条件（ⅱ）来消解乌鸦悖论。根据 RVM 理论，对于给定的证据而言，逻辑等值命题并不一定具有相同的归纳支持等级。也就是说，即使可以说"一个非黑色的乌鸦"对"所有非黑色的皆非乌鸦"确证，但是这个支持等级并不能等值地传递到等值命题"所有乌鸦皆黑色"上。具体分析如下：

设 H_1：检验假说"所有乌鸦皆黑色"；H_2：检验假说"所有非黑色

的皆非乌鸦"。根据 RVM，H_1 的相关变量环境类应该满足这样的条件——前件满足个体域"乌鸦"集，后件应该是能够潜在改变乌鸦颜色的环境类，如季节、饮食以及气候等环境；而 H_2 的相关变量环境类应该满足这样的条件——前件满足个体域"非乌鸦"集，后件应该是能够潜在地将非乌鸦改变成乌鸦的环境类。由于这两个逻辑等价命题的相关变量的环境类不一致，因而它们的相关变量因子一般是不一样的。设 H_1 的相关变量且按照潜在证伪能力的大小顺序为 V_1，V_2，$\cdots V_m$；H_2 的相关变量且按照潜在证伪能力的大小顺序为 $V_1{}'$，$V_2{}'$，$\cdots V_n{}'$。所谓"一只黑乌鸦"确证"所有乌鸦皆黑色"就是在相关的环境序列中，假说通过了某个等级（i 级）的检验，即在相关的、按照潜在证伪能力大小排列的环境序列中，有观察报告 E：第 i 个环境中，观察到"一只黑色的乌鸦"。根据RVM，假说"所有乌鸦皆黑色"通过了第 i 级归纳支持，记为 S $[H_1\mathrm{E}]$ $\geq i/(m+1)$；同样地，"一只非黑色的非乌鸦"确证"所有非黑色皆非乌鸦"就是在相关的环境序列中，假说通过了某个等级（j 级）的检验，即在相关的、按照潜在证伪能力大小排列的环境序列中，有观察报告 E'：第 j 个环境中，观察到"一只非黑色的非乌鸦"。假说"所有非黑色的皆非乌鸦"通过了第 j 级归纳支持，记为 S $[H_2\mathrm{E}']$ $\geq j/(n+1)$。由于 H_1 和 H_2 的相关变量序列属于不同质的相关变量集，因而它们的归纳支持等级不具有可比性。也就是说，尽管"所有的非黑色的皆非乌鸦"通过了第 j 级归纳支持，但是"所有乌鸦皆黑"未必通过了第 j 级归纳支持，因为它们的相关变量的序列是不同质的。这里，我们就放弃了确证悖论的条件（ⅱ）——等值条件。也就是说，在 RVM 的理论范式下，对于给定的归纳证据 E，逻辑等值命题不一定具有相同的归纳等级支持，甚至对于同一个证据，它们的归纳支持根本无法比较。从而，亨普尔的确证悖论得以消解。

　　这里 RVM 的解悖方案 2 的关键是：将证据对检验假说的确证解释为归纳等级。由于逻辑等值命题可以有不同的相关变量序列集，因而对于同一个证据而言，逻辑等值命题得到的归纳等级支持一般是不相同的，甚至是无法进行比较的。从消解悖论的逻辑手段上讲，RVM 的解悖方案 2 与 Scheffer 的解悖方案是一样的，但前者是更加注重主体的认知背景，因而该 RVM 方案强调的是具体的、实验的、与具体科学探究方法相一致的解悖精神，而后者则并不具有这种科学实验方法的探究因素。

RVM 的解悖方案的特点：对检验假说的确证依赖于认知主体对该假说的相关变量序列的认定，尽管在同一个科学共同体中，对于某个检验假说的相关变量序列的认定可能大致趋于一致，但并不能保证这个所认定的相关变量序列就是唯一正确的，因为很可能由于受到科学技术以及先验观念的限制，有的潜在的、证伪能力较大的相关因子还未进入认知主体的视域，检验假说的相关变量因子的认定会随着认知主体的科学技术水平以及他的先验观念有所改变，从而带有一定程度的不确定性。总的来说，RVM 的解悖方案的关键是检验假说的相关变量序列的认定。对于同一个检验假说，由于不同的认知主体可能根据不同的背景知识得到不同的相关变量序列，从而得到不同的确证认定。这种相关型解悖方案只是"相对于"认知主体的背景知识或先验观念，还不是"内在于"确证情境。因此，RVM 解悖方案属于情境型方案，更准确地说属于情境迟钝型方案，而不是情境敏感型方案。同时也正是由于在不同的情境下，认知主体可以修改对某个检验假说的相关变量序列的认定，这种修改是随着背景知识的增加和删减而改进，以保持同已有科学知识的一致，这就使得确证成为一个动态的科学实践活动。尽管不能说，RVM 的归纳确证是完全可靠的，但却是现有背景知识条件下最佳的归纳确证方法。

第四节　彩票悖论的培根型解悖方案探析

我们知道，科学知识大多是科学假说得到证据归纳确证后才被接受为知识的，所以，这里自然的问题就是：就给定的证据而言，一个命题在得到什么样的归纳支持等级的条件下才能进入我们的知识领域？理想的做法是，一个命题只有得到证据支持的帕斯卡概率为 1 才能被接受为知识。然而，帕斯卡概率为 1 的支持度的情形只是极端状态，而且由于我们的相关背景知识的不完备性导致对于一个命题的相关变量的认识也许是不完全的、甚至是错误的，因而帕斯卡概率为 1 的确证度往往是达不到的。因此，在绝大部分的认知领域中，以帕斯卡概率为 1 的确证标准来对认知世界的划分显然是不适用的。所以降低知识标准的门槛就成为哲学家以及科学家们的实际做法，他们只有退而其次地、自然地追求命题的高概率的确证度。所以，进一步的问题是：究竟多大的确证概率才能使得命题进入我们的知识领域？然而，凯伯格悖论（又称"彩票悖论"）形象地表明：无论这个概率标准多么地高，总能从中推出悖论性结论。本文先分析莱维的"基本分割"的解悖方案，并指出该方案并不能提出关于接受理论的普遍标准；然后试图从培根型概率（即柯恩的相关变量法）角度对该悖论进行尝试性地消解研究。

一　凯伯格悖论及莱维的"基本分割"解悖方案

1. 凯伯格悖论及凯伯格的解悖方案

对于任何认知主体而言，下面三个假定在直觉上都是合理可接受的：

（ⅰ）概率临界值条件：如果证据 E 陈述了所有可能得到的证据，并且命题 H 对于 E 的被确证度（即帕斯卡概率）与 1 的差可以小于给定的标准，那么我们接受命题 H 就是合理的。也就是说，存在这样一个临界值 ε（<1）。如果一个命题的确证概率大于 ε，那么这个命题是可以合理接受的。

（ⅱ）演绎封闭性条件：如果命题 H_1、$H_2 \cdots H_n$ 是分别可以合理接受的，那么命题 H_1、$H_2 \cdots H_n$ 的任何逻辑后承都是可以合理接受的。可以严格地表述如下：在时间 t 对于某个认知主体 S 而言，如果属于被接受命题集 Φ 的每个命题 φ 都是合理可接受的，并且从命题集 Φ 可以逻辑地推出 ψ，那么，对于 t 时的主体 S 来讲，ψ 是可以合理接受的。

（ⅲ）一致性条件：接受一个不一致的命题是不合理的。这是不矛盾律的要求，因为我们不能同时相信两个相互矛盾的命题。

对于任何时刻的任何主体而言，上述这三个条件在直觉上都是各自合理可接受的，因而它们被大部分哲学家以及科学家们作为知识论中的三条基本原则而加以信奉。然而，1961 年凯伯格在《合理信念的逻辑与概率》一书中所发表的彩票悖论无疑给这些信奉者以沉重的打击。[①] 凯伯格的例

---

① H. Kyburg, jun. , "Probability, rationality and a rule of detachment", in Y. Bar Hillel (ed.), *Proceedings of the* 1964 *Congress for Logic*, *Methodology and the Philosophy of Science* (Amsterdam: North – Holland, 1965), 301—10. The first statement of the paradox is to be found in H. E. Kyburg, jun. , *Probability and the Logic of Rational Belief* (Middletown: Wesleyan University Press, 1961), 197. A similar paradox is discussed by C. G. Hempel, " Deductive – Nomological vs. Statistical Explanation ", in H. Feigl and G. Maxwell (eds.), *Minnesota Studies in the Philosophy of Science* , Minnesota University Press, (1962), iii. 144—7.

子可以表述如下：

在一次有 1000000 张彩票的公平抽彩活动中，有且仅有一张彩票中奖。根据无差别原则，每张彩票的中奖率只有 1/1000000。也就是说，对于每张彩票而言，它们都有很高的概率不中奖。根据条件（ⅰ），我们可以接受命题 H_1："第一张彩票不中奖"、H_2："第二张彩票不中奖"……H_n："第 n 张彩票不中奖"（$1 \leq n \leq 1000000$）。根据条件（ⅱ）——演绎封闭性原则，我们可以接受命题：$H_1 \wedge H_2 \wedge \cdots\cdots \wedge H_n$。也就是说，命题"所有彩票都不中奖"将进入我们的知识集中。然而，由于抽彩的公正性，所以再根据条件（ⅰ），这 1000000 张彩票中有且仅有一张彩票中奖，因而命题"这 1000000 张彩票中有且仅有一张彩票中奖"也进入了我们的知识集中。这样，我们同时接受两个相互矛盾的命题："所有彩票都不中奖"以及"有且仅有一张彩票中奖"。这就与我们所信奉的条件（ⅲ）是矛盾的。由此可见，尽管上述三个条件各自都有直觉上的合理性，但是它们的合取却得出了悖论性的结论。因此，上述三个条件必须要放弃或修改其中的一个或几个。然而，条件（ⅲ）的合理性是很难撼动的，尽管也许有人会认为，由于人并非是逻辑全能的，所以对于一个非逻辑专业的人来讲，相信一个比较复杂的、不太显然的、不一致的命题也许不是不合理的，因此可以将条件（ⅲ）作了以下改写：

（ⅲ'）相信一个明显不一致的命题在直觉上是不合理的。

但是，这种表面上的不是不太合理性的做法与事无补，它并不能解决彩票悖论所揭示的深层次的问题，"不合理性"与"不一致性"在任何情形下都应该具有很强的直觉关联。① 因此，大部分哲学家都将医治的目标锁定于条件（ⅰ）和（ⅱ）上。

对于那些满足于归纳分离规则以及期望建立帕斯卡概率规则为知识接受辩护的哲学家而言，很自然地对条件（ⅱ）进行修改。条件（ⅱ）的背后思想是演绎逻辑的封闭性在作祟。这种思想要求——如果一个命题是合理可接受的，那么这个命题的任何一个逻辑后承都是合理可接受的。但是这种传递性思想究竟是适合群体性（collectively）抑或单称性（distrib-

---

① L. Jonathan Cohen, *The Philosophy of Induction and Probability*, Clarendon Press. Oxford, 1989. p. 206.

utively)① 呢？上述悖论的产生根源就是这种群体性传递思想所致。因此，一种有效的解悖方案就是将条件（ⅱ）用单称性传递思想改写如下：

（ⅱ′）如果命题 H 是合理可接受的，那么对于 H 的任何逻辑后承都是合理可接受的。这个条件就是所谓的凯伯格的弱演绎封闭性条件。也就是说，并非知识集 K 中陈述的合取的每个逻辑推论都属于 K，而只是 K 中每个单一元素的每个逻辑后承都属于 K。②

演绎封闭性条件（ⅱ）断言：如果 P 属于 K，Q 属于 K，那么，P∧Q 也属于 K。而凯伯格的弱演绎封闭性条件（ⅱ′）则断言：如果 P 属于 K，Q 属于 K，那么 P∧Q 可以不属于 K，除非它根据独自的理由包含在 K 中。换句话说，在前者我们给出同样很高的概率使得 P∧Q 属于知识集 K。而在后者，尽管 P，Q 均具有很高的概率属于 K，但是我们也不一定给出 P∧Q 同样高的概率使其属于 K，这种做法是非常符合帕斯卡概率演算的，根据帕斯卡概率演算的乘法公式：对于相互独立命题 A 和 B，有 $P(A∧B) = P(A) × P(B)$，从而 $P(A∧B) ≤ P(A)$，$P(A∧B) ≤ P(B)$，凯伯格也正是沿着这个思路来解决悖论的。实际上，这种解悖思想也是符合直观的。因为如果相信人有时出错是合理可接受的话，那么即使他只相信仅有的命题：H_1，H_2，…，H_n，对于这几个命题的合取的正确与否是可以同时相信或者同时不相信也是合理可接受的。当然，在这里要加以区别两个概念：即信念的合理性与接受的可靠性。因为认知主体有时会犯错误，所以信念的合理性并非都是真正意义上的合理的。相反，如果有恰当的证据分别接受命题 H_1，H_2，…，H_n 是合理的，那么对于这些命题的合取以及该合取的任何逻辑后承的接受也应该是合理可接受的。所以，如果将条件（ⅱ）中的合理接受的含义理解为接受的可靠性，而非信念的合理性，那么悖论也许被消解，否则在认知领域中，我们无论如何都不能同时接受几个命题同时为真。

2. 莱维的"基本分割"消解方案

然而，莱维（Levi）指出，即使将条件（ⅱ）中的合理接受的含义

---

① L. Jonathan Cohen. *The Philosophy of Induction and Probability*, Clarendon Press. Oxford，1989 p. 207.

② 顿新国：《归纳悖论研究》，南京大学博士论文 2006，第 95 页。

理解为接受的可靠性，悖论仍然难以消解，这点可以从帕斯卡概率演算中的乘法公式推出。为此，他提出了基本分割（ultimate partition）的思想来消解彩票悖论。如果我们用 b 表示背景信念，用 e 表示经验证据，U_e 表示相对于当下背景信念，在经验证据 e 下对某一个关于世界的问题的基本回答所构成的有穷语句集合。这些基本回答是互斥且穷举的，它们刻画了决策论中的世界状态。莱维把这些基本回答所构成的 U_e 叫做基本分割。

基本分割具有下列特征：　（i）U_e 中有且仅有一个成员是真的；（ii）任何一个可能答案逻辑等值于 U_e 的 0 个或部分或全部成员的析取。所有这类析取所组成的集合记为 M_e；M_e 中的每个成员正是与之逻辑等值的可能答案的析取式；因此可以说，M_e 是所有可能答案的集合，而基本分割 U_e 是它的一个特殊子集。

接受规则是对知识汇集 $K_{x,t}$ 进行归纳扩充的合理性依据。在莱维看来，接受问题是相对于研究者的问题情境而言的，即在关于所研究问题的诸多可能答案中，把其中具有最大期望效用者接受下来。因为可能答案集 M_e 中的每个成员都是以若干 U_e 成员为其支命题的析取式，因此，可以把接受最佳答案的问题归结为接受或拒绝成员 h_1 的问题。由莱维的认识决策论可以得出如下接受规则：

对于基本分割 U_e 中的任何一个成员 h，如果它相对于 $K_{x,t}$ 的主观概率 $\Pr(h)$ 小于 $q \cdot M(h)$，那么，拒绝它。这也就是说，把 U_e 中为被拒绝的那些成员的析取作为 M_e 中被接受的最强命题。[①]

其中的 $\Pr(h)$ 和 $M(h)$[②] 分别表示相对于 $K_{x,t}h$ 的置信概率和信息概率，q 是大胆指数，其值为闭区间 [0，1] 中的任何实数。在 $\Pr(h)$ 和 $M(h)$ 确定的情形下，q 值愈大，h 被拒绝的可能性愈大。一般来说，q 值愈大，被拒绝的 U_e 成员 h_i 愈多，所接受 M_e 的最强命题所含有 h_i 愈少，故其信息量愈高，相应地，出现的风险就愈大。

莱维消除彩票悖论的方法就是揭示出，此悖论的产生是由于忽略了条件（ii）对于基本分割的依赖性所致。具体分析如下：

---

①　Isaac. Levi, *Gambling with truth*, New York：Alfred Knopf. 1967, p. 86.
②　这里，$M(h) = K(h, e)/K(S_e, e)$，其中 $K(h, e)$ 表示 S_e 中的某些成员组成的析取范式的函数值，$K(S_e, e)$ 表示 S_e 的所有成员析取的函数值。

在一个提供 1000000 张彩票的公平的抽彩活动中，对于"其中哪张彩票中奖？"这一问题，基本分割是有相应的 1000000 个假设即"第 i 号彩票中奖"（$1 \leq i \leq 1000000$）所构成。其中，每个假设 h_i 的置信概率 $\Pr(h_i) = 1/1000000$，并且信息概率 $M(h_i) = K(h_i)/K(S_e) = 1/1000000$。显然，无论大胆指数 q 取 0 到 1 之间的任何值，均不会出现 $\Pr(h_i) < qM(h_i)$，因此，没有一个假说 h_i 被拒绝，即我们应该接受的是假说"$h_1 \vee h_2 \vee \cdots \vee h_{1000000}$"。也就是说，我们并没有断定是否接受合取式语句。这样，悖论就消解了。

对于"一号彩票能否中奖？"这一问题，基本分割只包含两个假设，即 h_1：一号彩票中奖，和 $\neg h_1$：一号彩票不中奖。$\Pr(h_1 = 1/1000000$，$\Pr(\neg h_1) = 999999/1000000$。$M(h_1) = m(\neg h_1) = 1/2$。只要 $q > 2/1000000$（这是一个很容易被满足的非常保守的大胆指数），$\Pr(h_1) < q \cdot M(h_1)$ 成立，因而 h_1 被拒绝，$\neg h_1$ 被接受。

对于"二号彩票能否中奖？"问题，其基本分割也只包含另外不相同的假设，即 h_2：二号彩票中奖，以及 $\neg h_2$：二号彩票不中奖。如果选择适当的 q，同理可得 h_2 被拒绝，而 $\neg h_2$ 被接受。

按照此过程，可以接受 1000000 个假设 $\neg h_2$，即"第 i 号彩票不中奖"是出自 1000000 个不同的问题以其相应的 1000000 个不同的基本分割。由于条件（ⅱ）是相对于问题情境和基本分割而言的，因此它不要求把这 1000000 个出自不同问题和不同分割的结论的合取也接受下来，这样悖论就不会导致悖论了。也就是说，莱维是通过将假说的接受问题看成是相对于具体问题情境而言的，在上述的 1000001 个问题中，它们的假说接受是相对于 1000001 个不同的具体问题情境，因而也就有 1000001 个不同的基本分割。尽管对于问题"1000000 张彩票的公平的抽彩活动，其中哪张彩票中奖？"可以得出，我们应该接受"$h_1 \vee h_2 \vee \cdots \vee h_{1000000}$"以及对于问题"第 i 号彩票能中奖？"可以得出，我们应该拒绝 h_i，但是由于这些假说是相对于 1000001 个不同的基本分割类而言的，因此就不能要求这 1000000 个来自不同的问题情境的问题分割的假说的合取也应该被接受为知识集的成员，这样彩票悖论就消失了。

从莱维的解悖方案可以看出，为了解决彩票悖论，他不仅对条件（ⅱ）的演绎封闭性条件进行限制，即坚持认为假说的接受必须相对于同一个基本分割而言；而且还放弃了条件（ⅰ）的概率临界值原则。在莱维那里，高概率的知识接受原则既非充分也非必要。在某个基本分割中，高概率仅仅能够提供接受一个假说而拒绝其他假说的理由。而且在许多情境下，尤其是在那些基本分割中，每个假说的先验概率都是非常低的情况下，高概率知识接受原则尤其是不适用的。因为即使某个假说 H 的先验概率是非常低的，只要与 H 相竞争的假说的先验概率均低于 H 的先验概率，根据莱维的基本分割的性质以及排除归纳法原则，我们仍然将 H 接受为知识集中的成员。这样，莱维就放弃高概率的知识接受原则。

　　但是，也必须明确，该彩票悖论的产生是由于设定知识分离标准而引起的，而莱维正是从否定这个独立的、与情境无关的知识接受标准来对这个悖论进行解决的。也恰恰因为这点，使得莱维的接受标准面临许多问题。因为这个标准将人们的知识汇集弄的支离破碎，一盘散沙，这与人们的实际知识状况以及科学知识的实际状况不是太相符。① 同时，在实际情况下，当情境随着问题和证据的种类发生改变时，那么关于同一个问题的基本分割也会发生改变，并且如果在不同的基本分割之间无法作出优劣选择的话，则此时就没有理由对该假说的接受还是拒绝作出抉择。所以，在这样的情况下，莱维的接受原则是无能为力的。这就使得莱维的解悖方案并不具有普适性。

　　由于莱维的解悖方案并不具有普适性，以及彩票悖论产生的根本原因是假定了帕斯卡概率标准的分离规则的合理性。实际上，可以证明只要知识接受规则是用帕斯卡概率来陈述的话，那么无论这个概率标准是多么地高都将导致悖论性的结论。因为，假定这个概率接受标准是 p，即当某个命题的确证度大于 p，我们将之作为知识接受为我们的知识汇集中，那么假定 n 个独立命题 h_1，$h_2 \cdots h_n$ 的确证度都大于 p，根据条件（ⅱ）我们将接受这 n 个命题的合取，然而根据帕斯卡概率的乘法公式总存在某个自然数 N，当 $n > N$ 时，有这 n 个命题的合取的确证度小于 p，则根据条件（ⅰ），该 n 个命题的合取不应该作为知识而进入我们的知识汇集中，从而由条件（ⅰ）和（ⅱ）就导致了悖论性结论。因此，要想解决彩票悖论，必须"另起炉灶"——即放弃帕斯卡概率接受标准，代之而起的是

————————————

① 　陈晓平：《归纳逻辑与归纳悖论》，武汉大学出版社 1994 年版，第 321 页。

非帕斯卡概率标准——即培根型概率标准。

二　培根型解悖方案

在上文中我们提到，只要知识接受规则是以帕斯卡概率原则为基础来建构的话，那么彩票悖论的解决方案就不能令人满意。为此，将知识接受规则中的条件（ⅰ）作如下的培根型概率改写：

（ⅰ″）培根型概率的接受标准：实验报告 E 陈述了关于 H 的所有相关变量 E_1，$E_2 \cdots E_n$，且这些相关变量是按照证伪能力的潜在大小进行排序，根据这些相关变量的潜在证伪能力大小设计一实验序列。如果命题 H 通过了所有这一系列实验，那么这个命题 H 就是合理可接受的。

条件（ⅱ）和（ⅲ）保留，即

（ⅱ″）演绎封闭性条件：如果命题 H_1、$H_2 \cdots H_n$ 是分别可以合理接受的，那么命题 H_1、$H_2 \cdots H_n$ 的任何逻辑后承都是可以合理接受的。可以严格地表述如下：在时间 t 对于某个认知主体 S 而言，如果属于被接受命题集 Φ 的每个命题 φ 都是合理可接受的，并且从命题集 Φ 可以逻辑地推出 ψ，那么，对于 t 时的主体 S 来讲，ψ 是可以合理接受的。

（ⅲ″）一致性条件：接受一个不一致的命题是不合理的。这是不矛盾律的要求。因为我们不能同时相信两个相互矛盾的命题。

根据条件（ⅰ″），只有当一个假说通过预先设计的所有实验系列，那么这个假说才能进入我们的知识集，如果一个假说没有通过所有的试验系列，而只是抗拒了部分实验的证伪，那么我们总可以对该假说的相关变量集以及该相关变量的潜在证伪顺序进行必要的修正和改写以便使得该假说能够避免证伪，这样我们就可以在改写后的证据基础上将该假说接受为知识。该过程可以表示为：设 E：E_1，$E_2 \cdots E_n$ 为假说 H 的相关变量，且按照潜在证伪能力的大小排列，如果 $P（H \mid E）< n/n+1$，那么对 H 的相关变量进行修改为 E'：E_1'，$E_2' \cdots E_n'$，使得 $P（H \mid E')< n'/n'+1$，这样该假说就可以在新的相关变量序列下作为可接受的知识进入我们的知识集中。根据培根概率的合取原则——即合取命题的概率不减原则，如果命题 h_1，$h_2 \cdots h_n$ 分别都是可接受的知识，那么 $h_1 \wedge h_2 \wedge \cdots \wedge h_n$ 也是可接受的知识。这样，条件（ⅱ）可以保留。而在彩票悖论中，尽管每一张彩票的不中奖率 99999/1000000 是非常之大，但是按照培根型概率这个不中

奖的确信度仍然不能将该彩票不中奖作为知识进入我们的知识集，充其量只能说这张彩票的不中奖的可能性很大以致达到 99999/1000000。这样，根据条件（ⅰ″），在给定的所有可能的证据基础上，命题 H_i："第 i 张彩票不中奖"（$1 \leq i \leq 1000000$）不能作为接受的知识，从而与假说：¬（$h_1 \wedge h_2 \wedge \cdots \wedge h_{100000}$），即：或者第 1 张彩票中奖，或者第二张彩票中奖……或者第 1000000 张彩票中奖并不构成矛盾式，从而彩票悖论得以消除。

上述培根型概率的解悖方案是放弃了条件（ⅰ）的帕斯卡概率临界值原则，代之以培根型概率原则，并且保留了条件（ⅱ），从而使得悖论的矛盾等价式建立不起来，这样悖论就自然消失。而且，培根型解悖方案也能够解释这样的现象：在通常的情况下，也许是很奇怪的——对于某人来讲，他好像感到有非常充分的理由认为他所买的彩票不中奖。但是，既然许多人都在买彩票，那么这些人也许感到并没有充分的理由去接受他们都将不会中奖，并且发现条件（ⅰ）并不具有反直观的含义。

所以，就像乌鸦悖论可以在帕斯卡概率范式下解决也可以在培根型概率范式下解决那样，彩票悖论同样也如此。实际上，只要是帕斯卡型与培根型相对应的一般问题，原则上都可以有两种路径——帕斯卡路径与培根型路径。这两种路径并不能一概而论孰优孰劣，而更多地是在具体情景下才能作出比较。

第五节　对英美法律推理中的帕斯卡的应用的困难消解

在英美法律系统中，至少存在两种证据标准:[①] 在民法诉讼中，原告要想胜诉，通常被要求以"占优证据"（the preponderance of evidence），或者"概率均衡"（the balance of probability）来证明他的诉讼；在刑法诉讼中，原告要想胜诉，必须使得他的证据达到"无可置疑"（beyond reasonable doubt）的概率水平。这里的关于"概率"含义究竟是指数学概率还是归纳概率呢？柯恩认为，如果这里的"概率"被理解为数学概率的

① Charles Tilford McCormick, *Handbook of the Evidence*, 2nd edn., West Pub. Co., (1954), p. 793.

话，那么将会出现难以消解的悖论；相反如果将之理解为归纳概率的话，则将不会产生这些悖论性的问题。本节就是讨论英美法系中 P_M 概率解释所引起的困境以及 P_I 解释对这些困境的消除。

一　P_M 的合取困难及 P_I 对之消解：

P_M 解释的困境：按照 P_M 理论，合取原则是通过乘法原则而得到。当一个案件由几个部分组成时，那么每一个部分的数学概率必须足够地高才可能使得诉讼在整体上是"占优的"（相对于民法系而言），或者是"无可置疑的"（相对于刑法系而言）。例如，在一个由两个分论点组成的诉讼案件中，如果这两个分论点都有 0.7 的数学概率有利于原告胜诉且这两个分论点在因果关系上是相互独立的，那么诉讼的获胜概率等于 0.49，按照英美法律的诉讼规则原告将败诉。也就是说，如果将英美法系中的概率解释为数学概率的话，那么将会出现原告难以胜诉的困境：随着诉讼的分论点的个数变多时，每个分论点的概率必须进一步提高才有可能使得原告胜诉。尤其是在刑法诉讼中，在"无可置疑"的概率水平的要求下，胜诉的可能性几乎是不可能的。然而，在英美法系的实际执行中，胜诉的可能性并非如上所表现的那样几乎不可能。这就表现出：概率的数学解释与英美法系的实际执行的结果之间产生了悖论性的冲突。也许有人说，英美法系中的概率本质上是不可度量的，根本无法对诉讼的各个分论点赋予数值，因而在整体上这些分论点的合取也就无法赋予数值，但这同样与英美法系的实际操作相悖。因为，尽管这里的概率是不可度量的，但只要是从数学角度理解的话，那么诉讼作为整体上的胜诉的等级总是小于各个分论点的等级的，悖论依然存在。

P_I 对上述解释产生困境的消解：倘若英美法系中的概率一词被理解为归纳概率（P_I）的话，那么按照柯恩的非帕斯卡逻辑法则，从整体上，诉讼案件的证认度取决于各个分论点证认度最小的那个分论点。如果每个分论据已经占优的话，那么整体的诉讼也就是占优的；如果分论点中存在论据并非占优证据的话，那么整体诉讼也就不是占优的。具体分析如下：①

---

①　Jonathan Cohen, *The Probable and The Provable*, Clarendon Press Oxford 1977. p. 266.

根据非帕斯卡概率的合取原则：

（1）如果 $P_I [S_1, R] \geq P_I [S_2, R] \wedge P_I [S_2, R] \geq P_I [S_3, R] \wedge \cdots \wedge P_I [S_{n-1}, R] \geq P_I [S_n, R]$，那么 $P_I [S_1 \wedge S_2 \wedge \cdots \wedge S_{n-1} \wedge S_n, R] = P_I [S_n, R]$。

相应地，在民法诉讼中，对于每个论据 S_i 而言，如果法官已经接受 $P_I [S_i, R] > P_I [\neg S_i, R]$，那么法官就能够推出，

（2）$P_I [S_1 \wedge S_2 \wedge \cdots \wedge S_n, R] > P_I [\neg S_1 \wedge \neg S_2 \wedge \cdots \wedge \neg S_n, R]$。

根据归纳概率的否定原则：如果 $P_I [S, R] > 0$，并且 $P_I [\neg R] = 0$，那么 $P_I [\neg S, R] = 0$，从而 $P_I [S, R] > P_I [\neg S, R]$。这里的 $P_I [R]$ 表示"$\neg R$"的先验概率，一般而言，法官们几乎不可能认为论证所赖以的前提 R 的先验概率为 0 的。因此，根据（2），法官进一步推出，

（3）$P_I [S_1 \wedge S_2 \wedge \cdots \wedge S_n, R] > P_I [\neg S_1 \wedge \neg S_2 \wedge \cdots \wedge \neg S_n, R]$

这就是说，根据归纳概率的分析，如果原告在他的诉讼中的每个证据都获得了均衡概率的话，那么他就能被看作是在整体上已经赢得了该诉讼，而没有必要对于诉讼中的分论据的数量以及分论据的准入概率进行限制。

相反，如果原告败诉在哪怕是其中一个分证据上的话，情况就不一样了。例如，当 $P_I [\neg S_k, R] \geq P_I [S_k, R]$ 时，根据（1），$P_I [S_1 \wedge S_2 \wedge \cdots \wedge S_n, R] \leq P_I [S_k, R]$；再根据归纳概率逻辑的后承原则，有 $P_I [S_1 \wedge S_2 \wedge \cdots \wedge S_n, R] \leq P_I [\neg S_k, R]$。因此，在这种情况下，法官是推出的不是（3），而是它的否定：$P_I [S_1 \wedge S_2 \wedge \cdots \wedge S_n, R] \leq P_I [\neg S_1 \wedge \neg S_2 \wedge \cdots \wedge \neg S_n, R]$。换句话说，如果原告败诉在某个论点上的话，那么他将失去整个胜诉的机会。

总而言之，原告胜诉的充分必要条件是他的诉讼中的各个论据的概率必须都是均衡概率，或者是占优的。这里，我们发现 P_M 数学概率解释的悖论性情形得以消除，并且 P_I 的概率解释也与英美法系中的实际操作相符的。

二　P_M 的对于"基于推断的推断"的解释困境及 P_I 对之消解

P_M 解释的困境："基于推断的推断"的论证包括两个或更多的论证环节。该论证过程可以是这样的：从 Q 到 R 的论证，再从 R 到 S 的论证；

而不是从 Q 直接到 R 和 S 的论证。前者中的 R 和 S 之间有直接的因果关系，Q 和 R 之间有着直接的因果关系，S 和 Q 之间至多有间接的因果关系；在后者中，R 和 S 都与 Q 有着直接的因果关系，R 和 S 之间的因果关系不予考虑。本段就是要考察 "基于推断的推断" 的论证所涉及到的前后推理中的概率推理中的 "概率" 是何种意义上的概率？

假设上述中的 "概率" 一词是数学意义上的概率，我们来考察一下将会出现何种结果。[①]

根据数学概率中的乘法法则，我们有：$P_M [R \wedge S, Q] = P_M [S, Q] \times P_M [R, Q \wedge S]$ (1)

进一步地，当 $P_M [R, Q \wedge S]$ 时，可得：$P_M [S, Q] = P_M [R \wedge S, Q] / P_M [R, Q \wedge S]$ (2)

所以，一定有，$P_M [S, Q] \geq P_M [R \wedge S, Q]$ (3)

同样地，根据乘法法则有：$P_M [R \wedge S, Q] = P_M [R, Q] \times P_M [S, Q \wedge R]$ (4)

所以，当 $P_M [R, Q \wedge S] > 0$ 时，一定有，$P_M [S, Q] \geq P_M [R, Q] \times P_M [S, Q \wedge R]$ (5)

(5) 式表明，P_M 概率在应用于 "基于推断的推断" 时，允许均衡概率的传递性，即只要第一阶段概率 $P_M [R, Q]$ 和第二阶段的概率 $P_M [S, Q \wedge R]$ 的乘积足够地高，那么我们就可以得到均衡概率 $P_M [S, Q]$。

但是，在法律推理的实际执行过程中，法官好像并不接受概率的这种传递性。例如，Wigmore 就援引 Lockwood 的话说，"每一先于最终层次的层次都必须建立在无可置疑证明基础上，即都应该达到刑事判决中所要求那种必然性的概率水平，否则就不能传递"[②]。法官之所以要求在前证据的概率达到无可置疑的水平，或者说不接受概率的这种传递性，这是因为，存在这样的情形——即使 $P_M [R, Q] = 1$，并且 $P_M [S, R]$ 是非常大的，也可能有 $P_M [S, Q] = 0$。例如，Q 表示某人居住在牛津郡，R

① Jonathan Cohen, *The Probable and The Provable*, Clarendon Press Oxford 1977. p. 69.

② John Henry Wigmore, *Evidence in Trials at Common Law*, I. Little Brown Company, 1983, p. 439。转引自任晓明：《当代归纳逻辑探究——论柯恩归纳逻辑的恰当性》，成都科技大学出版社 1993 年版，第 145 页。

表示该人是英格兰居民，S 表示该人居住在牛津郡外，则有：$P_M[R，Q]$ =1，并且 $P_[S，R]$ 很高，但是 $P_M[S，Q]$。法官在进行"基于证据之证据的"判决限制的非常严格，但是，上面的"基于证据之证据"的数学概率的解释并没有这种严格的概率水平的限制。换句话说，如果说，在合取原则中数学概率的解释对"同时包括几个分证据"的论证限制的过于严格的话，那么这里，我们可以说，数学概率的解释对于"基于证据之证据的"论证又过于松散。因此，可以看出，这里的"概率"一词本质上同样不应该理解为数学意义上的概率。

P_l 的解释：如果在柯恩的归纳概率意义上来解释上述论述中的"概率"一词的话，那么我们将会发现为什么法官在实际执行中拒绝接受均衡概率的传递性的理由：假设某个诉讼包括两个或多个论证阶段：例如，从 Q 到 R 阶段，再从 R 到 S 的阶段。前一阶段的归纳支持函数 $S[R，Q]$ 与后一阶段的归纳支持函数 $S[R，S]$ 分别测量的是不同的全称概括句的可靠性的。根据归纳支持的句法，由于不同的全称概括句的相关变量以及相关变量的潜在证伪假说的能力顺序是不同的，不同的全称概括句的归纳支持度之间一般是不可比较的。因此，即使以均衡概率水平可以从 Q 推出 R，并且从 R 推出 S，我们也不能以均衡概率的水平来确信从 Q 推断出 S。我们可以用下面具体的事例来进行解释。[①]

假定以均衡概率水平确定了 A 的手指的损伤是由于意外事故导致，并且也以均衡概率水平确定了 A 的死亡是由于 A 的手指损伤导致的。那么我们能够以概率均衡的水平推出：A 的死亡是意外事故导致的吗？这里的问题是；前一阶段的论证是关乎日常的身体损伤的因果假说的支持测度，后阶段是关乎医学治疗的因果假说的支持测度。在不同的论证阶段有不同的相关变量集以及不同的相关变量的证伪能力的顺序，因此所涉及到的归纳概率测度必须分别加以评价。在不同的相关变量集之间的归纳支持测度是不具有比较性的，因而也就不具有概率的传递性。

法官在"基于法律推理的推理"的论证中，要求在最后阶段之前的每一步都必须使得结论是无可置疑的，而不是在第一阶段之后的每一步都是无可置疑的。这是因为：在已经知道或者已经接受的事实基础上，任何

① Jonathan Cohen, *The Probable and The Provable*, Clarendon Press Oxford 1977. pp. 268—269.

被看成是合理确信的东西本身是可以被分离出作为一个已知的或者被接受的事实，该事实能够为进一步的证明提供一个论证的前提；然而，如果在论证的第一阶段是以概论均衡的水平加以确定的，那么也许会出现这样的情形，即第一阶段的结论也许和后面阶段论证是不相关的。因此，如果以后者的方式进行推断的话，那么最后获得的结论只是表明在已经知道的事实基础上是可几的，而并不表明它是可以从已知事实中推出的。换句话说，在 Q 给定时，我们可以从 $P_I[R，Q]$ 是极大的，而 $P_I[S，R]$ 仅仅是概率均衡的水平上就可以推出 S 和 Q 的因果关系 $P_I[S，Q]$；而当 $P_I[R，Q]$ 仅仅是均衡概率水平，$P_I[S，R]$ 是极大时，也许得到 S 和 Q 根本是无关的。

三　P_M 对"否定"解释的困境及 P_I 对之消解：

P_M 的否定原则在法律推理中的另一个困难就是表现在"不速之客"悖论中。

按照数学主义解释，如果一个被告有罪的概率是 x，那么他无罪的概率就是 1—x。因此，当被告有罪的概率足够高（即达到无可置疑的水平）时，他无罪的概率就非常低，那么此时宣判被告有罪将是合理的。但是，在英美法系的民事诉讼中，法官在进行裁决时，仅仅要求概率占优。设民法系统中裁决的占优概率为 p（0.501），那么在民事裁决中的这种概率水平的要求下，我们来考察数学概率解释将会出现的情况。

"不速之客"悖论[①]：一个竞技场能够容纳 1000 人；499 人通过买票入场。使管理员惊奇的是，场内坐了 1000 名观众，也就是说，有 501 人是没有购票进入的。但是，管理员又无法区别谁是购票进入，谁是没有购票进入。此时，管理员的做法是，随机从场内选择一个观众，要求其付门票，因为根据数学概率的解释，既然没有购票入场的数学概率是 0.501，那么按照民事诉讼中的裁决占优概率原则，我们就有理由认为任何一个观众没有购票入场的概率就是 0.501。所以，如果民事诉讼中的"概率"一词是指"数学概率"的话，那么任何观众都将败诉，即都必须付给管理员购票费用。但是，这样的判决几乎看不到合理性在哪，因为该观众胜诉

---

① 　Jonathan Cohen，*The Probable and The Provable*，Clarendon Press Oxford 1977. p. 75.

的概率高达 0.499，实际上英美民法系统中也根本不可能采取这种方法来判决。换句话说，数学主义概率解释的这种荒诞性的判决肯定是出了问题。

P_I 对之消解。根据柯恩的归纳概率否定法则：如果 P_I [H，R] >0，那么 P^I [¬H，R] =0。由于归纳概率不满足否定互补性，所以原告诉讼的概率水平并不随着被告的概率水平成反方向变化。如果均衡概率是有利于支持原告的话，那么这将表明证据将是反驳被告的，无论这里的均衡概率是非常大的、中等的还是较小的，败诉方都只有 0 的归纳概率支持测度。因此，如果根据柯恩的归纳概率的解释，那么起诉者进行的是诉讼的证据的权重的挖掘，而不是对证据数量的分割。胜诉方可以通过均衡概率获胜，而不管这个均衡是大还是小，只要该均衡概率是有利于胜诉方的。因此，在归纳概率逻辑的解释下，通过均衡概率来进行司法裁决并不表现出数学概率解释的那种不公正性。现在回到"不速之客"悖论案例中，在所描述的环境下，并不存在证据来反驳被告没有购票入场。如果没有具体的证据反驳被告的话，那么无论是任何归纳支持概括都不能推断出他没有购票入场。因此，为了解释为什么不存在证据反驳被告，我们不必借助某些特殊的策略，如统计策略等，也不必假定某些规定准入门槛的法律规则。这里所涉及到的核心问题是并不存在反驳该具体的被告的证据存在。所以，如果所涉及到的概率是归纳概率的话，那么我们可以说，根本没有具体的针对该被告的证据存在。从而在归纳概率解释下，"不速之客"悖论得以消解。

四　P_M 对于"无可置疑证明"的困境及 P_I 对之消解。

情景：假如在一个城市的大街上，一个步行者一直沿着路边走的话，那么在通常的情况下，人们会推出：这个人将试图横穿马路。作出了这样结论的最直接理由的回答是：在通常情况下，如果人们一直沿着路边行走的话，那么他们都是试图横穿马路。实际上，这里用的是一个数学统计的理由，也就是说，这里的关于特定环境下的某个特定的行为者的意向性行为的判断是借助于一个全称的、可以被接受的概括句——通常情况下，如果"……"，那么"……"。该概括句的适用范围是通过"通常情况下"一词来限制的，因此也就产生了这样的问题：即在当前的具体的情景下，该全称概括陈述是否也是适用的？尽管步行者一直沿着马路行走推出他试图横贯马路的数学概率是非常大的，但是我们并不能得出该行人一定是试图横贯马路，他也许是试图想和某个汽车司机搭讪。如果试图根据统计概率（尽管该统计概率是非常之大），就推断出该行人就是试图横贯马路，那么我们实际上并没有区分两个环境：一个环境是适合于全称概括句的，另一个环境是具体的、比一般环境多得多的相关变量环境，当然这个环境是不适合全称概括判断的。进一步地问题：这样的统计推断理由可以作为法律判决（尤其是刑事裁决）的依据吗？

　　实际上，在刑事裁判中，法律的施行者坚持这样的原则[①]：因为存在某个具体的理由去怀疑某个刑事诉讼，从而使得某个推论缺乏确信度；而不是因为缺乏确信，才使得我们有理由去怀疑该论证。换句话说，并不是因为某个论证具有很大的统计概率才使得我们有理由去判决一个刑事案件，而是对某个具体的论证而言，存在某个具体的理由怀疑该诉讼，因而使得该论证缺乏确信。在这里，显然法官在刑事判决中使用的判决标准不是数学概率，哪怕这个数学概率是极大的也不被法官采用。所以，即使数学概率测度可能被用来评价一个具体的结论是如何接近确证，通常而言，这样的评价作为某个刑事案件的判决也往往是很肤浅的、多余的。刑事判决所依据的合理证据测度实际上与数学概率测度无关。

　　既然，刑法系统中的"无可置疑的"证明不是数学概率意义的，那么我们是否可以从柯恩的归纳概率逻辑意义上得到解释呢？

　　P_I 解释：在 P_I 评价函数中，我们将发现："缺乏确信"与"有理由怀疑"之间具有正向依赖关系。如果 $P_I [S，R]$ 不是极大的，那么这一定是因为概括句 $\forall x (Rx \rightarrow Sx)$ 没有获得充分的归纳支持。并且，这反过来又蕴涵着：该全称概括句并没有经过所有相关变量所设计的实验的检验，存在某个相关变量序列所设计的实验证伪该全称检验概括句。换句话说，要么存在某个相关变量 v，该变量的某个变素 v_i 出现在前件 R 中，但 v_i 是否具有 S 结论却是悬置的；或者要么是该变素 v_i 表现出与概括句 $\forall x (Rx \rightarrow Sx)$ 相矛盾的结论。例如，根据到庭证据，我们也许不能充分证明被告犯有被所指控的谋杀罪的动机，并且如果没有

_____

　　① Jonathan Cohen, *The Probable and The Provable*, Clarendon Press Oxford 1977. p. 272.

谋杀动机，那么我们就几乎不能依据环境证据对被告进行判决有罪。或者由于该起诉的关键的证人的证词有点闪烁其词，那么对该被告的判决有罪将宣告破灭。在前一种情形下，$P_I[S,R]$ 没有达到极大，尽管 $P_I[S,R]$ 是大于 0 的；而在后者情形下，也许有 $P_I[S,R]=0$。所以在两种情形下，我们都可以推出"被告是无辜"的判决，即如果用柯恩归纳逻辑法则表示的话，可以有 $P_I[\neg S,R]$ 达到极大。实际上，在上述两种情况下，我们之所以"在接受 R 时，而对于 S 是真的产生怀疑"，是因为这样的事实：$P_I[S,R]$ 没有达到一定的确信度，例如没有抹杀的动机，或者关键的证人作了伪证。所以从刑法的判决系统中，我们可以看出，如果刑事判决是以"无可置疑"的水平进行的话，那么我们要做的就是，所有与案件有关的各个关键的变量必须被确证，并且所有可能隐藏的相关变量必须被考察。只有当所有可能的相关变量被确证时，即全称概括句经过了所有相关变量序列的检验时，我们才能达到归纳确证的结论。而这种确证实际上就应该是柯恩的归纳概率意义上的确证，而不是数学概率意义上的确证，这是因为前者的确证是从具体的情景出发设计某个全称可检验假说的相关变量检验实验的；而后者的确证仅仅从数学概率统计的角度进行的，因而没有将具体的相关变量都考虑进去。

因此，我们可以说，英美刑法系统的"无可置疑"的判决标准应该从柯恩的归纳概率角度加以理解，而不能从数学概率角度加以解释。

五　司法评价系统的 P_M 标准的困境及 P_I 对之消解。

在法律裁决中，无论是法官还是陪审员在进行裁决时，其推理或者裁决肯定是依据某个标准，或某个评价系统。正是该评价标准为公共信念提供了合理基础，保证了意见收敛的合理度，以及对排除不恰当证据提供合理解释。但是这个评价体系可以在数学概率系统加以描述吗？柯恩认为，在数学概率系统中，无论是统计概率标准，还是卡尔纳普标准以及赌商标准，都产生了一定的困难：统计概率用于确定一个证明的结论只是按照它们相关的度而言。因此，并不奇怪，就像 Massachusetts 法官所说的那样："近年来生产有色轿车的数量已经超过了黑色轿车的数量的事实并不保证某个即将见到的轿车就是有色的，而不是黑色的；同样地，只有少量的人是由于患癌症而死的事实并不能推出某个特定的人并不死于癌症。"① 换句话说，即使关于目前的有色轿车的统计概率是到庭证据，但现实中的法官仍然必须决定这样的概率：即从统计概率事实推出某个特定的轿车是有色的。尽管即使前者统计概率也许是很大的，但后者概率也许并不大。既然统计概率与现实中的法官所要考察的概率具有一定的差异，那么法官在实际裁决中所使用的评价体系就不是是统计概率评价。

再来考察卡尔纳普评价系统。该系统是通过论域的比值来刻画概率的，即在 e 的条件下，h 的概率定义为 $h \wedge e$ 成立的论域与 e 成立的论域的比值。这里，一个特定的语句的论域就是该语句是真的那些状态描述的类（或者说集合）。然而，无论"这种概率测度系统是否有其他用途，但是这种系统最明显的缺点就是，随着测量论域的不同可能存在无限多的不同的评价概率的测度函数"②。所以，对于一个给定的证据，如果选择不同概率测度函数，我们所获得的结论将有不同的概率水平。当然，我们也无法规定哪种概率函数测度适合于法律推理。换句话说，不同的人可能各自根据自己的测度标准会得到不同的、且均有合理性的结论。这就是卡尔纳普概率测度用于法律裁决中可能会带来的困境。

主观主义概率用于法律推理同样是不适合的。一个理性人的打赌所赖以建立的基础，除了他的相关资料的知识外，还有两个限制条件：（1）理性人只对那些可以预见的结果进行打赌。打赌必须是可以解决的。在打赌之前，打赌的双方只是掌握了部分相关信息，随着事件的发展，打赌的结果逐渐明晰，从而最终确定。例如，当赛马跑到终点时，打赌的结果就确定了。而对于过去所发生的事件，无限全称论域的概括句的真理性以及那些真理性不能观测到的论句进行打赌充其量只是一种智力活动，从打赌角度而言是没有意义的。所以，我们回到法律判决中，如果陪审员已经知道所有的相关证据的话，那么此时判决的结果就已经确定了，所以无须进行打赌；如果陪审员还没有获得所有的相关证据的话，那么由于没有时间

① Jonathan Cohen, *The Probable and The Provable*, Clarendon Press Oxford 1977. pp. 87—88。

② R. Carnap, *Logical Foundations of Probability*, The University of Chicago Press, (1950); R. Carnap, *The Continuum of Inductive Methods*, Chicago: University of Chicago Press, (1952); and R. Carnap and R. C. Jeffrey (eds.), *Studies in Inductive Logic and Probability*, Vol. i, California: University of California Press, (1971).

机器将我们带回到过去，所以也就没有令人确信的方式发现被告是否是有罪的或者原告的陈述是否是真实的，除了查询相关资料外，那么在这种情形下打赌当然是无解的。（2）赌商有时会随着风险收入数量而发生改变。对于风险收入数量变大时，一个精明的人对他的赌注将是越来越谨慎。所以直接询问一个人愿意对于某个结果的赌注下多少时是没有意义的。如果按照这里主观主义概率观点，那么被告的处境不仅与证据息息相关的，而且还与法官对于各个陪审员所赋予的收入或损失的重要性的认识有关。因此，这样的判决标准不能作为法律推理的标准，显然英美法系中的现存的体系不可能采用赌商来裁决。

从这里的分析，我们得出 P_M 中的各种解释不适合作为法律系统推理的判决标准。柯恩认为，归纳主义概率标准作为法律论证标准不会产生任何困难，具体分析如下。

P_I 测度标准：由于柯恩的归纳概率逻辑是基于相关变量基础上的局部实验归纳法，所以，我们可以合理地假定：进行法律论证的实践者在进行法律推理时，他的思维是健全的，并且头脑已经充满了关于人类行为、态度以及直觉方面的大量平凡的知识概括；以及对于哪些环境是有利于已有的知识概括，哪些环境是不利于已有的知识概括也具有相当的先验认识。例如，陌生人在很深的夜晚潜入别人房间内，一般而言并不被认为是为了检查消火栓是否拧好，而更应该被认为是有其他的犯罪企图。假如在日常生活中，缺乏这些基本背景信息的话，那么人们将无法了解他的邻居、他的同事、他的合作伙伴甚至包括他的爱人，他甚至根本无法对过去事件作出解释，也无法对未来事态作出任何预测。相反，一旦拥有这样的背景知识，法律实践者就能够根据已经掌握的证据对某些概括句或者所期待的结论赋予归纳概率。他既不必借助统计概率进行推断，也不必借助复杂的数学概率来计算推理结论的可靠性。根据到庭事实，所进行推断的结论的归纳概率仅仅依赖于哪些是有利于待检验的概括句的，哪些是不利于待检验的概括句的。当然，关于法律的 P_I 的标准解释需要解决两个问题：其一，是哪些变量是相关的。实际上这些问题属于认识论问题，必须在具体的问题探究中加以解决。既然，我们可以假定某组特定的变量集与某种类型的概括句是相关的，所以基于某个命题的归纳概率的任何评价实际上就是一个经验的陈述。其二，是这些相关变量的证伪顺序的问题。同样地，该问题也是属于认识论范畴问题。尽管不同的法律实践者可能形成不同的证伪顺序，导致不同的法律结果判决，但是，法律实践者可以通过不断学习，最终使得意见趋向一致，从而最终达到相关一致的归纳概率赋值。换言之，柯恩的归纳概率标准提供我们这样的法律判决图景：作为理性人，我们拥有许多关于人类行为的概括。随着我们获得越来越多的信息，我们从一个概括跃迁到另一个更加精致的概括。只有当所有的证据到庭时，我们才能考察是否存在某个概括能够恰当地解释所有这些事实。如果回答是否定的，则说明存在某个还未被起诉者恰当论证的相关变量，因而诉讼无法被判决。如果得到了肯定的回答，那么该判决就是恰当的。

六　P_M 对确证和收敛解释的困境及 P_I 对之消解

英美法律论证中的"不同证人证据的相互确证"（the mutual corroboration of different witnesses）以及"不同的环境证据的收敛"（the convergence of different items of circumstantial evidence）具有相同的逻辑结构：当前件 R_1 和 R_2 相互独立时，如果 R_1 和 R_2 能够分别指证结论 S 的话，那么 R_1 和 R_2 的合取将比单独 R_1 和 R_2 更加指证 S。这里的 R_1 和 R_2 相互独立的含义是：除了它们都是指证结论 S 的成立外，没有因果关系上的联系。

例[①]：假设已经有确定的证据表明 A 想要继承 B 的遗产，以致使得 A 有抹杀 B 的动机，那么单独这个事实将提高 A 抹杀 B 的概率；同样地，如果有确切证据表明 A 在 B 被抹杀前被 B 邀请到 B 的住处的话，以致 A 有抹杀 B 的机会，那么单独这个事实也将提高 A 抹杀 B 的概率。如果我们将上面两个事实结合考虑的话，那么我们将得到 B 被 A 抹杀的概率将进一步变得更大。当然这里概率进一步增大的条件是——这两个事实没有因果上的联系，除了它们都是指向是抹杀被害者外。换句话说，如果已经知道具有抹杀动机的嫌疑人被故意邀请到被害者的处所的话，那么这种情形下"具有抹杀动机"与"具有抹杀机会"之间具有因果上的关联性，因而此时它们之间就不具有独立性，从而它们之间的合取就不可能提高更大的概率，即不能相互确证。但是，如果没有具体的理由从"A 具有抹杀 B 的动机"推出 A 出现过在 B 的处所的话，或者，反之也然，那么这两

---

① Jonathan Cohen, *The Probable and The Provable*, Clarendon Press Oxford 1977. p. 94.

个事实的汇集将会大大提高 A 是 B 的抹杀者的概率。

这里的问题是：我们能用数学概率来解释英美法律系统中的这个广为熟知的法律推理原则吗？下面先考察数学概率解释所面临的困境，然后表明柯恩的归纳概率逻辑对之解释的恰当性。

数学概率解释的不恰当性：

Geoge Boole 模型分析①——令 p 表示 A 说出事实真相的概率，q 表示 B 说出事实真相的概率；我们要求探讨当 A 和 B 同时独立地言说某个陈述的真相的概率时该陈述是真的概率。按照 *Boole* 模型，对于某个陈述的观点的一致蕴涵着这样的意思：要么 A 和 B 言说的都是真的，那么陈述是真的概率将是 pq，要么他们言说的都是假的，那么陈述是假的概率是 $(1-p)(1-q)$。因此，他们关于某个陈述的意见一致的概率就是 $pq + (1-p)(1-q)$，从而在他们意见一致的条件下，他们所言说的是真的概率：$w = pq/(pq + (1-p)(1-q))$。下面分析该模型用于法律论证中的'相互确证'以及'环境证据收敛'所遇到的困难。设 p 表示 A 指控某人有罪的概率，q 表示 B 指控被告有罪的概率，那么当 A 和 B 独立地同时指控被告是有罪时，那么此时被告是有罪的概率将是 w。实际上，根据法律论证的规则：相互确证的证据合取概率大于各自证据的概率原则，一般情况下（即 $0 < p, q < 1$ 时），都应该有 $w > p$ 且 $w. > q$，但实际上，根据 $w = pq/(pq + (1-p)(1-q)) > p (q)$，可以得出 $p > 1/2$，且 $q > 1/2$。也就说，只有当相互独立的各自的所言说是真的概率大于 $1/2$ 时，才能用 *Boole* 模型来解释；而在各自概率均小于 $1/2$ 时，*Boole* 模型就会导致悖论性的结论，例如，证人 A 由于他的摇摆不定的行为导致他的证明被告有罪的证据不太可靠；证人 B 由于视力较差的原因同样导致他证明被告有罪的概率也是非常低下的，但是，既然 A 和 B 两个证人同时独立地证明是被告是有罪的，那么法律一般会断定被告有罪的概率将会增大；但是按照 *Boole* 模型却得到减少的结论。实际上，在越是达成意见一致的情况不太可能出现的地方，如果两个相互独立的证人能够取得一致意见的话，那么这就大大增加了证人证据是真的概率，例如，在一组人群中，随机抽取一个人，如果这个既有抹杀动机，同时又有抹杀机会的话，那么该人是凶

---

① George Boole, *Studies in Logic and Probability*, London: C. A. Watts (1952), p. 364.

手的概率将是比仅仅具有抹杀动机或者仅仅具有抹杀机会的概率要大得多，而 *Boole* 模型分析恰恰与这点是相悖的。

Ekelof 模型分析:[1] 另一个试图用数学主义概率来解释法律推理中的'相互确证'以及'环境证据收敛'原则的是 *Ekelof*。按照 Edman 的理解[2]，*Ekelof* 的解释模型可以表示为，$w = p + q - pq$，这里的 p，q，w 与 *Boole* 模型中的含义相同。从形式上看，这个模型确实规避了 *Boole* 模型解释所遭遇的困境，即只要 $0 < p$，$q < 1$ 的话，那么总是有 $w > p$ 且 $w > q$。然而，*Ekelof* 的这个优点只是停留于表明。考虑这样的情形:[3] 令 $p = 0.25$，表示在已知某犯罪嫌疑人留长头发证据基础上，该犯罪嫌疑人是男性的概率；$q = 0.25$，表示在已知某嫌疑人是支持女权运动的证据基础上，该犯罪嫌疑人是男性的概率。根据 *Ekelof* 模型，在上面两个陈述相互独立的条件下，它们的相互确证的概率为 0.44。然而，在上述各个假设证据基础上，当某个嫌疑人是男性的概率是 0.25 时，则该嫌疑人是女性的概率分别是 0.75。同样根据 *Ekelof* 模型，得到后者情况下的两个独立陈述的相互确证嫌疑人是女性的概率则是 0.94。在这里，出现了悖论性的结论——按照 *Ekelof* 模型，两个独立的陈述的相互确正的概率同时向相反方向增加。换句话说，如果 *Ekelof* 模型中的概率是数学主义意义上的概率的话，那么这就直接导致矛盾——在上述的概率假设情形下，嫌疑人是男性的概率是 0.44，且嫌疑人是女性的概率是 0.94。根据 *Ekelof* 模型导出悖论性的结论表明 *Ekelof* 模型并不适合用来解释法律论证的中"相互确证"以及"环境证据收敛"法则。

实际上，*Ekelof* 模型解释与 *Boole* 模型解释所遭遇的困境在本质上一样的:即当后验概率小于先验概率时，就会导致悖论性的结果。在上述例子中，当后验概率小于相应的先验的概率时，那么证据将会降低嫌疑犯是男性的数学概率，同时将会提高嫌疑犯是女性的数学概率。而在这种情况下，我们通常推论出证据将是相互确证的，即应该是提高嫌疑犯是男性的

① Martin Edman, "Adding Independent Pieces of Evidence", in J. Hintikka *et.*, *Modality, Morality and Other Problems of Sense and Nonsense: Essays dedicated to Soren Hallden*, Candan: Western University. (1973), pp. 180—188.

② Jonathan Cohen, *The Probable and The Provable*, Clarendon Press Oxford 1977. p. 99.

③ Jonathan Cohen, *The Probable and The Provable*, Clarendon Press Oxford 1977. p. 100.

概率。因此，从这里的论述看出，要想对于用数学主义概率来解释法律论证的"相互确证"以及"环境收敛"的规律的话，我们应该将先验概率考虑进去，即必须是后验概率大于先验概率时，数学概率主义才可能适当地解释法律中的这个规律。下面我们就来探讨这种方案是否是恰当的：

后验概率大于先验概率解释模型：考虑这样的情形——设 S 是将要建立的命题，并且 R_1, R_2 是两个前提条件，那么 $P_M[S, R_1] > P_M[S]$ 和 $P_M[S, R_2] > P_M[S]$。因此，如果先验概率是二等分的话，即 $P_M[S] = 0.5$，那么 $P_M[S, R_1]$ 和 $P_M[S, R_2]$ 都将大于 0.5，此时 Boole 模型是适用的。但是，如果先验概率不是以二分法加以赋值，而是在更大的论域上进行赋值的话，即 $P_M[S] < 0.5$，那么后验概率 $P_M[S, R_1]$ 和 $P_M[S, R_2]$ 都可能小于 0.5。

实际上，除了上面这个问题外，要想不同的证据能够相互确证还有一个非常重要的条件——即能够相互确证的不同的证据在因果关系上是独立的，除了它们都指向将被建立的命题是真的这点上外。这个条件可以进一步地分解为两个子条件：

首先，如果两个证词是相互确证的话，那么当一个证词给出的伪证据时，另一个不必也给出伪证。因为它们之间必定不存在共谋来欺骗。也就是说，相互确证只适用于确证，而不适用伪证情形。因此，这个独立的子条件可表示为：$P[R_2, R_1 \wedge \neg S] \leq P[R_2, \neg S]$，这里的 R_1 表示事实：第一个证人提供证明 S 是真的证据；R_2 表示事实：第二个证人提供证明 S 是真的证据。也就是说，在假定是 S 假的基础上，R_1 和 R_2 不必是正相关的。

其次，如果一个证词确证另一个证词的话，那么当后者的证词是正确时，前者倾向于给出的证词是提高确证的概率而不是降低确证的概率。该子条件可表示为：$P[R_2, R_1 \wedge S] \leq P[R_2, S]$。例如，某个人具有抹杀被害者的动机并且他对于被害者的死缺乏怜悯之心，那么这两者将提高该嫌疑人就是抹杀者的概率。因为，如果嫌疑人就是抹杀者的话，那么他对被害人的死亡缺乏怜悯将加强他的抹杀动机，并且他的抹杀动机也将加强他所缺乏怜悯之心并非是由于自己将感情隐藏。所以该子条件表明，在假设 S 是真的时，R_1 和 R_2 应该是正相关的。

根据上面的分析，如果法律论证的"相互确证"以及"环境证据收敛"原则可以用数学概率表示的话，那么应该满足这样的四个前提条件：（1）后验概率大于先验概率条件——$P_M[S, R_1] > P_M[S]$，$P_M[S, R_2] > P_M[S]$；（2）独立性条件——$P_M[R_2, R_1 \wedge \neg S] \leq P_M[R_2, \neg S]$，$P_M[R_2, R_1 \wedge \neg S] \geq P_M[R_2, \neg S]$。进一步地，假设：$R_1$ 和 R_2 并不相互矛盾，并且因此 $P_M[R_2, \neg S] > 0$；且 $P_M[S, R_1] < 1$。那么结合上面四个前提条件以及数学概率原则，我们可以证明[1]：$P_M[S, R_1, \wedge R_2] > P_M[S, R_1]$。换句话说，在上述的适当的假设条件下，我们可以用数学主义概率来解释法律推理中的"相互确证"以及"环境证据收敛"原则。但是，现在的问题是——上述的假设条件是否被法律实践中的实践者所承认？如果不被承认的话，那么数学主义的概率解释将是不恰当的。下面我们将在法律论证中来分析这些假设是否被承认，尤其是关于后验概率大于先验概率条件。然而，事实上，尽管在这个适当的条件限制下，数学主义概率能够成功地解释法律论证中的这个原则，但是，这个限制性条件却从未被法律实践者所承认。因为下面两个原因：

首先，如果证据的证明力（the probative force of evidence）不是通过'在证据基础上结论成立的概率'来测度，而是通过这个概率值与先验概率值之间的差值来测量的话，那么原告有时就能够在均衡概率（the balance of probability）水平上来建立他的整体案件诉讼，即使他不能够在概率均衡水平上建立他的诉讼案件中的每个分证据。例如，假设原告必须建立四个独立的分证据 S_1，S_2，S_3 和 S_4；并且这里的每个分证据的先验概率都是 0.5，而根据事实 Q，可得 S_1，S_2，S_3 的后验证据都是 0.9，S_4 的后验概率是 0.4。那么在这种情况下，有 $P_M[S_1 \wedge S_2 \wedge S_3 \wedge S_4, Q] > P_M[S_1 \wedge S_2 \wedge S_3 \wedge S_4]$，尽管 $P_M[S_4, Q] < P_M[S_4]$。但是，通常地，法律实践者并不判决该原告胜诉，除非他能够以均衡概率水平来证明每个分证据。

其次，不能诉求于先验概率的，还因为：在英美法律程序中，只是根据到庭证据来对被告进行判决的，而并不因为某个被告具有一定的先验犯罪概率，就对其施行惩罚。在确定的论域中，我们谈论数学概率时，我们并不能将对于 S 不存在一个正概率与对于 ¬ S 的确定的存在相区别，就像

① Jonathan Cohen, *The Probable and The Provable*, Clarendon Press Oxford 1977. pp. 103—107.

在完全演绎系统中那样，我们并不能区别 S 的不可证与 S 被证明是错误。所以，在 S 表示某个被告犯有抹杀罪时，如果不存在 S 的一个正的概率的话，那么我们必须假定 ¬S 的先验概率是 1；并且如果这个假定是合理的话，那么将没有证据能够改变 S 的概率值。换句话说，如果 $P_M [S] = 0$，那么也一定有 $P_M [S, R_1]$ 且 $P_M [S, R_2]$。所以上面的后验概率大于先验概率条件——$P_M [S, R_1] > P_M [S]$，$P_M [S, R_2] > P_M [S]$——在这里得不到满足。因而，在此时的情形中，数学主义概率解释是不适合于解释法律论证的'相互确证'以及'环境证据收敛'规则的。

换质位解释模型：设在某个证据（R）基础上，S 成立的概率是 $P [S, R]$ 可以解释为数学概率中的 $P_M [¬R, ¬S]$ 的话，那么这种解释就是换质位解释模型。根据这种解释模型，那么在某个特定的前提下，被告犯有抹杀罪的法律意义上的概率将等于这样的数学概率，即在假定被告没有犯抹杀罪的基础上，特定的前提不正确的数学概率。下面我们探讨这种换质位解释模型是否是恰当的：

根据法律推理中的"相互确证"以及"环境证据的收敛"规则，前件 R_1 和 R_2 在因果上是相互独立的以及数学概率演算规则，因为 $P_M [R_1, ¬S] > P_M [R_1 \wedge R_2, ¬S]$ 从而 $1 - P_M [R_1 \wedge R_2, ¬S] > 1 - P_M [R_1, ¬S]$，进一步地有 $P_M [¬(R_1 \wedge R_2), ¬s] > P_M [¬R_1, ¬S]$，根据换质位解释模型，我们有 $P [S, R_1 \wedge R_2] > P [S, R_1]$。从这里，我们可以看出换质位模型并没有依赖于引入先验概率的方法来解释法律论证中的这个规则。所以，从这点看来该解释模型似乎是恰当的。但是，实际上并非如此，因为该模型存在着下面几个无法消除的问题：

首先，当法律实践者在考察：在事实证据 R 基础上，谈论命题 S 的概率时，实际上他们讨论的不是 $P_M [S, R]$，而是 $P_M [¬R, ¬S]$，但是，$P_M [S, R]$ 并不逻辑等值于 $P_M [¬R, ¬S]$。所以，严格地讲，法律推理中的 $P_M [S, R]$ 并不一定就等值于 $P_M [¬R, ¬S]$。

其次，上述换质位解释模型还面临着悖论性结论的困扰。一方面，既然容许法律论证概率（$P [S, R]$）可能与数学概率（$P_M [S, R]$）不同，那么我们就可以假设 $P [S, R]$ 不是数学概率；另一方面，该模型渴望诉求于 $P [S, R] = P_M [¬R, ¬S]$，即概率只有一种，那就是数学概率。这就出现了悖论性的结论。

再次，考虑这样的情况：R_1 和 R_2 与 S 是根本不相关的，所以 P_M [S，R_1] $= P_M$ [S] $= P_M$ [S，R_2]。在这样的情况下，如果 R_1 和 R_2 相互独立，仍有 P_M [¬ ($R_1 \wedge R_2$)，¬ S] $> P_M$ [¬ R_2，¬ S]。这表明，即使"证据"与结论根本无关的，"相互确证"规则仍然能够发生。实际上，这与法律实际操作是大相劲庭的。

所以，可以说，换质位解释模型也是不恰当的。

P_I 解释：从上面的论述可以看出，任何关于"相互确证"以及"环境证据收敛"的数学概率主义的解释都必须考虑先验概率（即从多个可能结果中某个结果是真的的概），以及后验概率（即在事实证据基础上，该结果发生的概率）。越是在先验概率很低的情况下，根据证据表明能够取得意见一致的命题其成功的概率将是大大地提高。然而，这种后验概率大大先验概率的 P_M 解释从来不被英美法律法系的从业者所采用。在英美法系中，某个被告被判决仅仅是根据到庭证据来进行裁决的，而并不考虑其先验概率究竟是多少。柯恩在看到了数学主义解释的困难，试图用他的归纳概率逻辑来解释英美法系中的"相互确证"以及"环境证据收敛"规律。总的而言，柯恩认为，如果用通过有利的归纳相关环境来提高概率进行解释的话，"相互确证"以及"环境证据收敛"将表现出另一种全新的态势……这种解释并不预先假设某个命题的先验概率的存在。具体分析如下：

对于某个将要决定的结论 S 而言，根据到庭证据 R_1，R_2，…R_n 以及其他的一些相关因素，例如，证人席上的证人的行为特征和名声秉性来设计相关变量环境。根据柯恩的归纳概率理论，如果 R_i 的出现可能导致 S 被证伪或者被进一步确证的话，即只要 P_I [S，$R \wedge R_i$] $\neq P_I$ [S，R]，R_i 就是概括句 S 的一个相关变量。例如，S 表示某个人犯了抹杀罪；R_1 表示某个人具有抹杀机会，R_2 表示某人具有杀人动机，等等。那么 R_1 或者 R_2 的出现将进一步确证假说 S。因此，根据柯恩的相关变量定义，R_1 和 R_2 则是 S 的相关变量。类似于科学假说的实验检验那样，现在我们可以设计检验 S 的实验序列：T_1 表示仅仅根据某个证据（例如 R_1）而设计的相关检验环境，由于 R_1 是有利于假说 S 出现的，因此 s [S，R_1] $=1/$ (n+1)（>0），根据归纳概率测度与归纳支持函数测度的关系，有 P_I [S，R_1]；同样地，P_I [S，R_2]。T_2 表示仅根据 R_1 和 R_2 的组合而设计的相关检验环境，例如，在上例中，当 S 成立时，那么可推出该犯罪嫌疑人既有抹杀动机（R_1），同时也应该具有抹杀机会（R_2），既然到庭证据是 R_1 和 R_2，所以命题 S 是真的支持度得到进一步确证，即 s［S，$R_1 \wedge R_2$］$=2$（$n+1$），从而 P_I［S，R_2］$<P_I$［S，$R_1 \wedge R_2$］$>P_I$［S，R_1］。T_3 表示仅根据 R_1，R_2，R_3 设计的相关检验环境，如果待检验假说 S 能够抗拒由到庭证据 R_1，R_2，R_3 所设计的相关环境证伪的话，那么 S 的归纳概率将进一步提高，即 P_I［S，$R_1 \wedge R_2 \wedge R_3$］$>P_I$［$S$，$R_1 \wedge R_2$］。实际上，只要到庭证据 R_3 是有利于待检验假说 S 的。当然，这个过程可以一直持续下去且相互独立的证据将会彼此确证，只要每个到庭证据都是有利于 S 的出现的。当然，这里还有一个条件需要进行分析一下：彼此确证的到庭证据必须是相互独立的，那么这里的独立性是如何体现在相关变量法的分析中呢？根据前面的论述，英美法系中的"相互确证"以及"环境证据收敛"规律中的独立性条件可以形式表示为：P［R_2，$\neg S$］$\geq P$［R_2，$R_1 \wedge \neg S$］和 P［R_2，S］$\leq P$［R_2，$R_1 \wedge S$］。

先考察 P［R_2，$\neg S$］$\geq P$［R_2，$R_1 \wedge \neg S$］。根据柯恩的相关变量法理论，如果 v_i 和 v_j（$j>i$）是某个待检验假说 S 的按照潜在证伪能力由大到小排列的相关变量序列中的两个不同的元素，那么 v_i 的出现并不导致 v_j 的出现。也就是说，这些相关变量没有因果关系，它们能够以互不影响的方式各自发生变化。在实验检验成功的情况下，随着加入的相关变量越多，所设计的实验检验环境越复杂，那么待检验假说 S 就得到更高的支持等级。因此，在相关变量的相关性是通过对假说的证伪而建立时，v_i 的出现必定不能提高"在 v_j 也出现时，S 成立"的归纳概率。更具体说，在目前的这种情况下，P_I［R_2，$R_1 \wedge \neg S$］一定不大于 P_I［R_2，$\neg S$］，即 P_I［R_2，$\neg S$］$\geq P_I$［R_2，$R_1 \wedge \neg S$］。例如，在已知某个人没有犯抹杀罪时，如果他有抹杀动机的话，那么他几乎是没有抹杀机会的。否则他就不可能是无辜的。

再考察 P_I［R_2，S］$\leq P_I$［R_2，$R_1 \wedge \neg S$］。实际上，在归纳概率的解释下，这个条件可以得到合理的解释。根据柯恩的理论，出现在某个检验假说 S 的实验序列中的不同的相关变量 R_1 和 R_2，如果它们都有利于假说 S 的出现，那么它们必须满足 P_I［R_2，S］$\leq P_I$［R_2，$R_1 \wedge S$］。[1] 因为，

①　Jonathan Cohen，*The Probable and The Provable*，Clarendon Press Oxford 1977. p. 183.

既然 R_1 和 R_2 是有利于 S 出现的相关变量，有 $P_I [S, R_2] \leq P_I [S, R_2 \wedge R_1]$，那么对于 S 而言，前提 $R_2 \wedge R_1$ 比前提 R_1 更加充分，即越是在有利于 S 出现的相关环境中，S 是真的可能性就越大。因此，在 S 是真的条件下，各种有利的相关变量环境必须是同时出现，既然只有通过更加严格的实验检验才能对 S 赋予更大的归纳支持度。因此，在目前的情况下，当假说事实上已经确证时，R_1 的出现必然不会降低"R_2 也出现时的归纳概率"，即 $P_I [R_2, S] \leq P_I [R_2, R_1 \wedge S]$。

事实上，从上面的论述，很明显地发现，为了解释证据的相互确证，归纳主义概率并没有像数学主义概率那样必须借助先验概率，即必须要求 $P[S] > 0$。所以，归纳主义概率解释容许法律从业者对影响被告的任何指控保持完全开放的思想。例如，对于任何 Q 而言，法官起初可以接受 $P_I [Q] = 0$，既然并不存在先验的归纳理由相信 Q；而不是像数学主义概率那样，既然存在先验的理由相信非 - Q，而接受 $P_M [Q]$。

从上面这些论述，我们已经初步发现，归纳主义概率不仅应该是作为一种新型的概率理论，而且在用数学主义概率理论无法解释的时候，归纳主义概率还表现出强大的解释功能。实际上，归纳主义概率论还有许多其他的重要的应用。

结语：非帕斯卡概率逻辑的应用研究主要涉及的领域有：（1）从柯恩的相关变量法的角度对密尔的归纳五法进行了全新解读，得出的结论是尽管密尔五法与柯恩相关变量法分别基于不同的世界观哲学思想，但他们在寻找现象之间的联系所借助的"方法"这点上却具有某种相同之处；（2）对"拉卡托斯的'问题转换'"之柯恩的相关变量法解读，结论是相关变量法立足于科学实验，放弃形而上学的本体论承诺，而从局部辩护的角度试图为刻画科学假说的等级可靠性寻找一种逻辑工具，拉卡托斯的研究纲领是基于科学史的研究，以及对"整体主义"、"朴素证伪主义"、"历史主义"和"无政府主义"等科学方法论的批判基础上，而发展起来的一种"精致证伪主义"方法论。尽管，柯恩关注的是科学理论的逻辑问题，拉卡托斯关注的科学理论的合理性问题。但是，前者的相关变量法完全可以用来对后者的科学方法论的合理性进行辩护。（3）相关相关变量法对确证悖论的消解。这里提出了两种可能的消解方案：方案一的关键是，根据背景知识或者信念，将假说的所有环境分成相关环境和不相关环境，相关环境对假说具有潜在证伪的因子，而后者不具有对假说的潜在证伪的因子。之所以说，在恰当的环境中"一只黑乌鸦"可以看作对假说"所有乌鸦皆黑"的确证，是因为在这些环境中，乌鸦的颜色可以随着季节、饮食以及气候等因素的改变；而根据背景知识，我们找不到这样的环境：其中具有使得"一只非乌鸦"可以潜在地变成"一只乌鸦"，所以RVM不承认"一只非黑的非乌鸦"构成对假说"非黑的皆是非乌鸦"的确证。换句话说，RVM认为假说"所有乌鸦皆黑色"的环境可以分为相关环境和非相关环境；而假说"所有非黑色的皆乌鸦"不具有相关环境。

方案二：将证据对检验假说的确证解释为归纳等级。由于逻辑等值命题可以具有不同的相关变量序列集，因而对于同一个证据而言，逻辑等值命题得到的归纳等级支持一般是不相同的，甚至是无法进行比较的。（4）对彩票悖论的消解。培根型的解悖方案是放弃了条件（ⅰ）的帕斯卡概率的临界值原则，代之以培根型概率原则，并保留了条件（ⅱ），从而使得悖论的矛盾等价式不能建立起来。（5）非帕斯卡概率在英美法律中对P概率解释的悖论性结论的消解。

第六章　结束语:非帕斯卡概率逻辑的方法论功能展望

　　根据前面第三章的研究，我们看到尽管针对柯恩理论本身的一致性还是其应用的恰当的质疑基本都可以在柯恩理论的框架内得到回应。但，这并不等于说柯恩理论就是完美无缺的。正如赫斯（Hesse）指出，"尽管柯恩的公设系统是特设地从科学实践中挖掘出来的，但它既不漂亮也不经济。"① 莱维也指出，"柯恩使他的归纳概率测度的应用域寄生于归纳支持测度的应用域之上，从而不必要地限制了归纳概率测度的应用范围。"② 事实上，不管关于柯恩归纳概率的这些评价是否恰当，但有一点是肯定的，即柯恩的归纳理论远没有到达尽善尽美的境地。至少可以从三个方面发展柯恩理论：一、由不同假说域上的可检验假说组成的复合的归纳测度问题；二、引进非单调逻辑来解决柯恩的非单调问题；三、进一步地拓展柯恩理论的应用领域。

一　由非实质相似假说域上的可检验假说组成的复合假说的归纳支持测度问题:

　　柯恩的归纳逻辑所讨论的语句必须限于有相同相关变量并以相同次序检验的句子。正是这种对假说域必须相同的严格的限制才导致了柯恩归纳逻辑系统仅仅限于科学研究的比较初级的水平层次。而跨领域的、不同学科的交叉研究则是当代科学研究的主导，因此，有必要进一步扩充柯恩的

---

　　① L. Jonathan Cohen and Mary Hesse, *Applications of Inductive Logic*. The Queen's College, Oxford, 21—24 August 1978. pp. 249—250.

　　② L. Jonathan Cohen and Mary Hesse, *Applications of Inductive Logic*. The Queen's College, Oxford, 21—24 August 1978. p. 26。

归纳逻辑系统，使其能够测量由不同领域中的语句组成的复合语句的归纳支持等级问题。① 关于该系统的扩充的必要条件就是相关条件集以及相关变量的潜在证伪的大小顺序的定义。

令 H 是由 H_1 和 H_2 以及逻辑联结词组成的复合命题。其中 H_1 和 H_2 是属于不同假说域上的全称可检验假说：H_1 的相关变量集为 $V = \{v_1, v_2, \cdots v_m\}$ 且 H_1 的归纳支持度为 $i/(m+1)$；H_2 的相关变量集为 $U = \{u_1, u_2, \cdots u_n\}$ 且 H_2 的归纳支持度为 $j/(n+1)$。根据这里的假定，我们可以如下定义 H 的相关变量集以及 H 的归纳支持等级：

定义 1：H 的相关变量集 $W = \{w_1, w_2, \cdots w_k \cdots\}$，其中 $w_k = (v_l, u_g)$，$v_l \in V$，$u_g \in U$。

定义 2：$H = H_1 \wedge H_2$ 的归纳支持度，$S[H, E] = ij/(mn+1)$。i 指 H_1 抗拒前 i 个相关变量环境的证伪，而被第 $i+1$ 个相关环境所证伪；j 指 H_2 抗拒前 j 个相关变量环境的证伪，而被第 $j+1$ 个相关环境证伪。根据 '$\wedge$' 的逻辑含义，H 的部分证伪能力从大到小的顺序为：$(v_1, u_1) > (v_1, u_2) > \cdots > (v_1, u_n)$ ´ $(v_2, u_1) > (v_2, u_2) > \cdots > (v_2, u_n)$；$(v_m, u_1) > (v_m, u_2) > \cdots > (v_m, u_n)$。而对于 (v_l, u_g) 和 $v_{l'}$，$u_{g'}$（$l > l'$，$g < g'$）的证伪顺序一般是不可比较的。

定义 3：$H = H_1 \vee H_2$ 的归纳支持度，$S[H, E] = (ni + mj - ij)/(mn+1)$。$H$ 的部分证伪顺序同定义 2。

定义 4：$H = H_1 \rightarrow H_2$ 的归纳支持度，$S[H, E] = (ij + (j(m-i) + (m-i)(n-j))/(mn+1)$。根据 "$\rightarrow$" 的逻辑蕴涵，此时 H 的证伪能力最弱的相关环境是 $\{(v_1, u_{j+1}), (v_1, u_{j+2}) \cdots (v_i, u_n)\}$。

根据定义 1，2，3 和 4 和各自的相关变量证伪能力的顺序，类似于柯恩归纳理论，我们同样可以得到，如果 $S[H, E] > 0$，则有 $S[\neg H, E] = 0$。

这样，我们就可以根据上述定义计算由不同假说领域中可检验假说所组成的复合假说的归纳支持度了。而且这种归纳支持度与柯恩的实质相似

---

① 关于柯恩归纳逻辑系统的扩充可以分别参见：鞠实儿的《非巴斯卡概率的三种解释》（中山大学学报，No. 3，1992）以及刘壮虎的《归纳支持逻辑的一个新系统》（哲学研究，1989年第 12 期）。

假说域上的归纳支持度一样也表示假说的似规律度。并且我们也可以证明，这种由不同领域中的可检验假说组成的复合假说同样遵循 S4 系统的扩展系统 O4。这样，我们就解决了由不同假说域上的可检验假说所组成的假说的归纳测度问题，从而达到了对柯恩归纳逻辑系统的部分扩充目的。尽管这样，还有未解决的问题，例如，非实质相似假说域之间的可检验假说的归纳支持的比较问题，当然，在柯恩看来，该问题是作为无意义问题而被放弃研究。而实际上，我们有时也许确实需要比较不同假说域上的可检验假说之间的归纳支持的优劣问题。例如，设想这样的情形：理论集 T ＝ $\{T_0, T_1\}$，T" ＝ $\{T_0, T_2\}$，其中 T_1，T_2 属于非实质相似的假说。因而 T 与 T"并非逻辑等价，然而它们也许具有相似的功能。那么这里的问题是 T_1，T_2 谁更优？唯一可能的评价方法就是从功能（或者说效用）的角度来进行评价，而不能从 T_1，T_2 的本身所具有的归纳支持等级来评价。这样，类似于构造证伪假说的相关变量集那样，如果从功能（或者效用）的角度构造不同等级的话，那么实际上不同的假说域上的假说的比较问题就可以用柯恩的归纳逻辑思维加以研究了。

二　关于柯恩归纳逻辑系统的非单调性问题的尝试性解决：

波普尔曾指出："知识的进化在于提高和改进现存的知识，现存的知识是变化的，期待着越来越接近真理。"[①] 人类知识的这种进化过程可以分解为两个基本步骤：一是利用逻辑演绎的手段发展现有的知识并形成一个具有充分解释力的知识体系。二是通过对自然界的观察发现新知识，并且在必要时对原有知识作适当修正。前者知识的扩充表现出单调性推理特征，而后者具有非单调性推理的特征。所谓单调性推理，当且仅当给定一阶公式集 T 和信念集 W，若 T⊢W，则对于任意信念集 N，T∪N⊢W，换句话说，新的信念 N 的出现不影响原结论 W 的真值。所谓非单调性，当且仅当给定 T，W 和 N，若 T⊢W，则不能保证 T∪N⊢W。也就是说，新信念 N 的出现可能影响原结论 W 的真值。

柯恩对其归纳逻辑系统中的非单调性特征的处理：我们知道，柯恩的

① 波普尔：《客观知识——一个进化论的研究》，舒炜光译，上海译文出版社 1987 年版，第 76 页。

归纳逻辑是一个科学研究活动的理性重建纲领。这种理性重建的基本特征表现出推理的非单调性和可错性。具体地，人们经过实践，积累了一些关于这个领域的知识。然后，人们尝试着从这些知识中找出一部分他们认为更基本的知识，以构成假说。假说中的每条知识称为假设。这些假设是初步的，允许有错误的。一旦它们被选定之后，人们便尝试着从这些假设出发，根据逻辑推理规则，把这个领域的其他知识作为"定理"推导出来。当有些知识不能从这些假设推导出来时，称这些知识为新假设。于是人们重新修改假说，办法是将新假设添加进去。这一过程将反复多次，直到所有已掌握的知识都能从修改后的假说中推出来。从这个假说出发，我们可以逻辑地推出新的结论（定理），这些结论预言一些新的现象。如果这些现象确实发生，人们将接受这个理论，并认为该假说与实践一致并对实践有指导作用。反之，假说所预言的现象不但没有发生，其反面倒发生了，我们说理论与实践不相符，或者说出现了事实的反驳。于是人们将重新修改假说，直到它与实践相吻合为止。这种修改假说的过程在柯恩的归纳逻辑中表现为以下两种具体方法：当一个可检验概括 $\forall x\,(Rx \rightarrow Sx)$ 通过了一直到 t_i 的检验，但被 t_{i+1} 证伪时，应该怎么办？柯恩的第一种做法是在假说的前件中列举出已经排除了证伪该假说的相关变素的具体的环境，即用假说句"$\forall x\,((R \wedge V_{i+1}^2)\,x \rightarrow Sx)$"来替换原假说"$\forall x\,(Rx \rightarrow Sx)$"，其中 $\forall x\,(Rx \rightarrow Sx)$ 的证伪变素是 V_{i+1}^1；第二种修改方法是以牺牲假说的适用范围而获得更大的归纳支持等级，即用假说形式"$\forall x\,((R \wedge \neg\,V_{i+1}^2)\,x \rightarrow Sx)$"替换原假说，这里的 V_{i+1}^1，V_{i+1}^2 是相关变量 V_{i+1} 的所有变素。柯恩的关于科学推理中的非单调性的处理实际上就是修改假说概括，使修改后的概括可检验，从而对该概括实施进一步的检验，产生一个实际上通过 t_{i+1}，隐含在原有概括中的概括。在这里，我们可以看出，柯恩是在单调性的框架内处理非单调性问题。

　　然而，柯恩对这种非单调推理的单调性处理仅停留在直观上的描述，并没有进行严格的逻辑刻画，下面将对之进行试探性的讨论：

　　从相关变量的角度来考察，如何提高可检验假说"$H: \forall x\,(Rx \rightarrow Sx)$"归纳支持度或者解释力，我们可以给出如下的三种可能的定义：

　　定义 1（扩充）：当一个新的变量 v 可能影响假说 H 的归纳支持度时，我们将该变量与已有的相关变量集 V 合并，并且根据潜在证伪能力从大

到小的顺序将 V 扩充为一个新的相关变量集 V'。这一操作称为用变量 v 扩充 V，记为 $V+v$。

定义 2（限制）：当一个相关变量 v 的某个变素证伪假说 H 时，为了使得 H 的归纳支持度不降低，首先从相关变量集 V 中去掉该相关变量的变素，然后将 H 限制在该相关变量的非证伪变素上。这一操作称为对相关变量集的限制，记为 $V*v$。

定义 3（收缩）：当一个相关变量 v 证伪假说 H 时，为了使得 H 的归纳支持度不降低，我们将相关变量 v 删除，而用非相关性术语，如"一般情况下，在实验室条件下"等术语来替换。这一操作称为对相关变量集的收缩，记为 $V—v$。

定义 1 表明，在科学探究中，如果发现某个新变量可能影响假说的真伪时，我们就可以将该变量作为新的相关变量而并入相关变量集中，这样，随着相关变量集中的变量数量增大时，假说的解释力也将随着增大。所谓理论的解释力，用波普尔的理论来讲，就是理论更容易被证伪。这里之所以随着假说相关变量的增多假说更加容易被证伪，是因为我们更容易构造判决性实验来证伪该假说。定义 2 既追求假说的归纳支持度的提高，同时又追求假说解释力的增强，该种相关变量集的修改应该是科学探究所诉求的方式。定义 3 的的修改是以牺牲解释力来换取归纳支持度的提高，有"削足适履"之嫌，实际上是科学探究的一种倒退。

我们可以将上述三种相关变量集的修改统称对 V 的重构。

定义 4：称可检验假说 H 的相关变量集序列 V_1，V_2，$\cdots$，V_n，$\cdots$是一归纳进程，当且仅当对任意的 $i \geq 1$，V_{i+1} 是 V_i 的重构。

归纳进程是单调的，如果 $V_n \supseteq V_{n+1}$ 对所有 $n \geq 1$ 成立；否则它是非单调的。

定理 1：对任意的 $n \geq 1$，当 V 是限制重构或者收缩重构时，则归纳进程 $\{V_n\}$ 是单调的。

定理 2：如果检验假说 H 的归纳进程 $\{V_n\}$ 是单调的，则支持函数序列 $\{S[H, E_n]\}$ 是递增序列函数。

定理 3：如果检验假说 H 的相关变量集 V_n 是扩充重构或限制重构，则 H 的解释力是递增序列。

注意，解释力与归纳支持度并非一定是一般理解上的相反变化的，而可能是同时增加的，例如，当相关变量是限制性重构时。

进一步地，柯恩的关于提高归纳假说支持度的相关变量集收缩方案的处理实际上采取的是一种默认，即当某个变量证伪假说时，我们将该变量固定在非相关变量上，也就是说，"一般情况下，将有……是真的"，这种默认是用单调逻辑思维来处理非单调性的问题。这种处理方式往往是以牺牲假说的解释力为代价来获取假说的归纳支持度的提高。实际上，我们可以在不降低解释力的同时来刻画这种非单调性推理，这可以用缺省逻辑来刻画。[①] Reiter 将知识分为两类：一类为硬知识，由已知的或公认的事实组成；另一类为软知识，即常识知识。他利用一组特殊的公式表示常识知识，例如：若记 Bird（x）为"X 为鸟"，Can - fly（x）表示"x 会飞"，则常识知识"一般情况下鸟都会飞"（即柯恩的关于提高可检验假说的归纳支持度的描述术语）可表述为：（1）$\dfrac{Bird\ (x)\ :\ Can-fly\ (x)}{Can-fly\ (x)}$ 在缺省逻辑中，上列公式的涵义为："对任何个体 X，如果 X 是鸟，并且假定 X 会飞不会导致矛盾，则就认为 X 会飞"，这类公式称为缺省规则。一个缺省理论是一偶对〈ΓΔ〉，其中 Γ 为假说，Δ 是一闭规范缺省序列。称 B 为 Δ 的结论，如果它是 Δ 中某一缺省的结论。[②]

定义 5：对给定的 Γ，称闭规范缺省 $\dfrac{A\ :\ MB}{B}$ 是关于 Γ 可施用的，如果 Γ⊢A 可证而 Γ⊢¬ B 不可证明。

定理 4：对给定的 Γ，闭规范缺省 $\dfrac{A\ :\ MB}{B}$ 是关于 Γ 可施用的，当且仅当 Γ ⊢A 并且要么 Γ ⊢B 成立要么 B 是 Γ 的新假设。

这样，在当某个可检验假说被证伪时，柯恩将"假说固定在证伪变量的非相关变素上（即通常情况下）使得假说免遭证伪"的做法实际上是遵循这里的缺省逻辑的。同时，我们也看到，柯恩在处理"某个可检验假说遭到证伪时，修改假说以致其归纳支持度不减"的原则实际上采用"奥卡姆剃刀原则"，这里我们可称为"理想相关变量反驳"（即当假说不能抗拒某个相关变量的证伪时，我们通常只是检查和修改或者限制那

①　R. Reiter，" A logic for default reasoning," *Artifical Intelligence* 13（1980）. pp. 81—132.

②　Lukaszewicz W. Eilis Horwood. Series in AI, 1990, pp. 176—177.

些导致假说被证伪的相关变量的变素，而保留其余的相关变量和变素不变）。由于缺省逻辑是根据一定的常识和已知的背景知识，在不存在拒绝接受的理由时，作出的暂时接受"关于未来状态的预测"；而根据暂时被接受的假说作出某个经验的的陈述时，如果被经验事实反驳，则我们试图对假说作出修改以致保持我们的"现论"的暂时的一致。所以缺省逻辑作为知识论的逻辑在本质上是归纳的，不具有逻辑封闭性，因此其结论是可错的。但是，下面我们可以得出：尽管其结论是可错的，但是在整个知识进化中却是收敛的（即随着我们掌握的相关变量的知识越多，得到的归纳支持度却是越来越高）。①

定义6：设 $\{V_n\}$ 是可检验假说 H 的相关变量集的认识进程。称相关变量 $\{V_n\}$ 是关于假说 H 是单调的，如果 $S[H \wedge V_{n+1}] \geq S[H \wedge V_n]$；否则，称 $\{V_n\}$ 为非认识单调的。

定理5：给定论域 D 及一假说 H。则存在一收敛的相关变量认识进程 $\{V_n\}$，使得 $S[H \wedge V_{n+1}] \geq S[H \wedge V_n]$。

证明：可以采用构造相关变量序列证明（略）。

三　柯恩理论的方法论的纲领性构建

根据上段定理5，我们可以发现，对于给定的论域 D，以及任何的'现论——H'，我们都可以构造一个相关变量集序列，使得 H 在此相关变量集上是单调的，并且该过程可以机械实现的。因此，这就为科学假说探究的计算模型提供了现实的可能。我们知道，人类知识的进化过程本质上就是归纳的过程。它们都遵循这样的模式：根据已观察的两个不同的现象的同时出现，试探性地作出这两种现象之间具有因果联系或者关联性的解释，然后随着新的信息的加入适时地对原先的解释作出必要的修正，以保证解释免遭经验的证伪，该过程可以用下面模型表示：

$\{F_i < X, H_i >\}$（$i = 1, 2, 3\cdots$）。F 是 *Frame* 的缩写，表示解释模型的架构，包括实验的现实条件，实验主体的背景知识以及实验结果；X 是任意待解释项的所有个体组成的集合；H 表示在架构 F 下作出的关于 X

---

① 这里仅就本文有关的柯恩理想相关变量的反驳进行论证，至于其他非理想类型的相关变量的反驳可以类似讨论。

的现论。在归纳过程中，每个现论 H_i 的得出都依赖于 X 和适时架构 F_i，由于 X 是我们科学待解释的对象，可以看成是固定的；[①] 而架构 F_i 将随着认知主体的知识结构以及实验结果的改变而变化。所以 H_i 应该由 F_i 唯一地确定，即 H_i 是关于变量 F_i 的函数。这样，从数学函数的角度而言，只要我们规定 F_i 到 H_i 的映射关系，那么我们根据输入的变量 F_i 得到唯一的结果 H_i。对于归纳进程而言，通常的映射关系 $G：F_i \to H_i$ 可以这样确定：

（ⅰ）当 F_{i+1} 确证 H_i 时，令 $H_{i+1} = H_i + \{F_{i+1} - F_i\}$ 表示现论的形式保持不变，而是用新增加的相关变量来扩充之前的相关变量集。

（ⅱ）当 F_{i+1} 证伪 H_i 时，令 $H_{i+1} = H_i - *F_{i+1}$ 表示用新的架构 F_{i+1} 来修改现论 H_i，具体有两种方法：第一种可以将现论 H_i 中与 F_{i+1} 不一致的部分以及该部分的一切逻辑后乘删除，使得剩余的部分保持逻辑上的协调；第二种可以将新增加的相关变量固定在非相关变量序列上，换句话说，就是进一步限制现论的适用域使得新增加的变量变成非相关的，从而假说免遭证伪。

这样，上面的关于架构 F_i 与 H_i 之间的对应法则的规定是可计算的。可以说，对于任意的论域而言，我们可以从任何的现论 H_i 开始，进行认识过程的归纳。从认识论角度而言，认知主体的知识结构具有越来越完善的特性，即架构 F_i 是越来越完备的，所以赖以建立的现论 H_i 的可靠性也将提高。简言之，上述的归纳过程是可计算的，并且计算结果是随着架构越来越完备而表现越来越收敛的特性。这就从方法论上为非帕斯卡归纳概率逻辑提供了可操作性的技术上的保证，并且也为非帕斯卡归纳概率逻辑开辟新的研究领域提供了方法论上的指导。

---

① 每个科学假说都是诉求最一般的说明，故对于每个现论而言，X 都是该现论的研究对象，所以所有的现论都具有相同的论域 X。

参考文献

[1] Robert Ackermann and Henry E. Kyburg. JR. Jonathan Cohen on Induction: Two Reviews [J]. The Journal of Philosophy, Vol. 69, No. 4. 1972.

[2] Kenneth J. Arrow. Alternative Approaches to the Theory of Choice in Risk – Taking Situations [J]. Econometrica, Vol. 19, No. 4. 1951.

[3] James M. Buchanan and Viktor J. Vanberg. Constitutionl Implications of Radical Subjectivisn. [J]. The Review of Austrian Economics, 2002.

[4] Arthur W. Burks. "Enumerative Induction versus Eliminative Induction." in Application of Inductive Logic. [M]. Oxford University Press. 1978.

[5] James M. Buchanan& Alberto Di Pierro. Cognition, Choice, and Entrepreneurship [J] Southern Economic Journal, Vol. 46, No. 3. 1980.

[6] C. F. Cater. Expectation in Economics [J] The Economic Journal, Vol. 60, No. 237. 1950.

[7] L. J. Cohen. The Probable and the Provable, [M] Oxford University Press, 1977.

[8] L. J. Cohen. Logic, Methodology and Philosophy of Science, North – Holland Publishing Company Amsterdam New York Oxford 1979.

[9] L. J. Cohen. Application of inductive logic, [M] Oxford University Press, 1980.

[10] L. J. Cohen. An Introduction to The Philosophy of Induction and Probability, [M] Oxford University Press, 1989.

[11] L. J. Cohen. Implications of Induction. [M]. Methuen Co. 1970.

[12] L. J. Cohen. A Logic for Evidential Support (I, II), [J] British Journal for the Philosophy of Science, 17. 1966.

［13］L. J. Cohen. A Note on Consilience ［J］. British Journal for the Philosophy of Science, 19. 1969.

［14］L. J. Cohen. The Unity of Reason, ［J］. Social Theory and Practice, 9. 1983.

［15］L. J. Cohen. Some Steps Towards AGeneral Theory of Relevance, ［J］. Synthese, 101: 2, 1994.

［16］L. J. Cohen. The Coherence Theory of Truth, ［J］. Philosophical Studies (Minneapolis), 34: 4, 1978.

［17］L. J. Cohen. Twelve Questions about Keynes's Concept of Weight, ［J］. British Journal for the Philosophy of Science, 37. 1986.

［18］L. J. Cohen. Twice Told Tales: A Reply to SCHLESINGER. , ［J］. Philosophical Studies (Minneapolis), 62: 2. 1991.

［19］L. J. Cohen. Some Historical Remarks on the Baconian Conception of Probability. ［J］ Journal of the Historyof Ideas, Vol. 41, No. 2. 1980.

［20］L. J. Cohen. The Progress of Science ［J］ Concetto di Progresso nella scienza. 1974.

［21］L. J. Cohen. On a Concept of Degree of Grammaticalness ［J］. Logique et Analyse 8.

［22］L. J. Cohen. Some Applications of Inductive Logic to the Theory of Language ［J］. American Philosophical Quarterly, 7. 1970.

［23］L. J. Cohen. The Role of Inductive Reasoning in the Interpretation of Metaphor ［J］. Synthese, 1970.

［24］Ludovic Dibiggio. Cognitive perspectives in economics. ［J］ Mind and Society, 2005

［25］Lucien Foldes. Uncertainty, Probability and Potential Surprise ［J］ Economica, New Series, Vol. 25, No. 99. 1958.

［26］Albert Gailord Hart. Uncertainty and Inducements to Invest. ［J］ The Review of Economic Studies, Vol. 8, No. 1. 1940.

［27］Gerald. Gould. Odds, Possibility and Plausibility in Shackle's theory of decision ［J］ The Economic Journal, Vol. 67, No. 268. 1957.

［28］Bordogna Gloria. A Fuzzy Linguistic Approach Generalizing Boolean

Information Retrieval： A Model and Its Evaluation. ［J］. American Society for Information Science, Journal, 44： 2, 1993.

［29］ Mary Hesse. What is the Best Way to Assess Evidential Support for Scientific Theories? "Comments and Replies " in Application of Inductive Logic. ［M］. Oxford University Press. 1978.

［30］ Z. Harris. Mathematical Analysis of Language. ［J］ Proceedings of the Sixth International Congress of Logic, Methodogy and Philosophy of Science, Hannover, 1979.

［31］ C. H. Heidrich. Formal Capacity of Montague Grammars ［J］ . Proceedings of the Sixth International Congress of Logic, Methodogy and Philosophy of Science, Hannover, 1979.

［32］ Colin Howson. Theories of Probability ［J］ . British Journal for the Philosophy of Science, 46： 1, 1995.

［33］ Harry G. Johnson. A Three – Dimensional Model of the Shackleφ – Surface ［J］ . The Review of Economic Studies, Vol. 18, No. 2. 1950—1951.

［34］ Isaac Levi. Dissonance and Consistency according to Shackle and Shafer ［J］ PSA： Proceedings of the Biennial Meetings of the Philosophy of Science Association, Vol. 1978.

［35］ Isaac. Levi. "Comments and Replies" in Application of Inductive Logic. ［M］ . Oxford University Press. 1978.

［36］ Isaac. Levi. Support and Surprise： L. J. Cohen's View of Inductive Probability ［J］ . The British Journal for the Philosophy of Science, Vol. 30, No. 3. 1979.

［37］ Mackie. J. L. "Comments and Replies" in Application of Inductive Logic. ［M］ . Oxford University Press. 1978.

［38］ M. B. Nicholson. A note on Mr. Gould's discussion of potential surprise ［J］ The Economic Journal, Vol. 68, No. 272. 1958.

［39］ G. Shackle. Expectation in Economics ［M］ Cambridge University Press, 1949.

［40］ G. Shackle. Decision, Order and Time ［M］ Cambridge University Press, 1961.

〔41〕G. Shackle. Imagination and Nature of Choice 〔M〕Edinburgh University Press, 1979.

〔42〕G. Shackle. a Means of Promoting Investment 〔J〕The Economic Journal , Vol. 51, No. 202/203. 1941.

〔43〕G. Shackle. a Non – additive Measure of Uncertainty 〔J〕The Review of Economic Studies, Vol. 17, No. 1. 1949—1950.

〔44〕G. Shackle. a Theory of Investment – Decisions 〔J〕Oxford EconomicPapers, No. 6. 1942.

〔45〕G. Shackle. Expectations and Employment 〔J〕The Economic Journal, Vol. 49, No. 195. 1939.

〔46〕G. Shackle. a Reply to Professor Hart 〔J〕The Review of Economic Studies, Vol. 8, No. 1. 1940.

〔47〕G. Shackle. an Analysis of SpeculativeChoice 〔J〕Economica, New Series, Vol. 12, No. 45. 1945.

〔48〕G. Shackle. ; J. de V. Graaff; ; W. Baumol. Three Notes on "Expectation in Economics" 〔J〕Economica, New Series, Vol. 16, No. 64. 1949.

〔49〕Ferdinand Schoeman. Cohen on Inductive Probability and Law of Evidence 〔J〕. Philosophy of Science, Vol. 54, No. 1. 1987.

〔50〕G. Shackle. Three Versions of theφ – Surface: Some Notes for a Comparison 〔J〕The Review of Economic Studies, Vol. 18, No. 2. 1950—1951.

〔51〕R. G. Swinburne. Cohen on Evidential Support 〔J〕Mind, New Series, Vol. 81, No. 322. 1972

〔52〕D. J. White. Credibilities in decision – making. 〔J〕OR, Vol. 19, No. 2. 1968.

〔53〕J. H. Wigmore. A Treatise on the Anglo – American System of Evidence in Trials at Common Law. 〔J〕. 3rd edn. 1940.

〔54〕陈小平:《关于归纳逻辑的若干问题——对现代归纳逻辑的回顾与展望》，载《自然辩证法通讯》2000 年第 5 期。

〔55〕陈燕丽:《浅谈传统归纳逻辑和现代归纳逻辑》。

〔56〕江天骥:《归纳逻辑导论》，湖南人民出版社 1987 年版。

〔57〕江天骥:《当代西方科学哲学》。

［58］鞠实儿：《非帕斯卡归纳概率逻辑研究》，浙江人民出版社 1993 年版。

［59］鞠实儿：《非 Pascal 概率的逻辑解释与决策分析》，《自然辩证法通讯》1991 年第 1 期。

［60］鞠实儿：《非帕斯卡概率的三种解释》，《中山大学学报》1992 年第 3 期。

［61］鞠实儿：《Bacon – Mill 实验推理方法的一个推广》，《计算机科学》1993 年第 2 期。

［62］鞠实儿： 《论归纳概率逻辑的基本问题和解决途径（上、下）》，《自然辩证法研究》1993 年第 10、11 期。

［63］鞠实儿：《论归纳逻辑的局部辩护和适用范围》，《自然辩证法研究》1989 年第 5 期。

［64］鞠实儿：《J. Cohen 归纳概率逻辑的批判》，《自然辩证法研究》1992 年第 5 期。

［65］李小五：《现代归纳逻辑与概率逻辑》，科学出版社 1992 年版。

［66］李小五：《何谓现代归纳逻辑》，《哲学研究》1996 年第 9 期。

［67］刘帮凡：《论现代归纳逻辑的科学认知功能》，《科学技术与工程》2005 年第 4 期。

［68］刘敦正：《现代归纳逻辑探讨》，《内蒙古大学学报》（哲学社会科学版）1994 年第 1 期。

［69］刘壮虎：《归纳支持逻辑的一个新系统》，《哲学研究》1989 年第 12 期。

［70］任晓明：《当代归纳逻辑探赜——论柯恩归纳逻辑的恰当性》，成都科技大学出版社 1993 年版。

［71］任晓明、桂起权、朱志方：《机遇与冒险的逻辑》，石油大学出版社 1996 年版。

［72］任晓明：《科学逻辑的知识创新功能试析》，《淮阴师范学院学报》2003 年第 3 期。

［73］任晓明：《知识创新的逻辑》，《哲学动态》2000 年第 9 期。

［74］任晓明：《略论非帕斯卡概率逻辑的知识创新意义》，《攀枝花大学学报》2002 年第 2 期。

［75］谢俊丽：《现代归纳逻辑的知识创新意义》，《西南民族学院学报》2000 年第 7 期。

［76］熊立文：《归纳逻辑的现代发展》，北京航空航天大学学报（社会科学版）2000 年第 2 期。

［77］沈振东：《确证悖论的相关变量法解决方案探微》，《学海》2009 年第 3 期。

［78］沈振东：《相关演绎逻辑与分析哲学悖论的消解》，《湖南科技大学学报》2009 年第 4 期。

［79］沈振东：《穆勒"五法"的相关变量法解读》，《乐山师范学院学报》2010 年第 2 期。

［80］沈振东：《拉卡托斯的"问题转换"之柯恩的"相关变量法"解读》，《江苏教育学院学报》2013 年第 3 期。

后　记

　　拙著是基于我的博士论文的基础上经进一步研究完成的。在成书之际，我怀着感激的心情将它献给我的博士生导师南京大学的潘天群教授，借以表达对潘先生谆谆教诲的感激之情，没有他的指导、鼓励和鞭策，拙著不可能完成。在今后的人生道路上，我将永远以潘先生为楷模，一丝不苟、严谨治学，不懈地追求真理。

　　我还要感谢我的硕士生导师东南大学的马雷教授。马先生不仅是我走向研究领域的启蒙者，也是我的研究往纵深发展的推动者。在我读博期间，马老师经常电话询问我的研究情况，甚至他在国外也不忘通过邮件对我的研究进展情况给予关注，为拙著的最终完成提供了许多启发。

　　有一句话说，生命中有与我们同行的人，比要到达的地方更重要。在本书稿修订期间，承蒙得到南京大学的张建军教授，南京大学王克喜教授，中国社会科学院的杜国平教授以及江苏第二师范学院的张琴芬副教授的帮助，正是他们对本书稿所提出的一些建设性的意见和建议，才使其得以顺利的完成，在此谨致谢忱！

　　我特别感谢我的父母、兄弟以及妻子，没有他们的理解和支持，没有他们的宽容和坚忍，我很难想象我今天仍然走在我所选择之路上。在书的写作过程中也得到了张高荣、贺寿南、伏敏、李莉以及何海兰等许多同学的帮助，在此一并表示感谢。

　　拙著出版在即，稚嫩、粗陋仍在所难免，但它倾注了我几年的心血。谨以此作献给爱护我、帮助我、指点我的师长们、朋友们、亲人们！

沈振东

2014 年元月于江苏第二师范学院